飞思考试中心
Fecit Examination Center

全国计算机等级考试
National Computer Rank Examination

优化全解

（二级Visual FoxPro）

全国计算机等级考试命题研究中心　编著
飞思教育产品研发中心
未来教育教学与研究中心　联合监制

電子工業出版社
Publishing House of Electronics Industry
北京·BEIJING

内容简介

本书依据教育部考试中心最新考试大纲，结合多年考试经验和众多图书的优点，精心编制而成。

在编写过程中，一方面结合最新大纲和数套真卷，对重要考点进行了分析、总结和讲解，并选取经典例题与真题进行深入剖析；另一方面配有历年真题汇编、全真试题训练、笔试全真模拟试卷和上机考试指导，以逐步向考生详尽透析考试中的所有知识要点。可谓“一书在手，通关无忧”。

随书光盘提供了视频讲解、多媒体课堂和全真模拟考试环境，全方位学与练相结合，即“书+光盘=物超所值”。

本书适合作为全国计算机等级考试考前培训班辅导用书，也可作为应试人员的自学用书。

图书在版编目（CIP）数据

全国计算机等级考试优化全解. 二级 Visual FoxPro / 全国计算机等级考试命题研究中心编著.

北京：电子工业出版社，2008.11

（飞思考试中心）

ISBN 978-7-121-07501-8

I. 全… II.全… III.①电子计算机－水平考试－自学参考资料②关系数据库－数据库管理系统，Visual FoxPro－水平考试－自学参考资料 IV.TP3

中国版本图书馆 CIP 数据核字（2008）第 153823 号

责任编辑：杨 鸲

印　　刷：北京市通州大中印刷厂

装　　订：三河市鹏成印业有限公司

出版发行：电子工业出版社

北京市海淀区万寿路 173 信箱　邮编 100036

开　　本：880×1230 1/16　印张：14.25　字数：603.2 千字

印　　次：2008 年 11 月第 1 次印刷

定　　价：29.00 元（含光盘 1 张）

凡所购买电子工业出版社图书有缺损问题，请向购买书店调换。若书店售缺，请与本社发行部联系，联系及邮购电话：（010）88254888。

质量投诉请发邮件至 zlts@phei.com.cn，盗版侵权举报请发邮件至 dbqq@phei.com.cn。

服务热线：（010）88258888。

如何才能顺利通过计算机等级考试

“全国计算机等级考试”在各级考试中心、各级考试专家和各考点的精心培育下，现已得到社会各界的广泛认可，并有了很高的知名度和权威性。虽然计算机等级考试作为应用能力考试，难度并不高，但参加考试的都是非计算机专业的考生，其中大部分是依靠自学，因此历次考试的通过率都不高。在考生计算机基础不是很好的情况下，如何顺利通过计算机等级考试呢？本书将给出答案。

全国计算机等级考试专业研究机构——未来教育教学与研究中心联合飞思教育产品研发中心历时7年，累计对2万余名考生的备考情况进行了跟踪研究，通过对最新考试大纲、命题规律和历年真题的分析，结合考生的复习规律和备考习惯，精心设计并研发了本系列图书。

1. 考点速记、经典题解、历年真题、全真试题

※ 考点速记：将教材化繁为简，完全针对考试，涵盖大纲要求全部考试考点，多考多讲、少考少讲、不考不讲。

※ 经典题解：选择极具代表性的例题和真题，帮助考生深入理解考点内容，掌握解题技巧。

※ 历年真题：按考点归纳详解历年真题，准确把握真考难度、考查重点和命题规律。

※ 全真试题：对每章所学知识进行温习和巩固，以练促学、学练结合。

2. 笔试全真模拟、上机考试指导、最新笔试真题

※ 笔试全真模拟：对最新大纲、历年真题和命题规律进行研究，设计数套典型全真模拟试卷，无论从形式还是难度上都与真题类似。

※ 上机考试指导：解秘上机考试特点，详细分析上机考点及解题技巧，帮助考生全面把握上机过关秘诀。

※ 最新笔试真题：提供最新笔试真题和详尽解析，使考生了解最新考试动向，把握考试难易程度。

3. 模考软件、考试题库、多媒体教学

※ 模考软件：登录、抽题、答题、交卷与真考一模一样，评分系统、评分原理与真考一模一样，让考生在真考环境下综合训练、模拟考试。

※ 精选题库：模拟考试系统采用考试题库试题，考试中原题出现率高，且提供详细的试题解析和参考答案，错题库、学习笔记等辅助功能亦可使复习事半功倍。

※ 多媒体教学：结合例题详细讲解笔试考点、要点，以视频教学的形式全面介绍上机考试的过程和易错环节，以及上机考试软件的使用方法。

本书内容编排繁简有度，同时汇集了计算机等级考试最实用的复习资料，充分体现了“优化设计 全解速学”的理念。大量考生备考实例表明：结合“3S学习法”的优化思路，合理使用好本书及配套智能考试模拟软件，以较短的时间复习便能顺利通过计算机等级考试。

联系方式

电　　话：(010)88552266　66134545　88254160

电话邮件：support@fecit.com.cn　eduwin@sina.com

服务网址：http://www.fecit.com.cn　http://www.fecit.net　http://www.eduexam.cn

通用网址：计算机图书、飞思、飞思教育、飞思科技、FECIT

编　著　者

丛书编委会

目　录

第 1 章　数据结构与算法

考查知识点		考核几率	分值
考点 1	算法	50%	2～4 分
考点 2	数据结构的基本概念	50%	2～4 分
考点 3	线性表及其顺序存储结构	50%	1～2 分
考点 4	栈和队列	100%	2～4 分
考点 5	线性链表	20%	1～2 分
考点 6	树与二叉树	100%	2～6 分
考点 7	查找技术	80%	1～2 分
考点 8	排序技术	80%	1～2 分

考点 1　算　法

1. 算法的基本概念

算法是对解题方案的准确而完整的描述，是一组严谨地定义运算顺序的规则，并且每一个规则都是有效和明确的，此顺序将在有限的次数下终止。

（1）算法的基本特征

- 可行性：针对实际问题而设计的算法，执行后能够得到满意的结果；
- 确定性：算法中的每一个步骤都必须有明确的定义，不允许有模棱两可的解释和多义性；
- 有穷性：算法必须在有限时间内做完，即算法必须能在执行有限个步骤之后终止；
- 拥有足够的情报：当算法拥有足够的情报时，此算法才是有效的；而当提供的情报不够时，算法可能无效。

（2）算法的基本要素

算法一般由两种基本要素构成：一是对数据对象的运算和操作，二是算法的控制结构。

- 算法中对数据的运算和操作：每个算法实际上是按照解题要求从环境能进行的所有操作中选择合适的操作所组成的一组指令序列。通常基本的运算和操作有 4 类：算术运算、逻辑运算、关系运算和数据传输；
- 算法的控制结构：算法中各操作之间的执行顺序称为算法的控制结构。算法的功能不仅取决于所选用的操作，还与各操作之间的执行顺序有关。基本的控制结构包括顺序结构、选择结构和循环结构。

（3）算法设计的基本方法

算法设计的基本方法有列举法、归纳法、递推法、递归法和减半递推技术。

2. 算法复杂度

算法的复杂度主要包括时间复杂度和空间复杂度。

（1）算法的时间复杂度

算法的时间复杂度是指执行算法所需要的计算工作量。

一般情况下，算法所执行的基本运算次数是问题规模 n 的某个函数 $f(n)$，即算法的工作量 $=f(n)$，通常记作：

$$T(n)=O(f(n))$$

它表示随着问题规模 n 的增大，算法执行时间的增长率和 $f(n)$ 的增长率相同。

在同一个问题规模下，如果算法执行所需的基本运算次数取决于某一特定输入时，可以用两种方法来分析算法的工作量：平均性态分析和最坏情况分析。

（2）算法的空间复杂度

算法的空间复杂度是指执行这个算法所需要的内存空间。算法执行所占用的存储空间包括算法程序所占的空间、输入的初始数据所占的存储空间，以及算法执行过程中所需要的额外空间。

经典题解

【例题】下列叙述中正确的是（　　）。

A）算法的效率只与问题的规模有关，而与数据的存储结构无关

B）算法的时间复杂度是指执行算法所需要的计算工作量

C）数据的逻辑结构与存储结构是一一对应的

D）算法的时间复杂度与空间复杂度一定相关

解析：数据的结构，直接影响算法的选择和效率。而数据结构包括数据的逻辑结构和数据的存储结构两方面。因此，数据的逻辑结构和存储结构都影响算法的效率。因此，选项 A）错误。

算法的时间复杂度是指算法在计算机内执行时所需时间的变量；与时间复杂度类似，空间复杂度是指算法在计算机内执行时所需存储空间的度量。因此，选项 B）正确。

数据之间的相互关系称为逻辑结构，通常分为 4 类基本逻辑结构，即线性结构、树形结构、图状结构和网状结构。存储结构是逻辑结构在存储器中的映像，它包含数据元素的映像和关系的映像。存储结构在计算机中有两种，即顺序存储结构和链式存储结构。由此可见，逻辑结构和存储结构不是一一对应的。因此，选项 C）错误。

有时为了提高算法的时间复杂度，而以牺牲空间复杂度为代价。但是，这两者之间没有必然的联系。因此，选项 D）错误。

答案：B）

【真题】下列叙述中正确的是（　　）。　　【2006 年 9 月】

A）一个算法的空间复杂度大，则其时间复杂度也必定大

B）一个算法的空间复杂度大，则其时间复杂度必定小

C）一个算法的时间复杂度大，则其空间复杂度必定小

D）上述三种说法都不对

解析：算法在运行过程中所需要存储空间的大小称为算法空间复杂度；算法的时间复杂度是执行该算法所需要的计算工作量，即算法执行过程中所需要的基本运算次数。为了能比较客观地反映出一个算法的效率，在度量一个算法的工作量时，与所使用的计算机、程序设计语言及程序编制者无关，而且还与算法实现过程中的许多细节无关。但可用算法在执行过程所需基本运算的执行次数来度量算法的工作量。

答案：D）

考点 2　数据结构的基本概念

1. 数据结构的定义

数据结构是指反映数据元素之间关系的数据元素集合的表示,即数据的组织形式。

(1) 数据的逻辑结构

所谓数据的逻辑结构,是指反映数据元素之间逻辑关系的数据结构。它包括两个要素:一是数据元素集合,通常记为 D;二是数据元素之间的关系,它反映了 D 中各数据元素之间的前后关系,通常记为 R。于是,一个数据结构可表示为 B = (D, R),其中 B 表示数据结构。

(2) 数据的存储结构

数据的逻辑结构在计算机存储空间中的存放形式称为数据的存储结构(也称数据的物理结构)。它所研究的是数据结构在计算机中的实现方法,包括数据结构中元素的表示及元素间关系的表示。数据结构的存储方式有:顺序存储方法、链式存储方法、索引存储方法和散列存储方法。

2. 数据结构的图形表示

一个数据结构除了可用二元关系表示外,还可以直观地用图形表示。在数据结构的图形表示中,对于数据集合 D 中的每一个数据元素用中间标有元素值的方框表示,一般称之为数据结点,并简称为结点。为了进一步表示各数据元素之间的前后件关系,对于关系 R 中的每一个二元组,用一条有向线段从前件结点指向后件结点。

3. 线性结构与非线性结构

根据数据结构中各数据元素之间前后关系的复杂程度,可以将数据结构分为两大类型:线性结构和非线性结构。

如果一个非空的数据结构满足下列两个条件:

- 有且只有一个根结点;
- 每个结点最多有一个直接前驱,也最多有一个直接后继。

则称该数据结构为线性结构,又称线性表。

需要注意的是,在一个线性结构中插入或删除任何一个结点后还应该是线性结构。否则,不能称为线性结构。如果一个数据结构不满足上述两个条件之一,则称之为非线性结构。

【例题】下列叙述中正确的是(　　)。

A) 数据的逻辑结构与存储结构必定是一一对应的

B) 由于计算机在存储空间上是向量式的存储结构,因此利用数据只能处理线性结构

C) 程序设计语言中的数组一般是顺序存储结构,因此利用数组只能处理线性结构

D) 以上说法都不对

解析: 一般来说,数据的逻辑结构根据需要表示成多种存储结构。数组是数据的逻辑结构,可以用多种存储结构来表示,因此选项 B)、C) 错误。数据的逻辑结构与存储结构之间没有必然的联系。

答案: D)

【真题1】下列叙述中正确的是（　　）。 【2007年9月】

A）程序执行的效率与数据的存储结构密切相关

B）程序执行的效率只取决于程序的控制结构

C）程序执行的效率只取决于所处理的数据量

D）以上三种说法都不对

解析：在计算机中处理数据时，数据的存储结构对程序的执行效率影响很大，比如，在有序存储的表中查找某个数值比在无序存储的表中查找的效率高很多。

答案：A）

【真题2】数据结构分为线性结构和非线性结构，带链的队列属于________结构。 【2006年9月】

解析：与栈类似，队列也是线性表，可以采用链式存储结构，所以带链的队列属于线性结构。

答案：线性

考点3　线性表及其顺序存储结构

考点速记

1．线性表的基本概念

线性表是由$n(n\geqslant 0)$个数据元素$a_1,a_2,\cdots,a_n$组成的一个有限序列，表中的每一个数据元素，除了第一个外，有且只有一个前件，除了最后一个外，有且只有一个后件，那么线性表或是一个空表，或者也可以表示为：

$$(a_1,a_2,\cdots,a_i,\cdots,a_n)$$

其中$a_i(i=1,2,\cdots,n)$是数据对象的元素，通常也称为线性表的一个结点。

2．线性表的顺序存储结构

线性表的顺序存储是指在内存中用地址连续的一块存储空间顺序存放线性表的各元素，用这种存储形式存储的线性表称其为顺序表。线性表的顺序存储结构具有以下两个基本特点：

- 线性表中所有元素所占的存储空间是连续的；
- 线性表中各元素在存储空间中是按逻辑顺序依次存放的。

由此可知，在线性表的顺序存储结构中，其前后件两个元素在存储空间中是紧邻的，且前件元素一定存储在后件元素的前面。

3．顺序表的插入运算

设长度为n的线性表为：

$$(a_1,a_2,\cdots,a_i,\cdots,a_n)$$

若在线性表的第j个元素a_j之前插入一个新元素b，插入后得到长度为$n+1$的线性表为：

$$(a'_1,a'_2,\cdots,a'_j,a'_{j+1}\cdots,a'_n,a'_{n+1})$$

则插入前后的两线性表中的元素满足如下关系：

$$a'_j=\begin{cases}a_j & 1\leqslant j\leqslant i-1\\ b & j=i\\ a_{j-1} & i+1\leqslant j\leqslant n+1\end{cases}$$

通常，要在第$i(1\leqslant i\leqslant n)$个元素之间插入一个新元素时，首先要从最后一个（即第n个）元素开始，直到第i个元素之间共$n-i+1$个元素依次向后移动一位，移动结束后，第i个位置就被空出，然后将新元素插入到第i项。插入结束后，线性表的长度增加了1。

4. 顺序表的删除运算

设长度为 n 的线性表为：

$$(a_1, a_2, \cdots, a_i, \cdots, a_n)$$

若删除第j个元素，删除后得到长度为n-1的线性表为：

$$(a'_1, a'_2, \cdots, a'_j, \cdots, a'_{n-1})$$

则删除前后的两线性表中的元素满足如下关系：

$$a'_j = \begin{cases} a_j & 1 \leqslant j \leqslant i-1 \\ a_{j+1} & i+1 \leqslant j \leqslant n-1 \end{cases}$$

通常，当删除第 $i(1 \leqslant i \leqslant n)$ 个元素时，则要从第 $i+1$ 个元素开始，直到第 n 个元素之间共 $n-i$ 个元素依次向前移动一位，删除结束后，线性表的长度减小了1。

经典题解

【例题1】下列有关顺序存储结构的叙述，不正确的是(   )。

A) 存储密度大

B) 逻辑上相邻的结点物理上不必邻接

C) 可以通过计算机直接确定第 i 个结点的存储地址

D) 插入、删除操作不方便

解析： 顺序存储结构要求逻辑上相邻的元素物理上也相邻，所以只有选项B)叙述错误。

答案： B)

【例题2】在一个长度为 n 的顺序表中，向第 i 个元素 $(1 \leqslant i \leqslant n+1)$ 位置插入一个新元素时，需要从后向前依次移动(   )个元素。

A) $n-i$ B) i C) $n-i-1$ D) $n-i+1$

解析： 根据顺序表的插入运算的定义知道，在第 i 个位置上插入 x，从 a_i 到 a_n 都要向后移动一个位置，共需要移动 $n-i+1$ 个元素。

答案： D)

考点4 栈和队列

考点速记

1. 栈及其基本运算

(1) 栈的基本概念

栈是一种只允许在一端进行插入和删除运算的线性表，它是一种操作受限的线性表。

在栈中，允许插入与删除的一端称为栈顶(top)，另一端称为栈底(bottom)。栈顶元素总是最后被插入的元素，栈底元素总是最先被插入的元素，即栈是按照“先进后出”(FILO)或“后进先出”(LIFO)的原则组织数据的，因此栈也被称为“先进后出”表，或“后进先出”表。

(2) 栈的顺序存储及其运算

- 入栈运算：入栈运算是指在栈顶位置插入一个新元素。

首先将栈顶指针加1(即top加1)，然后将新元素插入到栈顶指针指向的位置。当栈顶指针已经指向存储空间的最后一个位置时,说明栈空间已满,不可能再进行入栈操作,这种情况称为栈"上溢"错误,如图1.1所示。

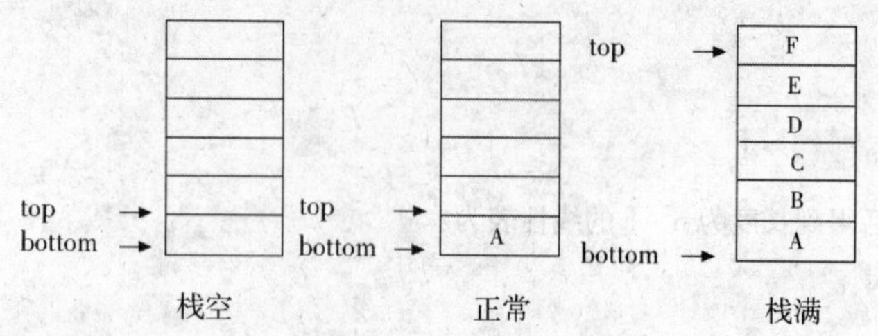

图1.1 栈的状态

- 退栈运算:退栈是指取出栈顶元素并赋给一个指定的变量。

首先将栈顶元素(栈顶指针指向的元素)赋给一个指定的变量,然后将栈顶指针减1(即top减1)。当栈顶指针为0时,说明栈空,不可进行退栈操作,这种情况称为栈的"下溢"错误,如图1.1所示。

- 读栈顶元素:读栈顶元素是指将栈顶元素赋给一个指定的变量。

这个运算不删除栈顶元素,只是将它赋给一个变量,因此栈顶指针不会改变。当栈顶指针为0时,说明栈空,读不到栈顶元素。

2. 队列及其基本运算

(1) 队列的基本概念

队列是一种只允许在一端进行插入,而在另一端进行删除的线性表,它也是一种操作受限的线性表。

在队列中,允许插入的一端称为队尾,通常用一个称为尾指针(rear)的指针指向队尾元素,即尾指针总是指向最后被插入的元素;允许删除的一端称为队头,通常也是一个排头指针(front)指向排头元素的前一个位置。因此,队列又称为"先进先出"(FIFO-First In First Out)的线性表。

队列的基本结构如图1.2所示。

向队列的队尾插入元素称为入队运算,从队列的队头删除元素称为退队运算。

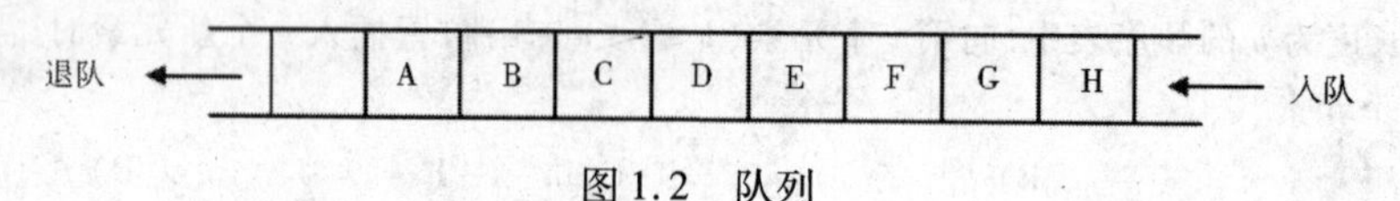

图1.2 队列

(2) 循环队列及其运算

在实际应用中,队列的顺序存储结构通常采用循环队列的形式。

所谓循环队列,是指将队列存储空间的最后一个位置绕到第一个位置,形成逻辑上的形状空间,供队列循环使用。

在循环队列中,用队尾指针(rear)指向队列的队尾元素,用排头指针(front)指向排头元素的前一个位置,因此,从排头指针(front)指向的后一个位置直到队尾指针(rear)指向的位置之间所有的元素均为队列中的元素。

循环队列的初始状态为空,即rear=front。

经典题解

【例题1】下列关于栈的描述中错误的是(　　)。

A) 栈是先进后出的线性表　　B) 栈只顺序存储

C) 栈具有记忆作用　　D) 在对栈的插入与删除操作中,不需要改变栈底指针

解析:栈是一种特殊的线性表,该类线性表只能在固定的一端进行插入和删除操作。允许插入和删除的一端称为栈顶,另一端称为栈底。一个新元素只能从栈顶一端进入;删除时,只能删除栈顶的元素,即刚刚被插入的元素。所以栈又叫做"先进后出"表(FILO—First In Last Out)。线性表可以顺序存储,也可以链式存储,而栈是一种线性表,也可采用链式存储结构。对栈进行插入、删除操作时,栈顶指针会加1或减1。

答案:B)

【例题2】设栈S初始状态为空,元素a、b、c、d、e、f依次通过栈S,若出栈的顺序为c、f、e、d、b、a,则栈S的容量至少应该为(　　)。

A) 6　　B) 5　　C) 4　　D) 3

解析：根据题中给定的条件，可做如下模拟操作：① 元素 a、b、c 进栈，栈中有 3 个元素，分别为 a、b、c；② 元素 c 出栈后，元素 d、e、f 进栈，栈中有 5 个元素，分别为 a、b、d、e、f；③ 元素 f、e、d、b、a 出栈，栈为空。进栈的顺序为 a、b、c、d、e、f，出栈的顺序为 c、f、e、d、b、a，满足题中所提出的要求。注意，在每一次进栈操作后，栈中最多有 5 个元素，因此为了顺利完成这些操作，栈的容量应至少为 5。

答案：B)

【真题 1】 线性表的储存结构主要分为顺序储存结构和链式储存结构。队列是一种特殊的线性表，循环队列是队列的________存储结构。 【2007 年 9 月】

解析：队列的顺序存储结构通常采用循环队列的形式。循环队列，就是将队列存储空间的最后一个位置绕到第一个位置，形成逻辑上的环状空间。

答案：链式

【真题 2】 按"先进后出"原则组织数据的数据结构是________。 【2006 年 9 月】

解析：栈和队列都是操作受限的线性表，只允许在端点处进行插入和删除。二者的区别：栈只允许在表的一端进行插入和删除操作，是一种"先进后出"的线性表；而队列只允许在一端进行插入操作，在另一端进行删除操作，是一种"先进先出"的线性表。

答案：栈

考点5　线性链表

1. 线性链表的基本概念

线性表的链式存储结构称为线性链表。假设数据结构中的每个数据结点对应于一个存储单元，这种存储单元称为存储结点(结点)。线性链表分为单链表、双向链表和循环链表 3 种类型。

在链式存储方式中，每个结点由两部分组成：一部分称为数据域，用于存放数据元素值。另一部分称为指针域，用于存放指针。其中指针域用于指向该结点的前一个或后一个结点，这种结构的线性链表叫做单链表。在链式存储结构中，存储数据结构的存储空间可以不连续，各数据结点的存储顺序与数据元素之间的逻辑关系可以不一致，数据元素之间的逻辑关系由指针域来确定。链式存储结构既可以表示线性结构，也可以表示非线性结构。

2. 线性链表的基本运算

线性链表主要包括以下几种运算：

- 在线性链表中包含指定元素的结点之前插入一个新元素；
- 在线性链表中删除包含指定元素的结点；
- 将两个线性链表按要求合并成一个线性链表；
- 将一个线性链表按要求进行分解；
- 逆转线性链表；
- 复制线性链表；
- 线性链表的排序；
- 线性链表的查找。

3. 循环链表及其基本运算

与线性链表相比，循环链表具有以下两个特点：

- 在循环链表中增加了一个表头结点，其数据域为任意或者可根据需要来设置，指针域指向线性表第一个元素的结点，循环链表的头指针指向表头结点；

- 循环链表中最后一个结点的指针域不为空，而是指向表头结点，即所有结点的指针构成了一个环状链。

经典题解

【例题】在一个容量为 20 的循环队列中，若头指针 front = 3，尾指针 rear = 10，则该循环队列中共有（　　）个元素。

A）7　　B）6　　C）8　　D）20

解析：在循环队列中，从排头指针 front 指向的后一个位置直到队尾指针 rear 指向的位置间的所有元素均为队列中的元素，所以循环队列中元素的个数 = rear - front，本题中元素个数 = 10 - 3 = 7。

答案：A）

【真题】下列叙述中正确的是（　　）。　　【2006 年 4 月】

A）线性链表是线性表的链式存储结构　　B）栈与队列是非线性结构

C）双向链表是非线性结构　　D）只有根结点的二叉树是线性结构

解析：根据数据结构中各数据元素之间前后关系的复杂程序，可将数据结构分为两大类型：线性结构与非线性结构。如果一个非空的数据结构满足下列两个条件：① 有且只有一个根结点；② 每个结点最多有一个前驱，也最多有一个后继，则称该数据结构为线性结构，也叫做线性表。若一个数据结构不是线性结构，则称之为非线性结构。线性表、栈与队列、线性链表都是线性结构，而二叉树是非线性结构。

答案：A）

考点6　树与二叉树

考点速记

1. 树的基本概念

树是一种简单的非线性结构。树是由 $n(n\geqslant 0)$ 个结点构成的有限集合，$n=0$ 的树称为空树；当 $n\neq 0$ 时，树中的结点应该满足以下两个条件：

- 有且仅有一个没有前驱的结点称之为根；
- 其余结点分成 $m(m>0)$ 个互不相交的有限集合 $T_1, T_2, \cdots, T_m$，其中每一个集合又都是一棵树，称 $T_1, T_2, \cdots, T_m$ 为根结点的子树。

在树结构中，一个结点所拥有的后继个数称为该结点的度。

树结构具有明显的层次关系，是一种层次结构。根结点在第 1 层。同一层上所有结点的所有子结点在下一层。树的最大层次称为树的深度。

2. 二叉树及其基本性质

（1）二叉树的定义

二叉树是一种非线性结构，是个有限元素的集合，该集合或者为空，或者由一个称为根的元素及两个不相交的、被分别称为左子树和右子树的二叉树组成。当集合为空时，称该二叉树为空二叉树。

二叉树具有以下两个特点：

- 非空二叉树只有一个根结点；
- 每一个结点最多有两棵子树，且分别称为该结点的左子树和右子树。

（2）满二叉树和完全二叉树

满二叉树：除最后一层外，每一层上的所有结点都有两个子结点，也就是说，每一层上的结点数都达到最大值，即在满二

叉树的第 k 层上有 2^{k-1} 个结点，且深度为 m 的满二叉树中有 2^m-1 个结点。

完全二叉树：除最后一层外，每一层上的结点数都达到最大值；在最后一层上只缺少右边的若干结点。

满二叉树与完全二叉树的关系：满二叉树一定是完全二叉树，但完全二叉树不一定是满二叉树。

（3）二叉树的主要性质

- 一棵非空二叉树的第 k 层上最多有 2^{k-1} 个结点（$k \geq 1$）。
- 一棵深度为 m 的二叉树中，最多有 2^m-1 个结点。
- 对于一棵非空的二叉树，如果叶子结点数为 n_0，度数为 2 的结点数为 n_2，则有 $n_0=n_2+1$。
- 具有 n 个结点的完全二叉树的深度 k 为 $[\log_2 n]+1$。

3. 二叉树的存储结构

二叉树的存储结构有顺序存储结构和链式存储结构两种。二叉树通常采用链式存储结构。

与线性链表类似，用于存储二叉树中各元素的存储结点也由数据域和指针域两部分组成。但在二叉树中，由于每一个元素可以有两个后件（即两个子结点），所以用于存储二叉树的存储结点的指针域有两个：一个指向该结点的左子结点的存储地址，称为左指针域；另一个指向该结点的右子结点的存储地址，称为右指针域。

4. 二叉树的遍历

二叉树的遍历是指不重复地访问二叉树中的所有结点。

二叉树的遍历分为 3 种：前序遍历、中序遍历和后序遍历。各个遍历过程描述如下。

（1）前序遍序（DLR）

若二叉树为空，则结束返回；否则，首先访问根结点，然后前序遍历左子树，最后前序遍历右子树。

（2）中序遍历（LDR）

若二叉树为空，则结束返回；否则，首先中序遍历左子树，然后访问根结点，最后中序遍历右子树。

（3）后序遍历（LRD）

若二叉树为空，则结束返回；否则，首先后序遍历左子树，然后后序遍历右子树，最后访问根结点。

经典题解

【例题 1】 一棵二叉树中共有 70 个叶子结点与 80 个度为 1 的结点，则该二叉树的总结点数为（　　）。

A）219　　B）221　　C）229　　D）231

解析： 由二叉树的性质可知，在任意一棵二叉树中，度为 0 的结点（叶子结点）总是比度为 2 的结点多一个。本题中，度为 0 的结点数为 70，因此度为 2 的结点为 69 个，再加上度为 1 的结点 80 个，总共是 219 个结点。

答案： A）

【例题 2】 已知一棵二叉树先序遍历为 ABDEGCFH，中序遍历为 DBGEACHF，则该二叉树的后序遍历为（　　）。

A）GEDHFBCA　　B）DGEBHFCA　　C）ABCDEFGH　　D）ACBFEDHG

解析： 利用先序和中序遍历相结合的方法可以确定一棵二叉树，其步骤如下：

① 先序遍历的第 1 个结点 A 就是树的根；

② 中序遍历中 A 的左边的结点为 A 的左子树，其右边结点为 A 的右子树；

③ 再分别对 A 的左、右子树进行上述两步处理，直到所有结点都找到正确的位置。

利用上述方法可以得到如下图所示的二叉树。

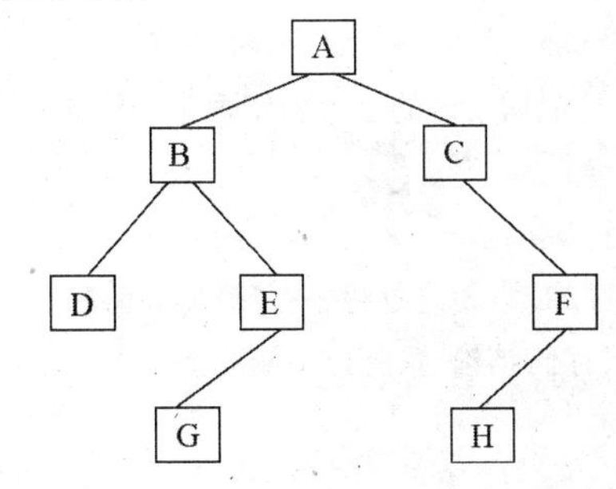

由上图中的二叉树,可得该树的后序遍历序列为 DGEBHFCA,所以选项 B)正确。

答案: B)

【**真题 1**】某二叉树中有 n 个度为 2 的结点,则该二叉树中的叶子结点数为(　　)。【2007 年 4 月】

A) $n+1$　　B) $n-1$　　C) $2n$　　D) $n/2$

解析: 由二叉树的性质可知,对于任意一棵二叉树,度为 0 的结点(即叶子结点)总是比度为 2 的结点多一个。本题中,度为 2 的结点数为 n,故叶子结点数为 $n+1$ 个。

答案: A)

【**真题 2**】对下列二叉树进行前序遍历的结果为(　　)。【2007 年 4 月】

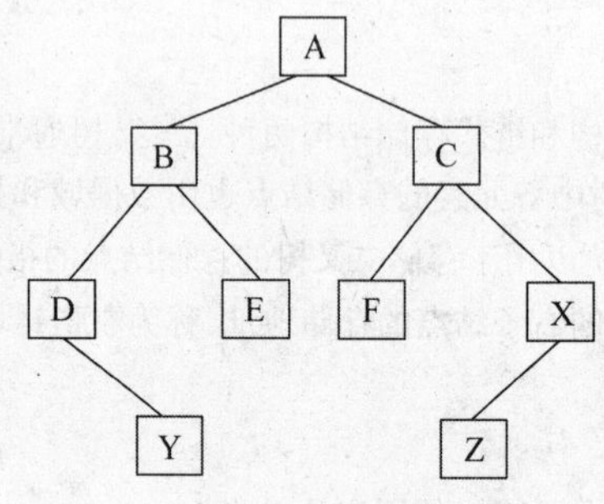

A) DYBEAFCZX　　B) YDEBFZXCA

C) ABDYECFXZ　　D) ABCDEFXYZ

解析: 前序遍历首先访问根结点,然后遍历左子树,最后遍历右子树。

答案: C)

【**真题 3**】在深度为 7 的满二叉树中,叶子结点的个数为(　　)。【2006 年 4 月】

A) 32　　B) 31　　C) 64　　D) 63

解析: 所谓满二叉树是指二叉树满足:除最后一层外,每层上的所有结点都有两个子结点。也就是说,在满二叉树中,每一层上的结点数都达到最大值,即在满二叉树的第 k 层上有 2^{k-1} 个结点,且深度为 m 的满二叉树有 2^m-1 个结点。树的最大层次称为树的深度。本题中所给深度为 7,故叶子结点数为 $2^{7-1}=64$。

答案: C)

考点 7　查找技术

1. 顺序查找

顺序查找一般是指在线性表中查找指定的元素。其基本思路是:从表中的第一个元素开始,依次将线性表中的元素与被查找元素进行比较,直到两者相符,查到所要找的元素为止。否则,表中没有要找的元素,查找不成功。

在最坏的情况下,顺序查找需要比较 n 次。

程序进行了成功的测试之后进入调试阶段,程序调试是诊断和改正程序中潜在的错误。调试主要在开发阶段进行。

程序的调试活动由两部分组成,一是根据错误的迹象确定程序中错误的确切性质、原因和位置;二是对程序进行修改,排除错误。

在下列两种情况下只能够采取顺序查找:

- 如果线性表中元素的排列是无序的,则无论是顺序存储结构还是链式存储结构,都只能用顺序查找;
- 即便是有序线性表,若采用链式存储结构,只能进行顺序查找。

2. 二分查找

二分法查找只适用于顺序存储的有序表。

所谓有序表，是指线性表中的元素按值非递减排列（即从小到大，但允许相邻元素值相等）。

设有序线性表的长度为 n，查找元素为 x，则二分法查找的方法如下：

- 将 x 与线性表的中间项进行比较；
- 若中间项的值等于 x，则说明查到，查找结束；
- 若 x 小于中间项的值，则在线性中间项以前的部分以相同的方法进行查找；
- 若 x 大于中间项的值，则在线性表中间项以后的部分以相同的方法进行查找；
- 这个过程一直进行到查找成功或子表长度为 0（说明线性表中没有这个元素）为止。

当有序线性表为顺序存储时采用二分查找的效率要比顺序查找高得多。对于长度为 n 的有序线性表，在最坏的情况下，二分查找只需要比较 $\log_2 n$ 次，而顺序查找需要比较 n 次。

经典题解

【例题 1】 对于长度为 n 的线性表进行顺序查找，在最坏情况下所需要的比较次数为（　　）。

A) $\log_2 n$　　　B) $n/2$　　　C) n　　　D) $n+1$

解析： 在进行顺序查找过程中，若线性表中的第一个元素正好是要查找的元素，则只需做一次比较就查找成功，查找效率最高；但若被查找的元素是线性表中的最后一个元素，或者被查找的元素根本就不在线性表中，则为查找这个元素需要与线性表中所有元素进行比较，这是顺序查找的最坏情况。所以对长度为 n 的线性表进行顺序查找，在最坏的情况下需比较 n 次。

答案： C)

【例题 2】 一个有序表{6,7,10,39,67,88,90,95,108,156}，当用二分法查找结点 95 时，（　　）次比较后查找成功。

A) 2　　　B) 3　　　C) 5　　　D) 10

解析： 二分法查找过程参见下图。

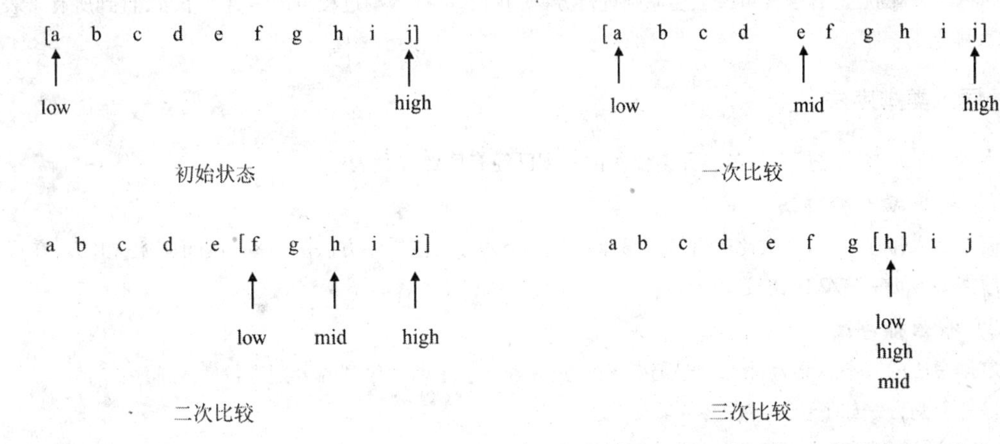

从上图可以看出，第一次比较后，找到 67，由于 $67<95$，在后半部分表中继续查找；将 low 指针指向后半表的最小值，即 88，继续查找，找到 95。所以共经过 2 次比较。

答案： A)

【真题】 在长度为 64 的有序线性表中进行顺序查找，最坏情况下需要比较的次数为（　　）。　　【2006 年 9 月】

A) 63　　　B) 64　　　C) 6　　　D) 7

解析： 在进行顺序查找过程中，若线性表中的第 1 个元素就是要查找的元素，则只需要做一次比较就查找成功，查找效率最高；但若被查找的元素是线性表中的最后一个元素，或者被查找的元素不在线性表中，则为了查找这个元素需要与线性表中的所有元素进行比较，这是顺序查找的最坏情况。所以对长度为 n 的线性表进行顺序查找，在最坏的情况下需要比较 n 次。

答案：B)

考点8 排序技术

考点速记

1. 交换类排序法

交换类排序法是指借助数据元素之间的互相交换进行排序的一种方法。

（1）冒泡排序法

冒泡排序法的基本过程如下。

① 首先，从表头开始往后扫描线性表，在扫描过程中逐次比较相邻两个元素的大小。若在相邻两个元素中，前面的元素大于后面的元素，则将它们交换。

② 然后，从后到前扫描剩下的线性表（除去最后一个元素），同样，在扫描过程中逐次比较相邻两个元素的大小。若在相邻两个元素中，后面的元素小于前面的元素，则将它们交换。

③ 最后对剩下的线性表重复上述过程，直到剩下的线性表变空为止，线性表排序结束。

假设线性表的长度为 n，则在最坏的情况下，冒泡排序需要经过 $n/2$ 遍的从前往后的扫描和 $n/2$ 遍的从后往前扫描，需要比较 $n(n-1)/2$ 次，其数量级为 n^2。

（2）快速排序法

快速排序法的基本过程如下：

① 从线性表中选取一个元素，设为T，将线性表后面小于T的元素移到前面，而前面大于T的元素移到后面，这样就将线性表分成了两部分（称为两个子表），T插入到其分界线的位置处，此过程称为线性表的分割。

② 如果对分割后的各子表再按上述原则进行分割，并且，这种分割过程可以一直做下去，直到所有子表为空为止，则此时的线性表就变成有序。

2. 插入类排序法

插入排序是指将无序序列中的各元素依次插入到已经有序的线性表中。

（1）简单插入排序法

在简单插入排序中，每一次比较后最多移掉一个逆序，因此，该排序方法的效率与冒泡序法相同。在最坏的情况下，简单插入排序需要 $n(n-1)/2$ 次比较。

（2）希尔排序法

希尔排序法的基本思路为：将整个无序序列分割成若干个小的子序列并分别进行插入排序。

子序列分割方法如下：

① 将相隔某个增量 h 的元素构成一个子序列；

② 在排序过程中，逐次减少这个增量，直到 h 减到1时，进行一次插入排序，排序即可完成。

希尔排序的效率与所选取的增量序列有关。

3. 选择类排序法

（1）简单选择排序法

选择排序法的基本思路是：扫描整个线性表，从中选出最小的元素，将其交换到表的最前面；然后对剩下的子表采用同样的方法，直到子表空为止。

简单选择排序在最坏情况下需要比较 $n(n-1)/2$ 次。

（2）堆排序法

堆排序的方法如下：

① 首先将一个无序序列建成堆；

② 然后将堆顶元素与堆中最后一个元素交换。不考虑已经交换到最后的那个元素，只考虑前 $n-1$ 个元素构成的子序列，显然，该子序列已不是堆，但左、右子树仍为堆，可以将该子树调整为堆。这样反复下去做第二步，直到剩下的子序列空为止。

在最坏的情况下，堆排序需要比较的次数为 $O(n\log_2 n)$。

经典题解

【例题】在最坏的情况下，下列排序方法中时间复杂度最小的是（　　）。

A）冒泡排序　　B）快速排序　　C）插入排序　　D）堆排序

解析：在最坏的情况下，冒泡排序、快速排序和插入排序需要的比较次数都是 $n(n-1)/2$，堆排序需要比较的次数为 $O(n\log_2 n)$。由此，在最坏的情况下，堆排序的时间复杂度最小。

答案：D）

【真题】对长度为10的线性表进行冒泡排序，最坏的情况下需要比较的次数为________。【2006年4月】

解析：假设线性表的长度为 n，则在最坏情况下，冒泡排序需要经过 $n/2$ 遍的从前往后扫描和 $n/2$ 遍的从后往前扫描，需要比较次数为 $n(n-1)/2$。因此，结果为45。

答案：45

历年真题汇编

一、选择题

（1）冒泡排序在最坏情况下的比较次数是（　　）。【2007年9月】

A）$n(n+1)/2$　　B）$n\log_2 n$　　C）$n(n-1)/2$　　D）$n/2$

（2）下列对队列的叙述正确的是（　　）。【2007年4月】

A）队列属于非线性表　　B）队列按“先进后出”原则组织数据

C）队列在队尾删除数据　　D）队列按“先进先出”原则组织数据

（3）对下列二叉树进行中序遍历的结果是（　　）。【2006年9月】

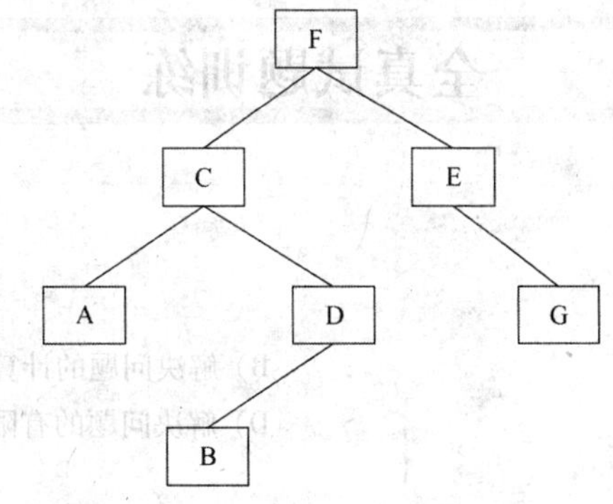

A）ACBDFEG　　B）ACBDFGE　　C）ABDCGEF　　D）FCADBEG

（4）对如下二叉树进行后序遍历的结果为（　　）。【2006年9月】

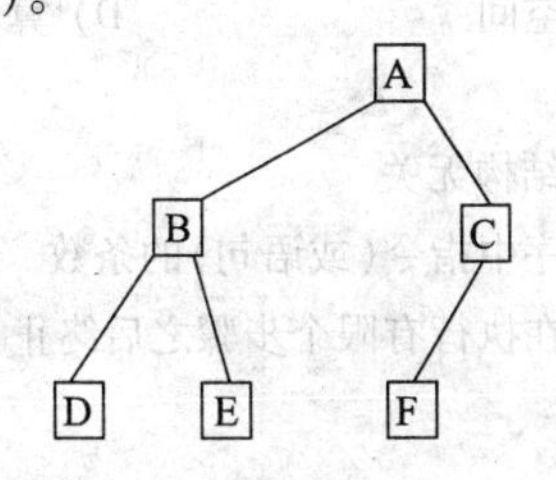

A）ABCDEF　　B）DBEAFC　　C）ABDECF　　D）DEBFCA

（5）按照“后进先出”原则组织数据的数据结构是(　　)。【2006年4月】

A）队列　　B）栈　　C）双向链表　　D）二叉树

（6）下列关于栈的描述正确的是(　　)。【2005年9月】

A）在栈中只能插入元素而不能删除元素

B）在栈中只能删除元素而不能插入元素

C）栈是特殊的线性表，只能在一端插入或删除元素

D）栈是特殊的线性表，只能在一端插入元素，而在另一端删除元素

（7）下列叙述中正确的是(　　)。【2005年9月】

A）一个逻辑数据结构只能有一种存储结构

B）数据的逻辑结构属于线性结构，存储结构属于非线性结构

C）一个逻辑数据结构可以有多种存储结构，且各种存储结构不影响数据处理的效率

D）一个逻辑数据结构可以有多种存储结构，且各种存储结构影响数据处理的效率

（8）数据的存储结构是指(　　)。【2005年4月】

A）存储在外存中的数据　　B）数据所占的存储空间量

C）数据在计算机中的顺序存储方式　　D）数据的逻辑结构在计算机中的表示

（9）下列数据结构中，能用二分法进行查找的是(　　)。【2005年9月】

A）顺序存储的有序线性表　　B）线性链表

C）二叉链表　　D）有序线性链表

（10）对于长度为 n 的线性表，在最坏的情况下，下列各排序法所对应的比较次数中正确的是(　　)。【2005年4月】

A）冒泡排序为 $n/2$　　B）冒泡排序为 n

C）快速排序为 n　　D）快速排序为 $n(n-1)/2$

二、填空题

（1）在深度为7的满二叉树中，度为2的结点个数为________。【2007年4月】

（2）算法复杂度主要包括时间复杂度和________复杂度。【2005年9月】

（3）一棵二叉树第6层(根结点为第1层)的结点数最多为________个。【2005年9月】

（4）对某个问题处理方案的正确而完整的描述称为________。【2005年4月】

（5）某二叉树中度为2的结点有18个，则该二叉树中有________个叶子结点。【2005年4月】

全真试题训练

一、选择题

（1）算法指的是(　　)。

A）计算机程序　　B）解决问题的计算方法

C）排序算法　　D）解决问题的有限运算序列

（2）算法的空间复杂度是指(　　)。

A）算法程序的规模　　B）算法程序中的指令条数

C）执行算法过程中所需要的存储空间　　D）算法程序所占的存储空间

（3）下面叙述正确的是(　　)。

A）算法的执行效率与数据的存储结构无关

B）算法的空间复杂度是指算法程序中指令(或语句)的条数

C）算法的有穷性是指算法必须能在执行有限个步骤之后终止

D）以上描述都不对

(4) 数据的逻辑关系是指数据元素的(　　)。

A) 关联　B) 结构　C) 数据项　D) 存储方式

(5) 下列关于数据结构的叙述中,正确的是(　　)。

A) 数组是同类型值的集合

B) 递归算法的程序结构比迭代算法的程序结构更为精练

C) 树是一种线性结构

D) 用一维数组存储二叉树,总是以先序遍历的顺序存储各结点

(6) 下列数据结构中不属于线性数据结构的是(　　)。

A) 队列　B) 线性表　C) 二叉树　D) 栈

(7) 若长度为 n 的线性表采用顺序存储结构,那么删除它的第 i 个数据元素之前,需要它依次向前移动(　　)个数据元素。

A) $n-i$　B) $n+i$　C) $n-i-1$　D) $n-i+1$

(8) 向一个有127个元素的顺序表中插入一个新元素并保存,原来顺序不变,平均要移动(　　)个元素。

A) 8　B) 63.5　C) 63　D) 7

(9) 若进栈序列为3,5,7,9,进栈过程中可以出栈,则(　　)不可能是一个出栈序列。

A) 7,5,3,9　B) 9,7,5,3　C) 7,5,9,3　D) 9,5,7,3

(10) 与数据元素本身的形式、内容、相对位置、个数无关的是数据的(　　)。

A) 存储结构　B) 存储实现　C) 逻辑结构　D) 运算实现

(11) 向顺序栈中压入新元素时,应当(　　)。

A) 先移动栈顶指针,再存入元素　B) 先存入元素,再移动栈顶指针

C) 先后次序无关紧要　D) 同时进行

(12) 若用一个大小为6的数组来实现循环队列,且当前 rear 和 front 的值分别为0和3。从当前队列中删除一个元素,再加入两个元素后,rear 和 front 的值分别为(　　)。

A) 1和5　B) 2和4　C) 4和2　D) 5和1

(13) 设一数列的顺序为1,2,3,4,5,6,通过队列操作可以得到(　　)的输出序列。

A) 3,2,5,6,4,1　B) 1,2,3,4,5,6

C) 6,5,4,3,2,1　D) 4,5,3,2,6,1

(14) 如果利用数据组 a[n]顺序存储一个栈,top 表示栈顶指针,用 top $=n+1$ 表示栈空,该数组所能存储的栈的最大长度为 n,则表示栈满的条件是(　　)。

A) top $=-1$　B) top $=0$　C) top >1　D) top $=1$

(15) 在单链表中,增加一个头结点的目的是(　　)。

A) 使单链表至少有一个结点　B) 标识表结点中首结点的位置

C) 方便运算的实现　D) 说明单链表是线性表的链式存储

(16) 循环链表的主要优点是(　　)。

A) 不再需要头指针了

B) 已知某个结点的位置后,能够容易找到它的直接前驱

C) 在进行插入、删除运算时,能更好地保证链表不断开

D) 从表中的任意结点出发都能扫描到整个链表

(17) 在完全二叉树中,若一个结点是叶结点,则它没有(　　)。

A) 左子结点　B) 右子结点

C) 左子结点和右子结点　D) 左子结点、右子结点和兄弟结点

(18) 对一棵71个结点的完全二叉树,它有(　　)个非叶结点。

A) 35　B) 40　C) 30　D) 44

(19) 如下图所示,该二叉树结点的中序遍历的序列为(　　)。

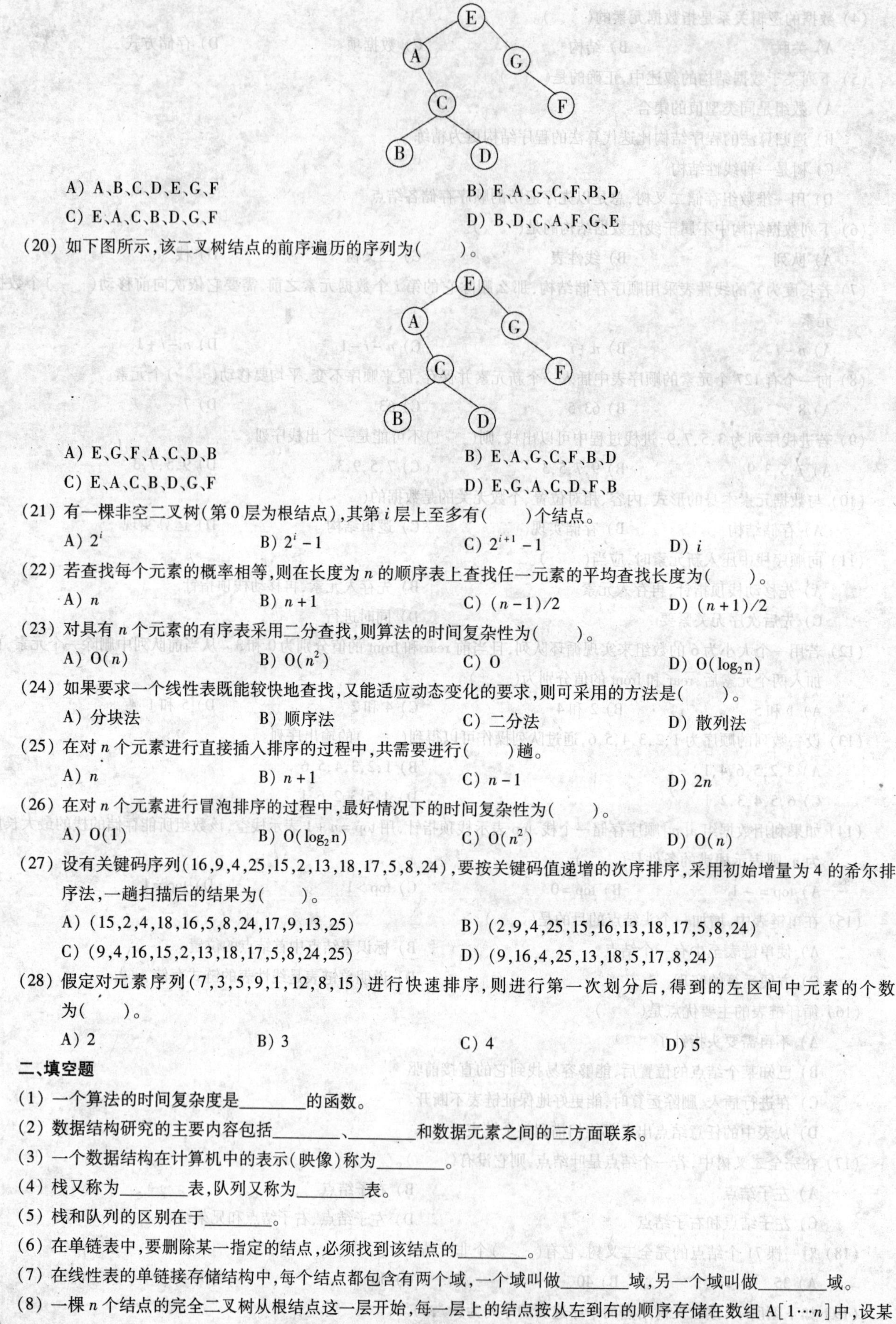

A）A、B、C、D、E、G、F　　B）E、A、G、C、F、B、D

C）E、A、C、B、D、G、F　　D）B、D、C、A、F、G、E

（20）如下图所示，该二叉树结点的前序遍历的序列为(　　)。

A）E、G、F、A、C、D、B　　B）E、A、G、C、F、B、D

C）E、A、C、B、D、G、F　　D）E、G、A、C、D、F、B

（21）有一棵非空二叉树(第0层为根结点)，其第 i 层上至多有(　　)个结点。

A）2^i　　B）2^i-1　　C）$2^{i+1}-1$　　D）i

（22）若查找每个元素的概率相等，则在长度为 n 的顺序表上查找任一元素的平均查找长度为(　　)。

A）n　　B）$n+1$　　C）$(n-1)/2$　　D）$(n+1)/2$

（23）对具有 n 个元素的有序表采用二分查找，则算法的时间复杂性为(　　)。

A）$O(n)$　　B）$O(n^2)$　　C）O　　D）$O(\log_2 n)$

（24）如果要求一个线性表既能较快地查找，又能适应动态变化的要求，则可采用的方法是(　　)。

A）分块法　　B）顺序法　　C）二分法　　D）散列法

（25）在对 n 个元素进行直接插入排序的过程中，共需要进行(　　)趟。

A）n　　B）$n+1$　　C）$n-1$　　D）$2n$

（26）在对 n 个元素进行冒泡排序的过程中，最好情况下的时间复杂性为(　　)。

A）$O(1)$　　B）$O(\log_2 n)$　　C）$O(n^2)$　　D）$O(n)$

（27）设有关键码序列(16,9,4,25,15,2,13,18,17,5,8,24)，要按关键码值递增的次序排序，采用初始增量为4的希尔排序法，一趟扫描后的结果为(　　)。

A）(15,2,4,18,16,5,8,24,17,9,13,25)　　B）(2,9,4,25,15,16,13,18,17,5,8,24)

C）(9,4,16,15,2,13,18,17,5,8,24,25)　　D）(9,16,4,25,13,18,5,17,8,24)

（28）假定对元素序列(7,3,5,9,1,12,8,15)进行快速排序，则进行第一次划分后，得到的左区间中元素的个数为(　　)。

A）2　　B）3　　C）4　　D）5

二、填空题

（1）一个算法的时间复杂度是________的函数。

（2）数据结构研究的主要内容包括________、________和数据元素之间的三方面联系。

（3）一个数据结构在计算机中的表示(映像)称为________。

（4）栈又称为________表，队列又称为________表。

（5）栈和队列的区别在于________。

（6）在单链表中，要删除某一指定的结点，必须找到该结点的________。

（7）在线性表的单链接存储结构中，每个结点都包含有两个域，一个域叫做________域，另一个域叫做________域。

（8）一棵 n 个结点的完全二叉树从根结点这一层开始，每一层上的结点按从左到右的顺序存储在数组 A[1⋯n]中，设某个结点在数组中的位置为$i(1\leqslant i\leqslant n)$,则它的父结点的位置是________。

(9) 设二叉树的深度为h,且只有度为0和2的结点,则此二叉树中所含结点数至多为________。

(10) 设根结点的层次为1,则深度为k的二叉树的各结点数为________。

(11) 每次从无序子表中取出一个元素,把它插入到有序子表中的适当位置,此种排序方法叫做________排序;每次从无序子表中挑选出一个最小或最大元素,把它交换到有序表的一端,此种排序方法叫做________排序。

(12) 每次直接或通过基准元素间接比较两个元素,若出现逆序排列时就交换它们的位置,此种排序方法叫做________排序。

(13) 假定一组记录为(46,79,56,38,40,80),对其进行快速排序的第一次划分后的结果为________。

历年真题参考答案及解析

一、选择题

(1)【解析】假设线性表的长度为n,则在最坏的情况下,冒泡排序需要经过$n/2$次的从前往后扫描和$n/2$次的从后往前扫描,需要比较次数为$n(n-1)/2$。

【答案】C)

(2)【解析】队列是一种线性表,它限定在一端进行插入,在另一端进行删除。允许插入的一端称为队尾,允许删除的另一端称为队头。队列又称为“先进先出”或“后进后出”的线性表,体现了“先到先服务”的原则。

【答案】D)

(3)【解析】中序遍历首先遍历左子树,再访问根结点,最后遍历右子树。

【答案】A)

(4)【解析】进行后序遍历时,若需遍历的二叉树为空,执行空操作结束返回;否则,依次执行如下操作:

① 首先按照后序遍历的顺序访问根结点的左子树;

② 然后按照后序遍历的顺序访问根结点的右子树;

③ 最后访问根结点。

【答案】D)

(5)【解析】栈和队列都是操作受限的线性表,只允许在端点处进行插入和删除。二者的区别:栈只允许在表的一端进行插入或删除操作,是一种“后进先出”的线性表;而队列只允许在表的一端进行插入操作,在另一端进行删除操作,是一种“先进先出”的线性表,双向链表和二叉树都不具有“后进先出”的原则。

【答案】B)

(6)【解析】栈本质上也是线性表,只不过是一种特殊的线性表。在这种特殊的线性表中,其插入和删除操作只在线性表的一端进行。

【答案】C)

(7)【解析】一般来说,数据的逻辑结构根据需要可以表示成多种存储结构。常用的存储结构有顺序、链接、索引等存储结构。采用不同的存储结构,其数据处理的效率也不同。

【答案】D)

(8)【解析】数据的逻辑结构在计算机存储空间中的存放形式表示称为数据的存储结构(也称数据的物理结构)。

【答案】D)

(9)【解析】二分法查找只适用于顺序存储的有序表。所谓有序表是指线性表中的元素按值非递减排列(即从小到大,但允许相邻元素值相等)。

【答案】A)

(10)【解析】假设线性表的长度为n,则在最坏情况下,冒泡排序需要经过$n/2$遍的从前往后扫描和$n/2$遍的从后往前扫描,需要比较次数为$n(n-1)/2$。快速排序法在最坏的情况下,比较次数也是$n(n-1)/2$。

【答案】D)

二、填空题

(1)【解析】第7层的叶子结点数为 $2^{7-1}=64$。由二叉树的性质可知，在任意一棵二叉树中，度为0的结点（即叶子结点）总是比度为2的结点多一个，可得本题中度为2的结点数为63个。

【答案】63

(2)【解析】算法的复杂度主要包括时间复杂度和空间复杂度两方面。所谓算法的时间复杂度，是指执行算法所需要的计算工作量；算法的空间复杂度，是执行该算法所需要的内存空间的规模。

【答案】空间

(3)【解析】根据二叉树的性质：二叉树第 $i(i\geq 1)$ 层上至多有 2^{i-1} 个结点。所以第6层的结点数最多是32。

【答案】32

(4)【解析】算法是指为解决某个特定问题而采取的确定且有限的步骤完整描述。

【答案】算法

(5)【解析】由二叉树的性质可知，在任意一棵二叉树中，度为0的结点（即叶子结点）总是比度为2的结点多一个。本题中度为2的结点数为18，故可得叶子结点数为 $18+1=19$ 个。

【答案】19

全真试题参考答案

一、选择题

(1) D)	(2) C)	(3) C)	(4) A)	(5) B)
(6) C)	(7) A)	(8) B)	(9) D)	(10) C)
(11) A)	(12) B)	(13) B)	(14) D)	(15) C)
(16) D)	(17) C)	(18) A)	(19) A)	(20) C)
(21) A)	(22) D)	(23) D)	(24) A)	(25) C)
(26) D)	(27) A)	(28) B)		

二、填空题

(1) 算法输入规模

(2) 数据存储结构　数据逻辑结构

(3) 数据的存储结构

(4) 后进先出　先进先出

(5) 删除运算不同

(6) 前驱结点

(7) 数据　指针

(8) [i/2]

(9) 2^h+1

(10) 2^k-1

(11) 插入　选择

(12) 交换

(13) [40,38],46,[56,79,80]

第 2 章　程序设计基础

考查知识点		考核几率	分值
考点 1	程序设计方法与风格	40%	0 ~ 2 分
考点 2	结构化程序设计	20%	0 ~ 2 分
考点 3	面向对象的程序设计	70%	0 ~ 2 分

考点 1　程序设计方法与风格

考点速记

1. 程序设计方法

程序设计方法是研究问题求解如何进行系统构造的软件方法学。常用的程序设计方法有:结构化程序设计方法、软件工程方法和面向对象方法。

2. 程序设计风格

程序设计风格是指编写程序时所表现出的特点、习惯和逻辑思路。良好的程序设计风格是程序质量的重要保证。要形成良好的程序设计风格,主要应注重和考虑的因素有:

- 源程序文档化;
- 数据说明方法;
- 语句的结构;
- 输入、输出。

经典题解

【例题】 在设计程序时,应采纳的原则之一是(　　)。

A) 不限制 goto 语句的使用　　B) 减少或取消注解行

C) 程序越短越好　　D) 程序结构应有助于读者理解

解析: 滥用 goto 语句将使程序流程无规律,可读性差,因此 A) 不选;注解行有利于对程序的理解,不应减少或取消,B) 也不选;程序的长短要依照实际情况而论,而不是越短越好,C) 也不选。

答案: D)

【真题 1】 下列叙述中,不属于良好程序设计风格要求的是(　　)。　　【2007 年 9 月】

A) 程序的效率第一,清晰第二　　B) 程序的可读性好

C) 程序中要有必要的注释　　D) 输入数据前要有提示信息

解析: 著名的"清晰第一,效率第二"的论点已经成为主导的程序设计风格,所以选项 A 是错误的,其余选项都是良好程序设计风格的要求。

答案: A)

【真题 2】下列选项中不符合良好程序设计风格的是（ ）。【2006 年 9 月】

A）源程序要文档化　　B）数据说明的次序要规范化

C）避免滥用 goto 语句　　D）模块设计要保证高耦合、高内聚

解析：良好的程序设计风格使程序结构清晰合理，使程序代码便于维护。因此，程序设计风格对保证程序的质量很重要。主要应注意和考虑的因素：① 源程序要文档化；② 数据说明的次序要规范化；③ 语句的结构应简单直接，不应该为提高效率而把语句复杂化，避免滥用 goto 语句；④模块设计要保证低耦合、高内聚。

答案：D）

考点 2　结构化程序设计

考点速记

1. 结构化程序设计的原则

结构化程序设计方法的主要原则如下。

- 自顶向下：应先考虑总体，后考虑细节；先考虑全局目标，后考虑具体问题；
- 逐步求精：对复杂问题，设计一些子目标作过渡，逐步细化；
- 模块化：模块化是把程序要解决的总目标分解为分目标，再进一步分解为具体的小目标，把每个小目标称为一个模块；
- 限制使用 goto 语句。

2. 结构化程序设计的基本结构与特点

结构化程序设计有 3 种基本结构：顺序结构、选择结构和循环结构，如图 2.1 所示。

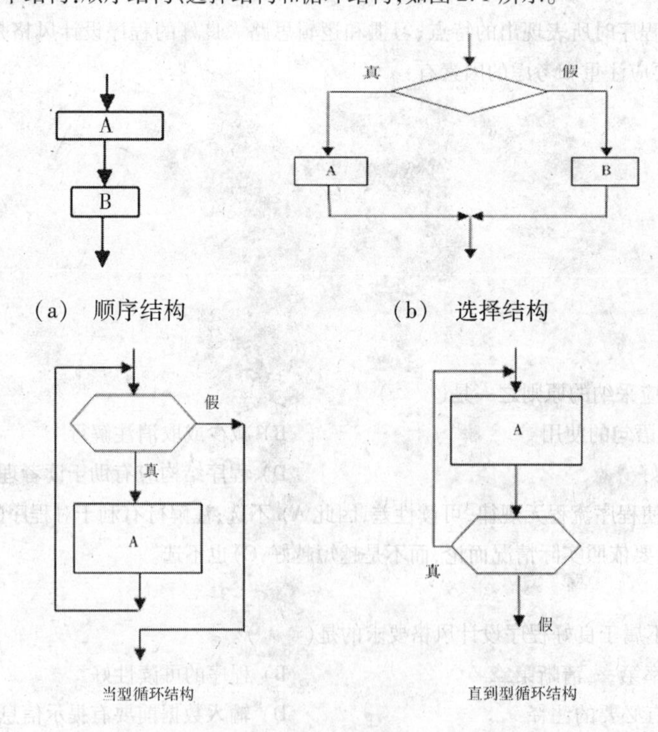

（a） 顺序结构　（b） 选择结构

（c） 当型循环结构　（d） 直到型循环结构

图 2.1　结构化程序设计的基本结构

3. 结构化程序设计的原则和方法的应用

结构化程序设计是一种面向过程的程序设计方法。在结构化程序设计的具体实施中，要注意把握如下因素：

- 使用程序设计语言的顺序、选择、循环等有限的控制结构表示程序的控制逻辑；
- 选用的控制结构只允许有一个入口和一个出口；
- 程序语句组成容易识别的块，每块只有一个入口和一个出口；
- 复杂结构应该应用嵌套的基本控制结构进行组合嵌套来实现；
- 语言中所没有的控制结构，应该采用前后一致的方法来模拟；
- 严格控制goto语句的使用。

经典题解

【例题1】结构化程序设计的3种结构是(　　)。

A）顺序结构、选择结构、转移结构

B）分支结构、等价结构、循环结构

C）多分支结构、赋值结构、等价结构

D）顺序结构、选择结构、循环结构

解析：顺序结构、选择结构和循环结构（或重复结构）是结构化程序设计的3种基本结构。

答案：D)

【例题2】结构化程序设计主要强调的是(　　)。

A）程序的规模　　　　B）程序的效率

C）程序设计语言的先进性　　　　D）程序易读性

解析：结构化程序设计方法的主要原则可以概括为自顶向下、逐步求精、模块化及限制使用goto语句，总的来说可使程序结构良好、易读、易理解、易维护。

答案：D)

【真题】下列选项中不属于结构化程序设计方法的是(　　)。　　【2006年4月】

A）自顶向下　　　　B）逐步求精

C）模块化　　　　D）可复用

解析：20世纪70年代以来，提出了许多软件设计方法，主要包括：① 逐步求精，对复杂的问题，应设计一些子目标作过渡，逐步细化。② 自顶向下，程序设计时，应先考虑总体，后考虑细节；先考虑全局目标，后考虑局部目标。一开始不要过多追求细节，先从最上层总目标开始设计，逐步使问题具体化。③ 模块化，一个复杂问题，肯定是由若干相对简单的问题构成。模块化是把程序要解决的总目标分解为分目标，再进一步分解为具体的小目标，把每个小目标称为一个模块。而可复用是面向对象程序设计的一个优点，不是结构化程序设计方法。

答案：D)

考点3　面向对象的程序设计

考点速记

1. 面向对象方法的本质

面向对象方法的本质就是主张从客观世界固有的事物出发来构造系统，提倡用人类在现实生活中常用的思维方法来认识、理解和描述客观事物，强调最终建立的系统能够映射问题域。

2. 面向对象方法的优点

面向对象方法有以下主要优点：

- 与人类习惯的思维方法一致；
- 稳定性好；
- 可重用性好；
- 易于开发大型软件产品；
- 可维护性好。

3. 面向对象方法的基本概念

（1）对象

面向对象的程序设计中涉及的对象是系统中用来描述客观事物的一个实体，是构成系统的一个基本单位，它是由一组表示其静态特征的属性和它可执行的一组操作组成的。

（2）类和实例

类是具有共同属性和共同方法的对象的集合。类是对象的抽象，它描述了属于该对象类型的所有对象的共同性质，而一个对象是其对应类的一个实例。类同对象一样，也包括一组数据属性和在数据上的一组操作。

（3）消息

消息是一个实例与另一个实例之间传递的信息，它请求对象执行某一处理或回答某一要求的信息，它统一了数据流和控制流。

（4）继承

继承是使用已有的类定义作为基础建立新类的定义的技术。在面向对象技术中，类组成为具有层次结构的系统：一个类的上层可有父类，下层可有子类；一个类直接继承其父类的描述（数据和操作）或特性，子类自动地共享基类中定义的数据和方法。

（5）多态性

对象根据所接受的信息而做出动作，同样的消息被不同的对象接受时可以有完全不同的行动，该现象称为多态性。

经典题解

【例题1】 开发软件所需的高成本和产品的低质量之间有着尖锐的矛盾，这种现象称做（　　）。

A）软件投机

B）软件危机

C）软件工程

D）软件产生

解析： 软件工程概念的出现源自软件危机。所谓软件危机是泛指在计算机软件的开发和维护过程中所遇到的一系列严重问题。总之，可以将软件危机归结为成本、质量、生产率等问题。

答案： B）

【例题2】 面向对象程序设计中程序运行的最基本实体是（　　）。

A）类

B）对象

C）事件

D）函数

解析： 客观世界里的任何实体都可以被看做是对象，对象可以是具体的物，也可以指某些概念，在程序运行中是最基本的实体。

答案： B）

历年真题汇编

一、选择题

(1) 在面向对象方法中,实现信息隐蔽是依靠(　　)。【2007年9月】

A) 对象的继承　B) 对象的多态　C) 对象的封装　D) 对象的分类

(2) 下面选项中不属于面向对象程序设计特征的是(　　)。【2007年4月】

A) 继承性　B) 多态性　C) 类比性　D) 封装性

二、填空题

(1) 在面向对象方法中,________描述的是具有相似属性与操作的一组对象。【2006年9月】

(2) 在面向对象方法中,类的实例称为________。【2005年4月】

全真试题训练

一、选择题

(1) 下列关于注释的说法正确的是(　　)。

A) 序言性注释应该嵌入源程序内部　B) 每一行程序都要加注释

C) 修改程序也要修改注释　D) 功能性注释可以说明数据状态

(2) 下面所述不是结构化程序设计强调或提倡的是(　　)。

A) 程序设计风格　B) 程序结构的规范化

C) 清晰的结构　D) 尽量使用简单的语句

(3) 下列不是结构化设计方法的是(　　)。

A) 先考虑总体,后考虑细节

B) 对复杂问题,应设计一些子目标作过渡,逐步细化

C) 将现实生活中的实体抽象成类

D) 把程序要解决的总目标分解为分目标,再进一步分解为具体的小目标,把每个小目标称为一个模块

(4) 下列不是结构化设计需要注意的是(　　)。

A) 使用程序设计语言中的顺序、选择、循环等有限制的控制结构表示程序的控制逻辑

B) 在选用的控制结构中允许有多个入口和出口

C) 复杂结构应该用嵌套的基本控制结构进行组合嵌套来实现

D) 尽量避免goto语句的使用

(5) 下面关于面向对象程序设计方法的说法中错误的是(　　)。

A) 客观世界中的任何一个事物都可以看成是一个对象

B) 面向对象方法的本质就是主张从客观世界固有的事物出发来构造系统,提倡用人类在现实生活中常用的思维方法来认识、理解和描述客观事物

C) 面向对象程序设计方法主要采用顺序、选择、循环3种结构进行程序设计

D) 对象就是一个包含数据及与这些数据有关的操作的集合

(6) 下列不是面向对象程序设计的主要优点的是(　　)。

A) 稳定性好　B) 结构清晰　C) 可重用性好　D) 可维护性好

(7) 对象的封装性是指(　　)。

A) 从外面只能看到对象的外部特征,而不知道也无须知道数据的具体结构及实现操作的算法

B）可以将具有相同属性和操作的对象抽象成类

C）同一个操作可以是不同对象的行为

D）对象内部各种元素彼此结合得很紧密，内聚性强

二、填空题

(1) 程序设计风格是指一个人编制程序时所表现出来的特点、习惯和________、输入、输出等。

(2) 继承性机制使得子类不仅可以重复使用其父类的数据结构和________，而且可以在父类代码的基础上方便地修改和扩充。

(3) 在面向对象方法中，类之间共享属性和操作的机制称为________。

历年真题参考答案及解析

一、选择题

(1)【解析】对象的继承是指使用已有的类定义作为基础建立新的类；多态是指在类中可以定义名称相同的函数，但是这些函数的参数或返回值类型不同；封装是指将对象分为内部实现和外部接口两部分，对象内部对外不可见，从而实现信息隐蔽；分类是指将具有相同属性和操作的对象抽象成类。

【答案】C）

(2)【解析】对象是由数据和操作组成的封装体，与客观实体有直接的对应关系。对象之间通过传递消息互相联系，以模拟现实世界中不同事物彼此之间的关系。面向对象技术的3个重要特性为：封装性、继承性和多态性。

【答案】C）

二、填空题

(1)【解析】将属性、操作相似的对象归为类，也就是说，类是具有共同属性和共同方法的对象的集合。所以，类是对象的抽象，它描述了属于该对象类型的所有对象的共同性质，而一个对象则是其对应类的一个实例。

【答案】类

(2)【解析】类是对象的抽象，它描述了属于该对象类型的所有对象的性质，而一个对象则是其对应类的一个实例。

【答案】对象

全真试题参考答案

一、选择题

(1) C)　(2) D)　(3) C)　(4) B)　(5) C)

(6) B)　(7) A)

二、填空题

(1) 逻辑思路　(2) 程序代码

(3) 继承

第 3 章 软件工程基础

考查知识点		考核几率	分值
考点 1	软件工程基本概念	80%	2 ~ 4 分
考点 2	结构化分析方法	40%	0 ~ 2 分
考点 3	结构化设计方法	60%	2 ~ 4 分
考点 4	软件测试	80%	2 ~ 4 分
考点 5	程序的调试	80%	0 ~ 2 分

考点 1 软件工程基本概念

1. 软件定义与软件特点

(1) 软件的定义

软件(software)是计算机系统中与硬件(hardware)相互依存的另一部分,它包括程序、相关数据及其说明文档。

(2) 软件的特点

软件的特点主要包括以下几个方面:

- 软件是一种逻辑实体,具有抽象性;
- 软件没有明显的制作过程;
- 软件在运行、使用期间,不存在磨损、老化问题;
- 软件的开发、运行对计算机系统具有不同程度的依赖性,这导致了软件移植的问题;
- 软件复杂性高、成本昂贵;
- 软件开发涉及诸多的社会因素。

2. 软件危机与软件工程

(1) 软件危机

软件危机泛指在计算机软件的开发和维护中所遇到的一系列严重问题。

软件危机主要表现在以下几个方面:

- 软件需求的增长得不到满足;
- 软件开发的成本和进度无法控制;
- 软件质量难以保证;
- 软件不可维护或维护程度非常低;
- 软件的成本不断增加;
- 软件开发生产率的提高跟不上硬件的发展和应用需要的增长。

（2）软件工程

软件工程学是用工程、科学和数学的原理与方法研制、维护计算机软件的有关技术及管理方法的一门工程学科。

软件工程包括两方面内容：软件开发技术和软件工程管理。软件工程工程包括3个要素，即方法、工具和过程。

3. 软件工程过程与软件生命周期

（1）软件工程过程

在ISO9000中关于软件工程过程的定义为：软件工程过程是把输入转化为输出的一组彼此相关的资源和活动。

（2）软件生命周期

通常，将软件产品从提出、实现、使用维护到停止使用的过程称为软件生命周期。

软件生命周期包括可行性研究和需求分析、设计、实现、测试、交付使用和维护等几个阶段。

4. 软件工程的目标与原则

（1）软件工程的目标

软件工程需达到的基本目标是：付出较低的开发成本；达到要求的软件功能；取得较好的软件性能；开发的软件易于移植；需要较低的维护费用；能按时完成开发，及时交付使用。

（2）软件工程的原则

为了实现上述的软件工程目标，在软件开发过程中，必须遵循软件工程的基本原则。这些原则适用于所有的软件项目。这些基本原则包括抽象、信息隐蔽、模块化、局部化、确定性、一致性、完备性和可验证性。

5. 软件开发工具与软件开发环境

软件开发工具与软件开发环境的使用提高了软件的开发效率、维护效率和软件质量。

（1）软件开发工具

软件工具的发展是从单项工具的开发逐步向集成工具发展的，软件工具为软件工程的方法提供了自动的或半自动的软件支撑环境。

（2）软件开发环境

软件开发环境是全面支持软件开发过程的软件工具集合。计算机辅助软件工程（CASE）是当前软件开发环境中富有特色的研究工作和发展方向。

经典题解

【例题】 以下说法错误的是(　　)。

A）软件工程概念的出现源自软件危机

B）软件开发成本和进度无法控制是软件危机的表现之一

C）软件生命周期是指软件产品从考虑其概念开始到该软件不能使用为止的整个时期

D）软件生命周期一般分为软件定义和软件实现两个阶段

解析： 对本题的四个选项分析如下：

选项A)，正是因为软件危机频繁出现和为了消除软件危机，通过认真研究解决软件危机的方法，认识到软件工程是使计算机软件走向工程科学的途径，才逐步形成了软件工程的概念，故该选项正确。

选项B)，根据“软件危机的主要表现”可知此选项正确。

选项C)，对软件生命周期概念的分析知此选项也正确。

选项D)，软件生命周期不仅仅是软件定义和软件实现两个阶段，而且还包括运行维护阶段。故此选项错误。

答案： D)

【真题1】 软件生命周期可分为多个阶段，一般分为定义阶段、开发阶段和维护阶段。编码和测试属于________阶段。

【2007年4月】

解析：软件生命周期分为软件定义、软件开发及软件运行维护3个阶段。本题中软件编码和软件测试都属于软件开发阶段；维护是软件生命周期的最后一个阶段，也是持续时间最长、花费代价最大的阶段。

答案：软件开发

【真题2】下列选项中不属于软件生命周期开发阶段任务的是(　　)。　　【2006年9月】

A）软件测试　　B）概要设计　　C）软件维护　　D）详细设计

解析：软件生命周期分为软件定义、软件开发及软件维护。其中软件开发阶段中软件设计阶段可分解成概要设计阶段和详细设计阶段，而软件维护不属于软件开发阶段。

答案：C)

【真题3】下列描述中正确的是(　　)。　　【2005年4月】

A）程序就是软件　　B）软件开发不受计算机系统的限制

C）软件既要逻辑实体，又是物理实体　　D）软件是程序、数据与相关文档的集合

解析：计算机软件是计算机系统中与硬件相互依存的另一部分，包括程序、数据及相关文档的完整集合。软件具有如下特点：① 软件是一种逻辑实体，而不是物理实体，具有抽象性；② 软件的生产过程与硬件不同，没有明显的制作过程；③ 软件在运行、使用期间，不存在磨损、老化问题；④ 软件的开发、运行对计算机系统具有不同程度的依赖性，这导致软件移植的问题；⑤ 软件复杂性高，成本昂贵；⑥ 软件开发涉及诸多的社会因素。

答案：D)

考点2　结构化分析方法

考点速记

1. 需求分析和需求分析方法

（1）需求分析

软件需求是指用户对目标软件系统在功能、行为、性能、设计约束等方面的期望。需求分析的任务是发现需求、求精、建模和定义需求的过程。需求分析将创建所需的数据模型、功能模型和控制模型。

需求分析阶段的工作，可概括为以下几个方面：

- 需求获取；
- 需求分析；
- 编写需求规格说明书；
- 需求评审。

（2）需求分析方法

常用的需求分析方法有结构化分析方法和面向对象分析方法。

2. 结构化分析方法

（1）结构化分析方法简介

结构化分析方法是结构化程序设计理论在软件需求分析阶段的应用。它是基于功能分解的分析方法，其目的是帮助弄清用户对软件的需求。

（2）结构化分析方法的常用工具

结构化分析的常用工具有数据流图、数字字典、判断树、判断表。

数据流图(Data Flow Diagram，DFD)是描述数据处理过程的工具，是需求理解的逻辑模型的图形表示，它直接支持系统的功能建模。数据流图从数据传递和加工的角度，来刻画数据流从输入到输出的移动变换过程。数据流图中的主要图形元素

及说明见表3.1。

表3.1 数据流程图中主要图形元素及说明

图 形	说 明
○	加工(转换):输入数据经加工产生输出
→	数据流:沿箭头方向传送数据,一般在旁边标注数据流名
═	存储文件:表示处理过程中存放各种数据的文件
□	数据的源点/终点:表示系统和环境的接口,属系统之外的实体

数据字是结构化分析方法的核心。数据字典是对所有与系统相关的数据元素的一个有组织的列表。数据字典的作用是对数据流图中出现的被命名的图形元素的确切解释。通常数据字典包含的信息有名称、别名、何处使用/如何使用、内容描述、补充信息等。

3. 软件需求规格说明书

软件需求规格说明书是作为需求分析的一部分而制定的可交付文件,是需求分析阶段的最后结果,其正确性是第一位必须保证的。

经典题解

【例题】 数据流图用于抽象描述一个软件的逻辑模型,数据流图由一些特定的图符构成。下列图符名标识的图符不属于数据流图合法图符的是(　　)。

A）控制流　　B）加工　　C）数据存储　　D）源和潭

解析: 数据流图包括4个方面,即加工(转换)(输入数据经加工变换产生输出)、数据流(沿箭头方向传送数据的通道,一般在旁边标注数据流名)、存储文件(数据源)(表示处理过程中存放各种数据的文件)、源和潭(表示系统和环境的接口,属系统之外的实体)。不包括选项中的控制流。

答案: A)

【真题】 在结构化分析使用的数据流图(DFD)中,利用________对其中的图形元素进行确切解释。　【2007年9月】

解析: 数据字典是结构化分析方法的核心。数据字典是对所有与系统相关的数据元素的一个有组织的列表,以及精确的、严格的定义,使得用户和系统分析员对于输入、输出、存储成分和中间计算结果有共同的理解。数据字典把不同的需求文档和分析模型紧密地结合在一起,与各模型的图形表示配合,能清楚地表达数据处理的要求。总而言之,数据字典的作用是对DFD中出现的被命名的图形元素的确切解释。

答案: 数据字典

考点3　结构化设计方法

考点速记

1. 软件设计的基本概念及方法

(1) 软件设计的基础

软件设计是软件工程的重要阶段,是一个把软件需求转换为软件表示的过程。

软件设计的一般过程为:

- 软件设计是一个迭代的过程；
- 先进行高层次的结构设计；
- 后进行低层次的过程设计；
- 穿插进行数据设计和接口设计。

(2) **软件设计的基本原理**

衡量软件的模块独立使用耦合性和内聚性两个定性的度量标准。

耦合性是模块间互相联结的紧密程序的度量。内聚性是一个模块内部各个元素间彼此结合的紧密程度的度量。通常较优秀的软件设计,应尽量做到高内聚、低耦合。

(3) **结构化设计方法**

结构化设计就是采用最佳的可能方法设计系统的各个组成部分及各部分之间的内部联系的技术。

结构化设计方法的基本思想是将软件设计成由相对独立、单一功能的模块组成的结构。

2. 概要设计

(1) **概要设计的任务**

软件概要设计的任务是:

- 设计软件系统结构;
- 数据结构及数据库设计;
- 编写概要设计文档;
- 概要设计文档评审。

(2) **面向数据流的设计方法**

结构化设计方法是一种面向数据流的设计方法,它可以与SA方法衔接。通常用数据流图(DFD)描述系统中加工和流动的情况。

典型的数据流类型有两种:变换型和事务型。

面向数据流设计方法的实施要点和步骤如下:

① 分析、确认数据流图的类型,区分是事务型还是变换型;

② 说明数据流的边界;

③ 把数据流图映射为程序结构;

④ 根据设计准则对产生的结构进行细化和求精。

(3) **设计的准则**

软件概要设计的主要任务就是软件结构的设计,为了提高设计的质量,必须根据软件设计的原理改进软件设计。

设计的准则包括以下几个方面:

- 提高模块独立性;
- 模块规模适中,深度、宽度、扇入和扇出适当;
- 使模块的作用域在该模块的控制域内;
- 应减少模块的接口和界面的复杂性;
- 设计成单入口、单出口的模块;
- 设计功能可预测的模块。

3. 详细设计

(1) **详细设计的任务**

详细设计的任务,是为软件结构图中的每一个模块确定实现算法和局部数据结构,用某种选定的表达工具表示算法和数据结构的细节。

(2) **详细设计的工具**

常见的过程设计工具有以下几种。

- 图形工具：程序流程图、N-S、PAD 及 HIPO；
- 表格工具：判定表；
- 语言工具：PDL（伪码）。

经典题解

【例题】 为了使模块尽可能独立，要求（ ）。

A）模块的内聚程度要尽量高，且各模块间的耦合程度要尽量强

B）模块的内聚程度要尽量高，且各模块间的耦合程度要尽量弱

C）模块的内聚程度要尽量低，且各模块间的耦合程度要尽量弱

D）模块的内聚程度要尽量低，且各模块间的耦合程度要尽量强

解析： 系统设计的质量主要反映在模块的独立性上。评价模块独立性的主要标准有两个：一是耦合性，它表明两个模块之间互相独立的程度；二是模块内部之间的关系是否紧密，称为内聚性。一般来说，要求模块之间的耦合程度尽可能弱，也就是模块尽可能独立，而要求模块的内聚程度尽量高。综上所述，选项 B）正确。

答案： B）

【真题 1】 在结构化程度设计中，模块划分的原则是（ ）。 【2007 年 4 月】

A）各模块应包括尽量多的功能　　B）各模块的规模应尽量大

C）各模块之间的联系应尽量紧密　　D）模块内具有高内聚度、模块间具有低耦合度

解析： 软件设计一般采用结构化设计方法，模块的独立程度是评价设计好坏的重要度量标准。耦合性与内聚性是模块独立性的两个定性指标。内聚性是一个模块内部各个元素间彼此结合的紧密程度的度量；耦合性是模块间相互连接的紧密程度的度量。一般较优秀的软件设计，应尽量实现高内聚、低耦合，即减弱模块之间的耦合性和提高模块内的内聚性，提高模块的独立性。

答案： D）

【真题 2】 两个或两个以上模块之间关联的紧密程度称为（ ）。 【2006 年 4 月】

A）耦合度　　B）内聚度　　C）复杂度　　D）数据传输特性

解析： 耦合度是模块间互相连接的紧密程度的度量；内聚度是对一个模块内部各个元素间彼此结合的紧密程度的度量。

答案： A）

考点 4　软件测试

考点速记

1．软件测试的目的及准则

（1）软件测试的目的

软件测试是为了发现错误而执行程序的过程。它的目标是发现软件中的错误。但是，发现错误不是测试的最终目的，软件工程的根本目的是开发出高质量的完全符合用户需要的软件。

（2）软件测试的准则

鉴于软件测试的重要性，要做好软件测试，设计出有效的测试方案和好的测试用例，软件测试人员需要理解和运用软件测试的一些基本准则：

- 所有测试都应追溯到需求；
- 严格执行测试计划，排除测试的随意性；
- 充分注意测试中的群集现象；

- 程序员应避免检查自己的程序；
- 穷举测试不可能；
- 妥善保存测试计划、测试用例、出错统计和最终分析报告，为维护提供方便。

2. 软件测试技术和方法综述

（1）静态测试与动态测试

静态测试一般是指人工评审软件文档或程序，借以发现其中的错误，由于被评审的文档或程序不必执行，所以称为静态的。

所谓动态测试就是通过执行软件来检验软件中的动态行为和运行结果的正确性。

（2）白盒测试方法与测试用例设计

白盒测试也称结构测试，它与程序内部结构有关，要利用程序结构的实现细节设计测试用例。

白盒测试的主要方法有逻辑覆盖、基本路径测试等。

（3）黑盒测试方法与测试用例设计

黑盒测试也称为功能测试，测试时不考虑程序内部细节、结构和实现方式，仅检验程度结果与说明书的一致性。黑盒测试不关心程序内部的逻辑，而只是根据程序的功能来说明测试用例。

黑盒测试的主要诊断方法有等价类划分法、边界值分析法、错误推测法、因果图法等，主要用于软件确认测试。

3. 软件测试的实施

软件测试，保证了软件的质量。软件系统的开发是一个自顶向下逐步细化的过程，而测试过程是以相反的顺序进行的集成过程。

（1）单元测试

单元测试是对软件设计的模块进行正确性检验的测试。通过测试发现该模块单元的子程序的实际功能与该模块的功能和接口的描述是否相符，以及是否有编码错误存在。

（2）集成测试

集成测试是测试和组装软件的过程。在模块测试之后，要考虑模块集成为系统时可能出现的问题。集成测试是把模块在按照设计要求组装起来的同时进行测试。

（3）确认测试

确认测试的任务是用户根据合同进行，确定系统功能和性能是否可接受。确认测试需要用户积极参与，或者以用户为主进行。

（4）系统测试

系统测试是将软件系统与硬件、外设或其他元素结合在一起，对整个软件系统进行测试。

经典题解

【例题】 下列对于软件测试的描述中正确的是（　　）。

A）软件测试的目的是证明程序是否正确

B）软件测试的目的是使程序运行结果正确

C）软件测试的目的是尽可能多地发现程序中的错误

D）软件测试的目的是使程序符合结构化原则

解析： 软件测试的目标是在精心设计的环境下执行程序，以发现程序中的错误，给出程序可靠性的鉴定。测试不是为了证明程序是正确的，而是在假想程序有错误的前提下进行的，其目的是设法暴露程序中的错误和缺陷。可见选项C）正确。

答案： C）

【真题1】 在两个基本测试方法中，________测试的原则之一是保证所测模块中每一个独立路径至少要执行一次。

【2007年9月】

解析： 白盒测试也称结构测试，它与程序内部结构有关，要利用程序结构的实现细节设计测试用例，白盒测试的基本原则有：保证所测模块中每一独立路径至少执行一次；保证所测模块所有判断的每一分支至少执行一次；保证所测模块每一循环都在边界条件和一般条件下至少各执行一次；验证所有内部数据结构的有效性。

答案： 白盒或者白箱

【真题 2】 程序测试分为静态分析和动态测试。其中________是指不执行程序，而只是对程序文本进行检查，通过阅读和讨论，分析和发现程序中的错误。 【2006 年 4 月】

解析： 静态测试指不用在计算机上运行被测试程序，而采用其他手段来达到对程序进行检测的目的。动态测试指通过在计算机上运行被测试程序，并用所设计的测试用例对程序进行检测的方法。

答案： 静态分析

考点 5 程序的调试

考点速记

1. 程序调试的基本概念

程序进行了成功的测试之后进入调试阶段，程序调试是诊断和改正程序中潜在的错误。调试主要在开发阶段进行。

程序的调试活动由两部分组成，一是根据错误的迹象确定程序中错误的确切性质、原因和位置；二是对程序进行修改，排除错误。

（1）调试的基本步骤

① 错误定位；

② 修改设计和代码，以排除错误；

③ 进行回归测试，防止引入新的错误。

（2）调试的原则

由于调试由两部分组成，所以调试原则也分成两组：

- 确定错误的性质和位置的原则；
- 修改错误的原则。

2. 软件调试方法

调试的关键在于推断程序内部的错误位置及原因。

主要的软件调试方法有强行排错法、回溯法和原因排除法。其中强行排错法是传统的调试方法，回溯法适合于小规模程序的排错，原因排除法是通过演绎和归纳以及二分法来实现的。

经典题解

【真题】 ________的任务是诊断和改正程序中的错误。 【2006 年 9 月】

解析： 程序调试的任务是诊断和改正程序中的错误。它与软件测试不同，软件测试是尽可能多地发现软件中的错误。先要发现软件的错误，然后借助于一定的调试工具去确定软件错误的具体位置。注意，软件测试贯穿整个软件生命周期，调试主要在开发阶段。

答案： 程序调试

历年真题汇编

一、选择题

(1) 软件调试的目的是(　　)。【2007年9月】

A) 发现错误　　B) 更正错误

C) 改善软件性能　　D) 验证软件的正确性

(2) 软件是指(　　)。【2007年9月】

A) 程序　　B) 程序和文档

C) 算法加数据结构　　D) 程序、数据与相关文档

(3) 下列叙述中正确的是(　　)。【2007年4月】

A) 软件测试的主要目的是发现程序中的错误

B) 软件测试的主要目的是确定程序中错误的位置

C) 为了提高软件测试的效率,最好由程序编制者自己来完成软件测试的工作

D) 软件测试是证明软件没有错误

(4) 从工程管理角度,软件设计一般分为两步完成,它们是(　　)。【2006年9月】

A) 概要设计与详细设计　　B) 数据设计与接口设计

C) 软件结构设计与数据设计　　D) 过程设计与数据设计

(5) 下列叙述中正确的是(　　)。【2005年9月】

A) 软件交付使用后还需要进行维护　　B) 软件一旦交付使用就不需要再进行维护

C) 软件交付使用后其生命周期就结束　　D) 软件维护是指修复程序中被破坏的指令

(6) 下列描述中正确的是(　　)。【2005年9月】

A) 软件工程只是解决软件项目的管理问题

B) 软件工程主要解决软件产品的生产率问题

C) 软件工程的主要思想是强调在软件开发过程中需要应用工程化原则

D) 软件工程只是解决软件开发中的技术问题

(7) 在软件设计中,不属于过程设计工具的是(　　)。【2005年9月】

A) PDL(过程设计语言)　　B) PAD图

C) N-S图　　D) DFD图

(8) 下列叙述中正确的是(　　)。【2006年4月】

A) 软件测试应该由程序开发者来完成　　B) 程序经调试后一般不需要再测试

C) 软件维护只包括对程序代码的维护　　D) 以上三种说法都不对

(9) 下列叙述中正确的是(　　)。【2005年9月】

A) 程序设计就是编制程序

B) 程序的测试必须由程序员自己去完成

C) 程序经调试改错后还应进行再测试

D) 程序经调试改错后不必进行再测试

二、填空题

(1) 软件需求规格说明书应具有完整性、无歧义性、正确性、可验证性、可修改性等特性,其中最重要的是________。【2007年9月】

(2) 在进行模块测试时,要为每个被测试的模块另外设计两类模块:驱动模块和承接模块(桩模块)。其中________的作用是将测试数据传送给被测试的模块,并显示被测试模块所产生的结果。【2005年9月】

全真试题训练

一、选择题

(1) 软件危机是软件产业化过程中出现的一种现象，下述现象：

Ⅰ. 软件需求增长难以满足　　Ⅱ. 软件开发成本提高

Ⅲ. 软件开发进度难以控制　　Ⅳ. 软件质量不易保证

(　　)是其主要表现。

A) Ⅱ、Ⅲ和Ⅳ　　B) Ⅲ和Ⅳ　　C) 全部　　D) Ⅰ、Ⅱ和Ⅲ

(2) 软件工程的目的是(　　)。

A) 建造大型的软件系统　　B) 软件开发的理论研究

C) 软件的质量保证　　D) 研究软件开发的原理

(3) 软件生命周期的第一个阶段是(　　)。

A) 软件定义阶段　　B) 软件设计阶段

C) 软件运行阶段　　D) 软件维护阶段

(4) 软件生命周期一般可以分为两个大的阶段，它们分别是(　　)。

A) 分析和设计　　B) 开发和运行　　C) 编码和测试　　D) 规划和设计

(5) 软件工程的结构化生命周期方法，通常将软件生命周期划分为计划、开发和运行 3 个时期，下述(　　)工作应属于软件开发期的内容。

Ⅰ. 需求分析

Ⅱ. 可行性研究

Ⅲ. 总体设计

A) 只有Ⅰ　　B) Ⅰ和Ⅱ　　C) Ⅰ和Ⅲ　　D) 全部

(6) 软件文档是软件工程实施中的重要成分，它不仅是软件开发各阶段的重要依据，而且也影响软件的(　　)。

A) 可理解性　　B) 可维护性　　C) 可扩展性　　D) 可移植性

(7) 软件需求说明书中包括多方面的内容，下述(　　)不是软件需求说明书中应包括的内容。

A) 数据描述　　B) 功能描述　　C) 性能描述　　D) 结构描述

(8) 需求分析是由分析员经了解用户的需求，认真仔细地调研、分析，最终应建立目标系统的逻辑模型并写出(　　)。

A) 模块说明书　　B) 需求规格说明书　　C) 项目开发计划　　D) 合同文档

(9) 数据流图(DFD)是用于描述结构化方法中(　　)工作阶段的工具。

A) 可行性分析　　B) 需求分析　　C) 详细设计　　D) 程序编码

(10) 在软件的结构化设计(SD)方法中，一般分为总体设计和详细设计两个阶段，其中总体设计主要是要建立(　　)。

A) 软件结构　　B) 软件流程　　C) 软件模型　　D) 软件模块

(11) 软件详细设计阶段的任务是(　　)。

A) 确定程序文件名　　B) 确定模块的算法　　C) 确定变量名　　D) 确定使用的语言

(12) 下列关于软件设计准则的描述，错误的是(　　)。

A) 提高模块的独立性　　B) 深度、宽度、扇出和扇入适当

C) 使模块的作用域在该模块的控制域外　　D) 设计成单入口、单出口的模块

(13) 软件设计模块化的目的是(　　)。

A) 提高易读性　　B) 降低复杂性

C) 增加内聚性　　D) 降低耦合性

(14) 模块的独立性是软件模块化设计的关键之一。一般用内聚和(　　)两个定性标准来度量模块的独立性。

A) 软件的质量　　B) 一致性　　C) 可重用　　D) 耦合

(15) 在软件工程中,软件测试的目的是(　　)。

A) 试验性运行软件　　B) 发现软件错误

C) 证明软件是正确的　　D) 找出软件中的全部错误

(16) 在软件测试是软件开发过程的重要阶段,是软件质量保证的重要手段,下列(　　)是软件测试的任务。

Ⅰ.预防软件发生错误

Ⅱ.发现改正程序错误

Ⅲ.提供诊断错误信息

A) 只有Ⅰ　　B) 只有Ⅱ

C) 只有Ⅲ　　D) 都是

(17) 软件测试方法中,黑盒测试法和白盒测试法是常用的方法,其中黑盒测试法主要用于测试(　　)。

A) 结构合理性　　B) 软件外部功能

C) 程序正确性　　D) 程序内部逻辑

(18) 软件调试应该由(　　)来完成。

A) 与源程序无关的程序员　　B) 不了解软件计划的机构

C) 源程序的编制人员　　D) 设计该软件的机构

二、填空题

(1) 在软件工程中,开发阶段包括________、概要设计、详细设计、编码及测试几个阶段。

(2) 在软件工程的结构化生命周期方法中,一般将软件设计阶段划分为________和详细设计两个阶段。

(3) PDL是软件开发过程中用于________阶段的描述工具。

(4) 模块划分的指导思想是信息隐蔽和________。

(5) 软件测试分为单元测试、________、确认测试、系统测试4个阶段。

(6) 软件测试的方法一般分为两大类:动态测试方法和________方法。

(7) 调试也称纠错,是在成功的测试之后才开始进行,其目的是确定错误的________和________,并改正错误。

(8) 软件调试中的方法有强行排除法、回溯法、演绎法和________。

历年真题参考答案及解析

一、选择题

(1)【解析】软件调试的目的是诊断和改正程序中的错误,改正以后还需要进行测试。

【答案】B)

(2)【解析】软件是计算机系统中与硬件相互依存的另一部分,包括程序、数据及相关文档的完整集合。由此可见软件由两大部分组成:一是机器可执行的程序和数据;二是机器不可执行的,可软件开发的、运行、维护和使用等有关的文档。

【答案】D)

(3)【解析】关于软件测试的目的,Grenford J. Myers 指出:软件测试是为了发现错误而执行程序的过程,一个好的测试用例是指很可能找到到目前为止尚未发现的错误的用例;一个成功的测试是发现了至今尚未发现的错误的测试。总的来说,软件测试的目的就是尽可能多地发现程序中的错误。

【答案】A)

(4)【解析】从工程管理角度看,软件设计分两步完成:概要设计与详细设计。概要设计将软件需求转化为软件体系结构、确定系统级接口、全局数据结构或数据库模式;详细设计确立每个模块的实现算法和局部数据结构,用适当方法表示算法和数据结构的细节。

【答案】A)

(5)【解析】软件的运行和维护是指将已交付的软件投入运行,并在使用中不断地维护,根据新提出的需求进行必要而且可能的扩充和删改。软件生命周期是指软件产品从提出、实现、使用维护到停止使用退役的过程。

【答案】A)

(6)【解析】软件工程是计算机软件开发和维护的工程学科，它采用工程的概念原理、技术和方法来开发和维护软件，它把经过时间考验且证明正确的管理技术和当前最好技术结合起来。

【答案】C)

(7)【解析】软件设计工具包括：程序流程图、N－S、PAD、HIPO、判定表及PDL（伪码）。其中DFD（数据流图）属于结构化分析工具。

【答案】D)

(8)【解析】程序调试的任务是诊断和改正程序中的错误。它与软件测试不同，软件测试是尽可能多地发现软件中的错误。先要发现软件的错误，然后借助于一定的调试工具去找出软件错误的具体位置。软件测试贯穿整个软件生命周期，调试主要在开发阶段。为了实现更好的测试效果，应该由独立的第三方来构造测试。软件的运行和维护是指将已交付的软件投入运行，并在运行使用中不断地维护，根据新提出的需求进行必要而且可能地扩充和删改。

【答案】D)

(9)【解析】程序调试的任务是诊断和改正程序中的错误，改正以后还需要再测试。

【答案】C)

二、填空题

(1)【解析】软件需求规格说明书是确保软件质量的有力措施，衡量软件需求规格说明书质量好坏的标准、标准的优先级是：① 正确性；② 无歧义性；③ 完整性；④ 可验证性；⑤ 一致性；⑥ 可理解性；⑦ 可修改性；⑧ 可追踪性。其中最重要的、放在第一位的就是无歧义性。

【答案】无歧义性

(2)【解析】在进行模块测试时，要为每个被测试的模块设计两类模块：驱动模块和承接模块。其中，驱动模块相当于被测试模块的主程序，它接收测试数据，并传给被测试模块，输出实际测试结果。承接模块一般用于代替被测试模块调用的其他模块，其作用仅做少量的数据操作，不必将子模块的所有功能带入。

【答案】驱动模块

全真试题参考答案

一、选择题

(1) C)	(2) A)	(3) A)	(4) B)	(5) C)
(6) B)	(7) D)	(8) B)	(9) B)	(10) A)
(11) B)	(12) C)	(13) B)	(14) D)	(15) B)
(16) D)	(17) B)	(18) C)		

二、填空题

(1) 需求分析	(2) 总体设计或概要设计
(3) 详细设计	(4) 模块独立性
(5) 集成测试	(6) 静态测试
(7) 原因　位置	(8) 归纳法

第 4 章　数据库设计基础

考查知识点		考核几率	分值
考点 1	数据库系统的基本概念	100%	2 ~ 4 分
考点 2	数据模型	90%	2 ~ 6 分
考点 3	关系代数	50%	0 ~ 2 分
考点 4	数据库设计与管理	40%	2 ~ 4 分

考点 1　数据库系统的基本概念

1. 数据、数据库、数据库管理系统

（1）数据

数据（Data）是描述事物的符号记录。首先，数据有型（Type）和值（Value）之分，数据的型给出了数据表示的类型，如整型、实型、字符型等；而数据的值给出了符合给定型的值，如整型值 15。

（2）数据库

数据库（DataBase，简称 DB）是数据的集合，它具有统一的结构形式并存放于统一的存储介质内，是多种应用数据的集成，并可被各个应用程序所共享。

（3）数据库管理系统

数据库管理系统（DataBase Management System，DBMS）是位于用户与操作系统之间的一个数据管理软件。数据管理系统是为了数据库的建立、使用和维护而配置的软件。其主要功能有：数据库定义功能、数据库管理功能、数据库建立和维护功能、通信功能。

数据库管理系统的主要类型有 4 种：文件管理系统、层次数据库系统、网状数据库系统和关系数据库系统，其中关系数据库系统的应用最广泛。

2. 数据库系统的发展

数据管理发展至今已经经历了 3 个阶段：人工管理阶段、文件系统阶段和数据库系统阶段。

在关于数据库的诸多新技术中，有 3 种是比较重要的，它们是：面向对象数据库系统、知识库系统、关系数据库系统的扩充。

3. 数据库系统的基本特点

数据库系统（Database System，DBS），是指引进数据库技术后的整个计算机系统，能实现有组织地、动态地存储大量相关数据，提供数据处理和信息资源共享的便利手段。

数据库系统具有如下特点：数据高度集成、数据统一管理控制、数据独立性、共享性与低冗余性。

4. 数据库系统的内部机构体系

数据模式是数据库系统中数据结构的一种表示形式，它具有不同的层次与结构方式。

数据库系统在其内部具有三级模式及二级映射，三级模式分别是概念模式、内模式与外模式，二级映射则分别是概念级到内部级的映射和外部级到概念级的映射。三级模式与二级映射构成了数据库系统内部的抽象结构体系。

模式的3个级别层次反映了模式的3个不同环境及它们的不同要求，其中内模式位于最底层，它反映了数据在计算机物理结构中的实际存储形式；概念模式位于中层，它反映了设计者的数据全局逻辑要求；而外模式位于最外层，它反映了用户对数据的要求。

经典题解

【例题】下列叙述中错误的是（　　）。

A）在数据库系统中，数据的物理结构必须与逻辑结构一致

B）数据库技术的根本目标是要解决数据的共享问题

C）数据库设计是指在已有数据库管理系统的基础上建立数据库

D）数据库系统需要操作系统的支持

解析：数据库系统（DataBase System，简称DBS），数据独立性是它的一个特点。一般分为物理独立性与逻辑独立性。物理独立性指数据的物理结构的改变，如存储设备的变换、存取方式的改变不影响数据库的逻辑结构，从而不引起应用程序的变化；逻辑独立性指数据库总体逻辑结构的改变，如修改数据模式、增加新的数据类型、改变数据联系等不需要相应地修改应用程序。在数据库系统中，数据的物理结构并不一定与逻辑结构一致。

答案：A）

【真题1】在数据库系统中，实现各种数据管理功能的核心软件称为________。　　【2007年4月】

解析：数据库管理系统是位于用户和操作系统之间的一层数据管理软件，用于描述、管理和维护数据库的程序系统。它建立在操作系统的基础上，对数据库进行统一的管理和控制，其功能因系统而异。它是一种系统软件，负责数据库中的数据组织、数据操纵、数据维护、保护和数据服务等。数据库管理系统是数据库系统的核心。

答案：数据库管理系统

【真题2】在数据库系统中，用户所见的数据模式为（　　）。　　【2006年9月】

A）概念模式

B）外模式

C）内模式

D）物理模式

解析：概念模式是数据库系统中对全局数据逻辑结构的描述，是全体用户（应用）公共数据视图，它主要描述数据的记录类型及数据间关系，还包括数据间的语义关系等。数据库管理系统的三级模式结构由外模式、模式、内模式组成。数据库的外模式也叫做用户级数据库，是用户所看到和理解的数据库，是从概念模式导出的子模式，用户可以通过子模式描述语言来描述用户级数据库的记录，还可以利用数据语言对这些记录进行操作。内模式（或存储模式、物理模式）是指数据在数据库系统内的存储介质上的表示，是对数据的物理结构和存取方式的描述。

答案：B）

【真题3】数据库DB、数据库系统DBS、数据库管理系统DBMS之间的关系是（　　）。　　【2006年4月】

A）DB包含DBS和DBMS

B）DBMS包含DB和DBS

C）DBS包含DB和DBMS

D）没有任何关系

解析：数据库系统由以下几部分组成：数据库、数据库管理系统、数据库管理员、系统平台（硬件平台和软件平台）。由此可知，数据库、数据库系统与数据库管理系统之间的关系是数据系统包含数据库和数据库管理系统。

答案：C）

考点2 数据模型

1. 数据模型的基本概念

数据是现实世界符号的抽象,而数据模型是数据特征的抽象。数据模型是指反映实体及其实体间联系的数据组织的结构和形式。

数据模型按不同的应用层次分为3种类型,它们是概念数据模型、逻辑数据模型和物理数据模型。

数据库管理系统所支持的数据模型有3种类型:层次模型、网状模型和关系模型。

2. E-R模型

E-R模型(实体联系模型)将现实世界的要求转化成实体、联系、属性等几个基本概念,以及它们间的两种基本连接关系,并且可以用E-R图非常直观地表示出来。

E-R图提供了表示实体、属性和联系的方法。

- 实体:用矩形表示,矩形框内写明实体名。
- 属性:用椭圆形表示,并用无向边将其与相应的实体连接起来。
- 联系:用菱形表示,菱形框内写明联系名。

在现实世界中,实体之间的联系可分为3种类型:"一对一"的联系(简记为1:1)、"一对多"的联系(简记为1:n)、"多对多"的联系(简记为M:N或m:n)。

现实世界中的事物可抽象成为实体,它是客观存在的且又能相互区别的事物。现实世界中事物都有一些特性,这些特性可用属性来表示。现实世界中事物间的关联称为联系。

E-R模型由实体、联系、属性三要点组成,三者结合起来才能表示现实世界;其中实体和联系是其基本语义单位。

3. 层次模型

层次模型的基本结构是树形结构,自顶向下,层次分明。其缺点是:受文件系统影响大,模型受限制多,物理成分复杂,操作与使用均不理想,且不适用于表示非层次性的联系。

4. 网状模型

网状模型是以记录型为结点的网络,它反映现实世界中较为复杂的事物间的联系。

为了与树相区别,提网状模型时,一般都加上以下限制:

- 可以有一个以上的结点无双亲。
- 至少有一个结点有多于一个的双亲。

网状模型结构如图4.1所示。

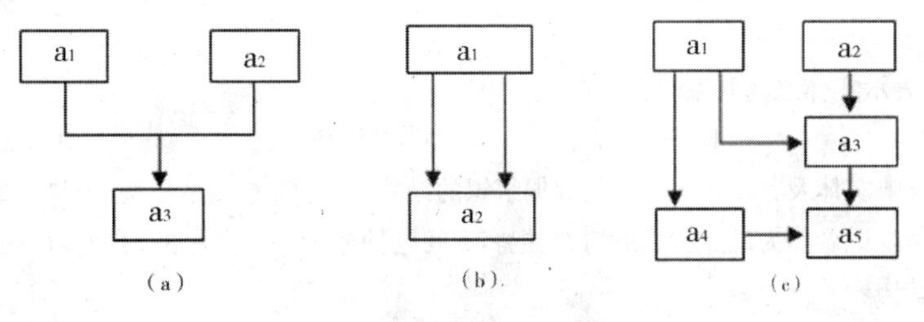

图4.1 网状模型结构示意图

5. 关系模型

(1) 关系的数据结构

关系模型采用二维表来表示，简称表。二维表由表框架及表的元组组成。表框架由 n 个命名的属性组成，n 称为属性元数。每个属性有一个取值范围称为值域。表框架对应了关系的模式，即类型的概念。在表框架中按行可以存放数据，每行数据称为元组。

在二维表中能唯一标识元组的最小属性集称为该表的键（或码）。二维表中可能有若干个键，它们称为该表的候选码（或候选键）。从二维表的所有候选键中选取一个作为用户使用的键称为主键（或主码）。表 A 中的某属性集是某表 B 的键，则称该属性集为 A 的外键（或外码）。

关系是由若干个不同的元组所组成的，因此关系可视为元组的集合。n 元关系是一个 n 元有序组的集合。

(2) 关系的操纵

关系模型的数据操纵是建立在关系上的数据操纵，一般有查询、增加、删除及修改 4 种。

(3) 关系中的数据约束

关系模型允许定义 3 类数据约束，它们是实体完整性约束、参照完整性约束及用户定义的完整性约束，其中前两种完整性约束由关系数据库系统自动支持。而用户定义的完整性约束，则由关系数据库系统提供完整性约束语言，用户利用该语言写出约束条件，运行时由系统自动检查。

经典题解

【例题】 如果一个工人可操作多台设备，而一台设备只被一个工人操作，则实体“工人”与实体“设备”之间存在(　　)关系。

解析： 实体之间的联系可归结为 3 类：一对一的联系，一对多的联系，多对多的联系。设有两个实体集 E1 和 E2，如果 E2 中的每一个实体与 E1 中的任意个实体（包括零个）有联系，而 E1 中的每一个实体最多与 E2 中的一个实体有联系，则称这种联系为“从 E2 到 E1 的一对多的联系”，通常表示为“1:n 的联系”。因此，工人和设备之间是一对多关系。

答案： 一对多

【真题 1】 下列说法中正确的是(　　)。 【2007 年 9 月】

A）为了建立一个关系，首先要构造数据的逻辑关系

B）表示关系的二维表中各元组的每一个分量还可以分成若干数据项

C）一个关系的属性名称为关系模式

D）一个关系可以包含多个二维表

解析： 元组已经是数据的最小单位，不可再分；关系的框架称为关系模式；关系框架与关系元组一起构成了关系，即一个关系对应一张二维表。选项 A 中，在建立关系前，需要先构造数据的逻辑关系是正确的。

答案： A)

【真题 2】 “商品”与“顾客”两个实体集之间的联系一般是(　　)。 【2006 年 4 月】

A）一对一　　B）一对多　　C）多对一　　D）多对多

解析： 在现实世界中，实体之间的联系可分为 3 类：一对一联系（简记为 1：1），表现为主表中的每一条记录只与相关表中的一条记录相关关；一对多联系（简记为 1：n），表现为主表中的每一条记录与相关表中的多条记录相关联；多对多联系（简记为 M：N 或 m：n），表现为一个表中的多个记录在相关表中同样有多个记录与其匹配。

本题中一个顾客可以购买多种商品，同一种商品可以有多个顾客购买，所以商品和顾客之间是多对多的联系。

答案： D)

【真题 3】 用树形结构表示实体之间联系的模型是(　　)。 【2005 年 4 月】

A）关系模型　　B）网状模型　　C）层次模型　　D）以上三个都是

解析： 数据模型是指反映实体及其实体间联系的数据组织的结构和形式，有关系模型、网状模型和层次模型等。其中层次模型实际上是以记录型为结点构成的树，它把客观问题抽象为一个严格的、自上而下的层次关系，所以，它的基本结构是树形结构。

答案： C)

考点3 关系代数

考点速记

1. 传统的集合运算

(1) 关系并运算

设关系R和关系S具有相同的结构,则关系R和关系S的并记为$R \cup S$,它由属于R的元组或属于S的元组组成。

(2) 关系交运算

设关系R和关系S具有相同结构,则关系R和关系S的交记为$R \cap S$,它由既属于R的元组又属于S的元组组成。

(3) 关系差运算

设关系R和关系S具有相同的结构,则定义关系R和关系S的差记为$R - S$,它由属于R的元组而不属于S的元组组成。

(4) 广义笛卡尔积

两个分别为n元和m元的关系R和S的广义笛卡尔积$R \times S$是一个$(n \times m)$元组的集合。其中的两个运算对象R和S可以是同类型的关系也可以是不同类型的关系。

若R有K1个元组,S有K2个元组,则$R \times S$是一个$n + m$元关系,有$K1 \times K2$个元组,记为$R \times S$。

2. 专门的关系运算

专门的关系运算有选择、投影、连接等。

(1) 选择

选择又称为限制。它是在关系R中选择满足给定选择条件F的诸元组,记作:

$$\sigma_F(R) = \{t | t \in R \wedge F(t) = '真'\}$$

其中选择文件F是一个逻辑表达式,取逻辑值“真”或“假”。

(2) 投影

关系R上的投影是从关系R中选择出若干属性列组成新的关系,记作:

$$\pi_A(R) = \{t[A] | t \in R\}$$

其中A为R中的属性列。

(3) 连接

连接也称为θ连接,它是从两个关系的笛卡尔积中选取属性间满足一定条件的元组,记作:

$$R \underset{A\theta B}{|\times|} = \{t_r t_s | t_r \in R \wedge t_s \in S \wedge t_r[A] \theta t_s[B]\}$$

其中A和B分别为R和S上度数相等且可比的属性组。θ是比较运算符。

连接运算从广义笛卡尔积$R|\times|S$中选取R关系在A属性组上的值与S关系在B属性组上值满足比较关系θ的元组。

连接运算中有两种最为重要且常用的连接,一种是等值连接,另一种是自然连接。

θ为“=”的连接运算称为等值连接。它是从关系R与S的广义笛卡尔积中选取A、B属性值相等的元组,即等值连接为:

$$R \underset{A=B}{|\times|} S = \{t_r t_s | t_r \in R \wedge t_s \in S \wedge t_r[A] = t_s[B]\}$$

自然连接(Natural - join)是一种特殊的等值连接,它要求两个关系中进行比较的分量必须是相同的属性组,并且在结果中把去掉重复的属性列,即若R和S具有相同的属性组B,则自然连接可记作:

$$R|\times|S = \{t_r t_s | t_r \in R \wedge t_s \in S \wedge t_r[B] = t_s[B]\}$$

经典题解

【例题】设有如下关系表：

R		
A	B	C
1	1	2
2	2	3

S		
A	B	C
3	1	3

T		
A	B	C
1	1	2
2	2	3
3	1	3

则下列操作中正确的是（　　）。

A）T = R∩S　　B）T = R∪S　　C）T = R×S　　D）T = R/S

解析：设有两个关系为 R 和 S，它们具有相同的结构。R 和 S 的并是由属于 R 和 S，或同时属于 R 和 S 的所有元组组成的集合，记为 R∪S。从图中可知，关系 T 是关系 R 和关系 S 的简单合并，而合并的符号为∪，故答案为 T = R∪S。

答案：B）

【真题】设有如下 3 个关系表：

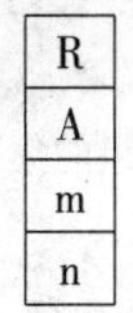

R
A
m
n

S	
B	C
1	3

T		
A	B	C
m	1	3
n	1	3

下列操作中正确的是（　　）。【2006 年 9 月】

A）T = R∩S　　B）T = R∪S　　C）T = R×S　　D）T = R/S

解析：集合的并、交、差、广义笛卡尔积：设有两个关系为 R 和 S，它们具有相同的结构，R 和 S 的并是由属于 R 和 S，或者同时属于 R 和 S 的所有元组组成，记作 R∪S；R 和 S 的交是由既属于 R 又属于 S 的所有元组组成，记作 R∩S；R 和 S 的差是由属于 R 但不属于 S 的所有元组组成，记作 R - S；元组的前 n 个分量是 R 的一个元组，后 m 个分量是 S 的一个元组，若 R 有 K1 个元组，S 有 K2 个元组，则 R×S 有 K1×K2 个元组，记为 R×S。从图中可见，关系 T 是关系 R 和关系 S 的简单扩充，而扩充的符号为×，故答案为 T = R×S。

答案：C）

考点 4　数据库设计与管理

考点速记

1. 数据库设计概述

数据库设计是数据库应用的核心。数据库设计的基本思想是过程迭代和逐步求精。目前主要分为两种方法：一种称为面向数据的方法是，以处理信息需求为主，兼顾处理需求；另一种称为面向过程的方法，是以处理需求为主，兼顾信息需求。

数据库设计目前一般采用生命周期法，好将整个数据库应用系统的开发分解成目标独立的若干阶段。它们是：需求分析阶段、概念设计阶段、逻辑设计阶段、物理设计阶段、编码阶段、测试阶段、运行阶段、进一步修改阶段。

2. 数据库设计的需求分析

需求收集与分析是数据库设计的第一阶段，这个阶段收集到的基础数据和一组数据流图是下一步设计概念结构的基础。需求分析的主要工作有：绘制数据流程图、数据分析、功能分析、确定功能处理模块和数据之间的关系。

需求分析和表达经常采用的方法有结构化分析方法和面向对象的方法。结构化分析方法用自顶向下、逐层分解的方式分析系统。数据流图表达了数据和处理过程的关系，数据字典对系统中数据的详尽描述，是各类数据属性的清单。数据字典是进行详细的数据收集和数据分析所获得的主要结果。

数据字典是各类数据描述的集合，通常包含5个部分：数据项、数据结构、数据流、数据存储和处理过程。数据字典是在需求分析阶段建立，在数据库设计过程中不断修改、充实、完善的。

3. 数据库的概念设计

（1）数据库概念设计

数据库概念设计的目的是分析数据间内在的语义关联，在此基础上建立一个数据的抽象模型。数据库概念设计的方法主要有两种：集中式模式设计法和视图集成设计法。

（2）数据库概念设计的过程

使用E-R模型与视图集成法进行设计时，需要按以下步骤进行：首先选择局部应用，再进行局部视图设计，最后对局部视图进行集成得到概念模式。

4. 数据库的逻辑设计

（1）从E-R图向关系模式转换

从E-R图到关系模式的转换比较直接，实体与联系都可以表示成关系，在E-R图中属性也可转换成关系的属性。实体集也可转换成关系，见表4.1。

表4.1　E-R模型与关系间的比较

E-R模型	关系	E-R模型	关系
属性	属性	实体集	关系
实体	元组	联系	关系

若联系类型为1∶1，则每个实体的码均是该关系的候选码。

若联系类型为1∶N，则关系的码为N端实体的码。

若联系类型为M∶N，则关系的码为诸实体的组合。具有相同码的关系模式可合并。

（2）逻辑模式规范化

在关系数据库设计中经常遇到的问题有：数据冗余、插入异常、删除异常和更新异常。

数据库规范化的目的在于消除数据冗余和插入/删除/更新异常。规范化理论有4种范式，从第一范式到第四范式的规范化程度逐渐升高。

（3）关系视图设计

关系视图设计又称为外模式设计，是在关系模式基础上所设计的直接面向操作用户的视图，可根据用户需求随时创建。

5. 数据库的物理设计

（1）数据库物理设计的主要目标

数据库物理设计的主要目标是对数据库内部物理结构作调整并选择合理的存取路径，以提高数据库访问速度及有效利用存储空间。

（2）数据库物理设计的主要内容

物理设计的内容主要包括：确定数据的存储结构、设计数据的存取路径、确定数据的存放位置、确定系统配置。

6. 数据库管理

由于数据库是一种共享资源，需要维护与管理，故将此工作称为数据库管理，并把实施此项管理的人称为数据库管理员（DBA）。

数据库管理包括数据库的建立、调整、重组、安全性与完整性控制、故障恢复和监控。

经典题解

【例题1】将E－R图转换到关系模式时，实体与联系都可以表示成（　　）。

A）属性　　B）关系　　C）键　　D）域

解析：关系数据库逻辑设计的主要工作是将E－R图转换成指定RDBMS中的关系模式。首先，从E－R图到关系模式的转换是比较直接的，实体与联系都可以表示成关系，E－R图中属性也可以转换成关系的属性。实体集也可以转换成关系。

答案：B）

【例题2】在数据库设计中，将E－R图转换成关系数据模型的过程属于（　　）。

A）需求分析阶段　　B）逻辑设计阶段

C）概念设计阶段　　D）物理设计阶段

解析：E－R模型即实体－联系模型，是将现实世界的要求转化成实体、联系、属性等几个基本概念，以及它们之间的两种连接关系。数据库逻辑设计阶段包括以下几个过程：从E－R图向关系模式转换，逻辑模式规范化及调整、实现规范化和RDBMS，以及关系视图设计。

答案：B）

历年真题汇编

一、选择题

（1）下列叙述中正确的是（　　）。【2007年9月】

A）数据库系统是一个独立的系统，不需要操作系统的支持

B）数据库技术的根本目标是要解决数据的共享问题

C）数据库管理系统就是数据库系统

D）以上三种说法都不对

（2）在E－R图中，用来表示实体之间联系的图形是（　　）。【2007年4月】

A）矩形　　B）椭圆形　　C）菱形　　D）平行四边形

（3）在下列关系运算中，不改变关系表中的属性个数但能减少元组个数的是（　　）。【2007年4月】

A）并　　B）交　　C）投影　　D）笛卡尔乘积

（4）数据库设计的4个阶段是：需求分析、概念设计、逻辑设计和（　　）。【2006年9月】

A）编码设计　　B）测试阶段　　C）运行阶段　　D）物理设计

（5）数据库技术的根本目标是要解决数据的（　　）。【2005年9月】

A）存储问题　　B）共享问题　　C）安全问题　　D）保护问题

（6）数据库独立性是数据库技术的重要特点之一。所谓数据独立性是指（　　）。【2005年4月】

A）数据与程序独立存放

B）不同的数据被存放在不同的文件中

C）不同的数据只能被对应的应用程序所使用

D）以上三种说法都不对

二、填空题

（1）在E－R图中，矩形表示________。【2007年9月】

（2）一个关系表的行称为________。【2006年9月】

（3）数据独立性分为逻辑独立性与物理独立性。当数据的存储结构改变时，其逻辑结构可以不变，因此，基于逻辑结构的应用程序不必修改，称为________。【2006年4月】

(4) 在关系模型中,把数据看成是二维表,每一个二维表称为一个________。【2006年4月】

(5) 数据管理技术发展过程经过人工管理、文件系统和数据库系统3个阶段,其中数据独立性最高的阶段是________。

【2005年9月】

全真试题训练

一、选择题

(1) 数据库系统是在(　　)基础上发展起来的。

A) 操作系统　　B) 文件系统

C) 应用程序系统　　D) 数据库管理系统

(2) 数据库系统的核心部分是(　　)。

A) 数据库　　B) 数据模型

C) 计算机硬件　　D) 数据库管理系统

(3) 下述关于数据库系统的叙述中正确的是(　　)。

A) 数据库系统减少了数据冗余

B) 数据库系统避免了一切冗余

C) 数据库系统中数据的一致性是指数据类型的一致

D) 数据库系统比文件系统能管理更多数据

(4) 数据库管理系统是数据库的机构,下列叙述中(　　)不是数据库管理系统的功能。

A) 数据模式定义　　B) 数据操作

C) 数据分类　　D) 数据的完整性、安全性定义与检查

(5) 在使用数据库时,当存储结构改变时,只需改变逻辑结构和物理结构之间的映射,使建立在物理结构之上的逻辑结构保持不变,从而使建立在逻辑结构之上的应用程序也保持不变,称之为(　　)。

A) 数据库的物理独立性　　B) 数据库的逻辑独立性

C) 数据库的安全性　　D) 数据库的并发性

(6) 数据库的数据独立性是指(　　)。

A) 不会因为数据的数值变化而影响应用程序

B) 不会因为系统数据存储结构和逻辑结构变化而影响应用程序

C) 不会因为存储策略的变化而影响存储结构

D) 不会因为某些存储结构的变化而影响其他存储结构

(7) 数据库的3级结构从内到外的3个层次是(　　)。

A) 外模式、模式、内模式　　B) 内模式、模式、外模式

C) 模式、外模式、内模式　　D) 内模式、外模式、模式

(8) 一个数据库系统必须能表示实体和关系。关系与(　　)实体有关。

A) 0个　　B) 2个

C) 1个或1个以上　　D) 0个或0个以上

(9) 在关系数据模型中,把(　　)称为关系模式。

A) 记录　　B) 记录类型

C) 元组　　D) 元组集

(10) 在数据库概念设计的E－R方法中,用属性描述实体的特征,属性在E－R图中,一般使用(　　)图形表示。

A) 矩形　　B) 四边形

C) 菱形　　D) 椭圆形

(11) 在数据库设计中用关系模型来表示实体和实体间的联系。关系模型的结构是(　　)。

A) 层次结构　　B) 二维表结构

C) 网络结构　　D) 封装结构

(12) 如下图所示，两个关系 R1 和 R2，它们经过(　　)运算后得到关系 R3。

A) 交　　B) 并　　C) 笛卡尔积　　D) 连接

关系R1

A	B	C
a	1	x
c	2	y
d	3	y

关系R2

D	E	M
1	m	j
2	n	j
5	m	k

关系R3

A	B	C	D	E	M
a	1	x	1	m	i
d	1	y	1	m	i
c	2	y	2	n	j

(13) 若 D1 = $\{a_1, a_2, a_3\}$ 和 D2 = {1,2,3}，则 D1 × D2 集合中共有元组(　　)个。

A) 6　　B) 8　　C) 9　　D) 12

(14) 设关系 R 如下图所示。

A	B	C
a	b	c
d	a	f
c	b	d

则经过操作，$\pi_{A,B}(\sigma_{B='b'}(R))$（$\pi$ 为“投影”操作符，σ 为“选择”操作符）的运算结果是(　　)。

A)

A	B	C
a	b	c
c	c	d

B)

A	B
a	b
d	a
c	b

C)

A	B
a	b
c	b

D)

A	B
a	b
d	a

(15) 在数据库逻辑设计中，当将 E－R 图转换为关系模式时，做法不正确的是(　　)。

A) 一个实体类型转换为一个关系模式

B) 一个联系类型转换为一个关系模式

C) 由实体类型转换成的关系模式的主键是该实体类型的主键

D) 由联系类型转换成的关系模式的属性是与该联系类型相关的诸实体类型的属性的全体

二、填空题

(1) 当数据的物理存储结构改变了，应用程序不必改变，而由 DBMS 处理这种改变，这是指数据的________。

(2) 如果对于实体集 A 中的每一个实体，实体集 B 中都至多有一个实体与之联系，反之亦然，则称实体集 A 与实体集 B 具有________。

(3) 网状模型、层次模型与关系模型的最大区别在于表示和实现实体之间的联系的方法：网状、层次数据模型是通过指针链接，而关系数据模型是使用________。

(4) 数据项是数据的最小组成单位，若干个数据项可以组成一个数据结构，数据字典通过对数据项和数据结构的定义来描述数据流、________的逻辑内容。

(5) 在关系数据库中，基于数学的两类运算是关系代数和________。

(6) 数据字典是在________阶段建立，在数据库设计过程中不断修改、充实和完善的。

(7) 数据库设计分以下 6 个设计阶段：需求分析阶段、________、逻辑设计阶段、物理设计阶段、实施阶段、运行和维护阶段。

历年真题参考答案及解析

一、选择题

（1）【解析】数据库系统（Database System，DBS），是由数据库（数据）、数据库管理系统（软件）、计算机硬件、操作系统及数据库管理员组成。作为处理数据的系统，数据库技术的主要目的就是解决数据的共享问题。

【答案】B）

（2）【解析】E－R图中规定：用矩形表示实本，椭圆表示实体属性，菱形表示实体关系。

【答案】C）

（3）【解析】关系的基本运算有两类：传统的集合运算（并、交、差）和专门的关系运算（选择、投影、连接）。集合的并、交、差：设有两个关系为R和S，它们具有相同的结构，R和S的并是由属于R和S，或同时属于R和S的所有元组组成，记作R∪S；R和S的交是由既属于R又属于S的所有元组组成，记作R∩S；R和S的差是由属于R但不属于S的所有元组组成，记作R－S。因此，在关系运算中，不改变关系表中的属性个数但能减少元组（关系）个数的只能是集合的交。

【答案】B）

（4）【解析】我们按规范设计方法将数据库设计分为以下6个阶段：需求分析、概念结构设计、逻辑结构设计、数据库物理设计、数据库实现、数据库运行和维护。一般情况下，数据库设计方法和步骤为：需求分析、概念设计、逻辑设计和物理设计。

【答案】D）

（5）【解析】随着网络技术的发展，使数据可为多个应用所共享，数据的共享自身又可减少数据冗余性，不仅减少了不必要的存储空间，更为重要的是可以避免数据的不一致性。因此，数据库设计的根本目标是要解决数据共享问题，而数据的安全性保护问题和存储问题是数据库技术不可缺少的内容。

【答案】B）

（6）【解析】数据独立性是指程序与数据互不依赖，即数据的逻辑结构、存储结构与存取方式的改变不会影响应用程序。从而可以知道，数据的逻辑结构、存储结构与存取方式的改变不会影响应用程序。

【答案】D）

二、填空题

（1）【解析】本题主要考的是E－R模型的图示法。在E－R图中用矩形表示实体集，在矩形内写上该实体集的名称，这是实体集表示法；用椭圆表示属性，在椭圆形内写上该属性的名字，这是属性表示法；用菱形表示联系，这是联系表示法。

【答案】实体

（2）【解析】关系模型是建立在数学概念基础上的。在关系模型中，把数据看成一个二维表，该二维表叫做关系。关系中的行称为元组，对应存储文件中的记录；关系中的列称为属性，对应存储文件中的字段。

【答案】元组

（3）【解析】数据独立性是指程序与数据互不依赖，即数据的逻辑结构、存储结构与存取方式的改变不会影响应用程序，一般包括数据的物理独立性和逻辑独立性。物理独立性是指应用程序与存储在磁盘上的数据库中数据是相互独立的。逻辑独立性是指应用程序中与数据库的逻辑结构是相互独立的，也就是说，数据的逻辑结构改变了，用户程序也可以不变。数据在磁盘上的数据库中怎样存储是由DBMS管理的，用户程序不必了解，应用程序要处理的只是数据的逻辑结构，这样当数据的物理存储改变时，应用程序不用改变。

【答案】物理独立性

（4）【解析】关系模型是建立在数学概念基础上的，在关系模型中，把数据看成一个二维表，该二维表叫做关系。所以一个关系的逻辑结构就是一张二维表。

【答案】关系

(5)【解析】数据管理发展至今已经经历了3个阶段:人工管理阶段、文件系统阶段和数据库系统阶段。其中,数据库系统阶段是数据独立性的最高阶段。

【答案】数据库系统

全真试题参考答案

一、选择题

(1) B)	(2) D)	(3) A)	(4) A)	(5) A)
(6) B)	(7) B)	(8) C)	(9) B)	(10) D)
(11) B)	(12) D)	(13) C)	(14) C)	(15) B)

二、填空题

(1) 物理独立性　　(2) 一对一联系

(3) 二维表　　(4) 数据存储

(5) 关系演算　　(6) 需求分析

(7) 概念设计阶段

第 5 章　Visual FoxPro 数据库基础

考查知识点		考核几率	分值
考点 1	数据库系统	80%	2 分
考点 2	数据模型	55%	2 分
考点 3	关系模型	30%	2 分
考点 4	关系运算	55%	2 分
考点 5	项目管理器	40%	2 ~ 4 分
考点 6	向导和设计器简介	30%	2 分

考点 1　数据库系统

考点速记

1. 计算机数据管理

计算机数据管理是指对数据的组织、分类、编码、存储、检索和维护提供操作手段。

数据处理的中心问题是数据管理。多年来，数据管理经历了人工管理、文件系统、数据库系统、分布式数据库系统和面向对象数据库系统等几个阶段。其中，各个阶段的主要特点见表 5.1。

表 5.1　数据管理各阶段的特点

发展阶段	特　点
人工管理	20 世纪 50 年代后期以前，没有专门管理数据的软件，数据由计算或处理它的程序自行携带。特点：数据与程序不具有独立性，一组数据对应一组程序。数据不长期保存，程序运行结束后就退出计算机系统，一个程序中的数据无法被其他程序利用，因此程序与程序之间存在大量的重复数据，称为数据冗余
文件系统	20 世纪 50 年代后期至 60 年代中后期，程序与数据有了一定的独立性，程序和数据分开存储，由于程序文件和数据文件的区别，数据文件可以长期保存在外存储器上
数据库系统	从 20 世纪 60 年代后期开始，数据库技术的主要目的是有效地管理和存取大量的数据资源。包括：提高数据的共享性，使多个用户能够同时访问数据库中的数据；减小数据的冗余度，以提高数据的一致性和完整性；提供数据与应用程序的独立性，从而减少应用程序的开发和维护代价
分布式数据库系统	分布式数据库系统是数据库技术和计算机网络技术紧密结合的产物。在 20 世纪 70 年代后期之前，数据库系统大多数是集中式的。网络技术的进步为数据库提供了分布式运行环境，从主机/终端系统结构发展到客户机/服务器系统结构
面向对象数据库系统	面向对象程序设计是 20 世纪 80 年代引入计算机科学领域的一种新的程序设计技术，它的发展十分迅猛，影响涉及计算机科学及其应用的各个领域

2. 相关概念

数据库相关概念见表5.2。

表5.2 数据库相关概念

相关概念	概念描述
数据	存储在某一种媒体上能够识别的物理符号。数据的概念包括两个方面：其一是描述事物特性的数据内容；其二是存储在某一媒体上的数据形式
数据库(DB)	存储在计算机上结构化的相关数据集合，它不仅包括描述事物的数据本身，而且还包括数据库管理系统所支持的各种数据模型
数据库管理系统(DBMS)	可以对数据库的建立、使用和维护进行管理
数据库系统(DBS)	引进数据库技术后的计算机系统，实现有组织地、动态地存储大量相关数据，提供数据处理和信息资源共享的便利手段

数据库系统由5个部分组成：硬件系统、数据库集合、数据库管理系统及相关软件、数据库管理员和用户。

提示 数据库、数据库系统、数据库管理系统3者之间的关系：数据库系统包括数据库和数据库管理系统。数据库管理系统可以对数据库的建立、使用和维护进行管理，是数据库系统的核心。

3. 数据库系统的特点

- 实现数据共享，减少数据冗余；
- 采用特定的数据模型；
- 具有较高的数据独立性；
- 有统一的数据控制功能。

经典题解

【真题1】下列叙述中正确的是(　　)。 【2007年9月】

A) 数据库系统是一个独立的系统，不需要操作系统的支持

B) 数据库技术的根本目的是要解决数据的共享问题

C) 数据库管理系统就是数据库系统

D) 以上三种说法都不对

解析： 数据库技术的根本目的是要解决数据的共享问题；数据库需要操作系统的支持；数据库管理系统(Database Management System)简称DBMS，对数据库进行统一的管理和控制，以保证数据库的安全性和完整性。它是数据库系统的核心软件。

答案： B)

【真题2】Visual FoxPro是一种(　　)。 【2007年4月】

A) 数据库系统

B) 数据库管理系统

C) 数据库

D) 数据库应用系统

解析： Visual FoxPro是一种数据库管理系统，可以对数据库的建立、使用和维护进行管理。

答案： B)

考点2 数据模型

1. 实体的描述

- 实体:客观存在并且可以相互区别的事物称为实体。实体可以是实际的事物,也可以是抽象的事物。
- 实体的属性:描述实体的特性。
- 实体集和实体型:属性值的集合表示一个具体的实体,而属性的集合表示一种实体的类型,称为实体型。同类型的实体的集合称为实体集。
- 在 Visual FoxPro 中,用"表"来存放同一类实体。一个"表"包含若干个字段,"表"中所包含的"字段"就是实体的属性。字段值的集合组成表中的一条记录,代表一个具体的实体,即每一条记录表示一个实体。

2. 实体间联系及联系的种类

实体之间的对应关系称为联系,实体间联系的种类是指一个实体型中可能出现的每一个实体与另一个实体型中多少个具体实体存在联系。两个实体间的联系见表 5.3。

表 5.3 两个实体间的联系

联 系	表 现
一对一联系 1 : 1	表现为主表中的每一条记录只与相关表中的一条记录相关联
一对多联系 1 : n	表现为主表中的每一条记录与相关表中的多条记录相关联
多对多联系 m : n	表现为一个表中的多个记录在相关表中同样有多个记录与其匹配

3. 数据模型

数据模型是数据库管理系统中用来表示实体及实体间联系的方法。

数据库管理系统所支持的数据模型分为 3 种:层次模型、网状模型和关系模型。各数据模型的特点见表 5.4。

表 5.4 各种数据模型的特点

数据模型	主要特点
层次模型	用树形结构表示实体及实体之间联系的模型称为层次模型,上级结点与下级结点之间为一对多的联系
网状模型	用网状结构表示实体及实体之间联系的模型称为网状模型,网中的每一个结点代表一个实体类型,允许结点有多于一个的父结点,可以有一个以上的结点没有父结点
关系模型	用二维表结构来表示实体及实体之间联系的模型称为关系模型,在关系模型中把数据看成是二维表中的元素,一张二维表就是一个关系

【真题 1】 Visual FoxPro 是一种关系型数据库管理系统,这里的关系通常是指(　　)。【2007 年 9 月】

A) 数据库文件(DBC 文件)　　B) 一个数据库中两个表之间有一定的关系

C) 表文件(DBF 文件)　　D) 一个表文件中两条记录之间有一定的关系

解析: 在 Visual FoxPro 中一个表文件(DBF 文件)就是一个关系。

答案: C)

【真题2】在奥运会游泳比赛中，一个游泳运动员可以参加多项比赛，一个游泳比赛项目可以有多个运动员参加，游泳运动员与游泳比赛项目两个实体之间的联系是________联系。【2005 年 4 月】

解析： 实体之间的对应关系称为联系。两个实体间的联系可以归结为 3 种类型：一对一联系、一对多联系和多对多联系。

在本题中，一个运动员可参加多个项目，一个项目中也可有多个运动员，则运动员和项目的关系是多对多的关系。

答案： 多对多

考点3 关系模型

考点速记

1. 关系术语

(1) 关系

一个关系就是一张二维表，每个关系有一个关系名。在 Visual FoxPro 中，一个关系存储为一个文件，文件扩展名为. dbf，称为“表”。

(2) 元组

在一个二维表中，水平方向的行称为元组，每一行是一个元组。元组对应存储文件中的一个具体记录。

(3) 属性

二维表中每一列有一个属性名，与前面讲的实体属性相同，在 Visual FoxPro 中表示为字段名。每个字段的数据类型、宽度等在创建表的结构时规定。

(4) 域

属性的取值范围，即不同元组对同一个属性的取值所限定的范围。

(5) 关键字

属性或属性的组合，关键字的值能够唯一地标识一个元组。在 Visual FoxPro 中关键字表示为字段与字段的组合，主关键字和候选关键字起唯一标识一个元组的作用。

(6) 外部关键字

表中的一个字段不是本表的主关键字或候选关键字，而是另一个表的主关键字或候选关键字。

关系中的元组和属性如图 5.1 所示。

Books

图书编号	书名	出版单位
0101	计算机基础	经济科学出版社
0202	会计基础	经济科学出版社
0102	VFP6.0入门	电子工业出版社
0103	Word入门	黄河出版社
0105	VB6.0程序设计	黄河出版社
0201	中级财务会计	经济科学出版社
0110	计算机原理	高等教育出版社
0111	计算机网络	清华大学出版社
0112	操作系统原理	高等教育出版社
0113	Visual FoxPro程序设计	高等教育出版社
0114	软件工程导论	清华大学出版社
0203	会计信息系统	经济科学出版社

图 5.1 关系中的属性和元组

2. 关系的特点

关系的特点包括以下几个方面：

- 关系必须规范化；
- 在同一个关系中不能出现相同的属性名，在 Visual FoxPro 中不允许同一个表中有相同的字段名；
- 关系中不允许有完全相同的元组，即冗余；
- 在一个关系中元组的次序无关紧要，可任意交换两行的位置；
- 在一个关系中列的次序无关紧要。

【真题 1】 在基本表中，要求字段名________重复。　　　　【2008 年 4 月】

解析： 字段名在基本表中是不允许重复的。基本表具有如下 4 个特性：原子性，基本表中的字段是不可再分解的；原始性，基本表中的记录是原始数据（基础数据）的记录；演绎性，由基本表与代码表中的数据，可以派生出所有的输出数据；稳定性，基本表的结构是相对稳定的，表中的记录是要长期保存的。

答案： 不能

【真题 2】 一个关系表的行称为________。　　　　【2006 年 9 月】

解析： 在关系中，水平方向的行称为元组，垂直方向的列称为属性，每一列有一个属性名。

答案： 元组

考点 4　关系运算

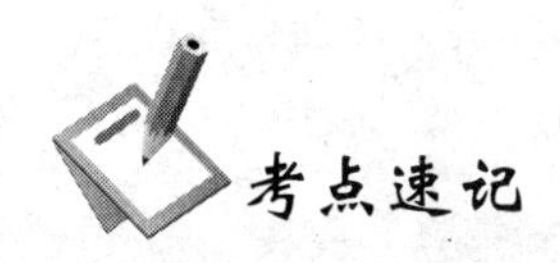

1. 传统的集合运算

传统的集合运算包括：并、差、交运算，进行集合运算的两个关系必须具有相同的关系模式，即相同的结构。

(1) 并

两个相同结构关系的并是由属于这两个关系的元组组成的集合。

(2) 差

设有两个相同结构的关系 R 和 S，R 差 S 的结果是由属于 R 但不属于 S 的元组组成的集合，即差运算的结果是从 R 中去掉 S 中也有的元组。

(3) 交

两个具有相同结构的关系 R 和 S，交运算的结果是 R 和 S 的共同元组。

2. 专门的关系运算

(1) 选择

从关系中找出满足给定条件的元组的操作，称为选择。选择是从行的角度进行的运算，即从水平方向抽取记录。

(2) 投影

从关系模式中指定若干个属性组成新的关系，称为投影。投影是从列的角度进行的运算，相当于对关系进行垂直分解。

(3) 连接

连接是关系的横向结合。连接运算将两个关系模式拼接成一个更宽的关系模式，生成的新关系包含满足连接条件的元组。

【真题 1】 有 3 个关系 R、S 和 T 如下：

R

B	C	D
a	0	k1
b	1	n1

S

B	C	D
f	3	h2
a	0	k1
n	2	x1

T

B	C	D
a	0	k1

由关系 R 和 S 通过运算得到关系 T,则所使用的运算为(　　)。　【2008 年 4 月】

A) 并　　B) 自然连接　　C) 笛卡尔积　　D) 交

解析:在关系运算中,交的定义如下:设 R1 和 R2 为参加运算的两个关系,它们具有相同的度 n,且相对应的属性值取自同一个域,则 R1∩R2 为交运算,结果仍为度等于 n 的关系,其中,交运算的结果既属于 R1 又属于 R2。

答案:D)

【真题 2】 在下列关系运算中,不改变关系表中的属性个数但能减少元组个数的是(　　)。　【2007 年 4 月】

A) 并　　B) 交　　C) 投影　　D) 笛卡尔积

解析:在关系运算中,交的定义如下:设 R1 和 R2 为参加运算的两个关系,它们具有相同的度 n,且相对应的属性值取自同一个域,则 R1∩R2 为交运算,结果仍为度等于 n 的关系,其中的元组既属于 R1 又属于 R2。

根据定义可知,不改变关系表的属性个数但能减少元组个数的是交运算。

答案:B)

考点 5　项目管理器

1. 项目管理器的概念

所谓项目是指文件、数据、文档和 Visual FoxPro 对象的集合。项目管理器是 Visual FoxPro 中处理数据和对象的主要组织工具,它为系统开发人员提供了极为便利的工作平台。

项目管理器用图形化分类的方法来管理属于同一个项目的文件,项目文件以扩展名.pjx 保存。其界面如图 5.2 所示。

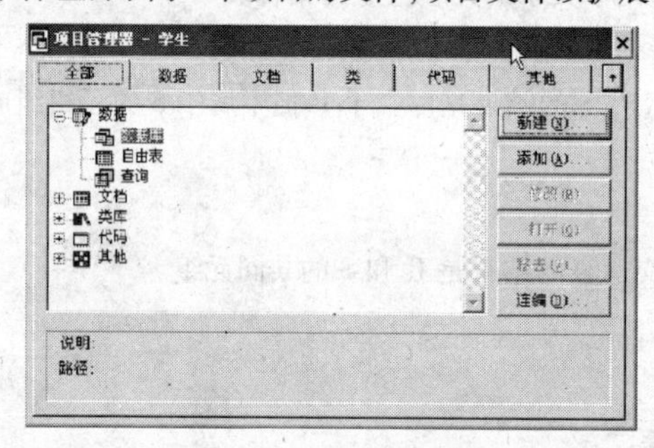

图 5.2　项目管理器

2. 各类文件选项卡介绍

项目管理器共有 6 个选项卡,如表 5.5 所示,其中"数据"、"文档"、"类"、"代码"和"其他"5 个选项卡分别用于分类显示各种文件,"全部"选项卡用于集中显示该项目中的所有文件。

表 5.5　项目管理器各类选项卡

选项卡	包含文件类型
数据	包含了一个项目中的所有数据——数据库、自由表、查询和视图等
文档	包含了处理数据时所用的三类文件,即输入和查看数据所用的表单、打印表和查询结果所用的报表及标签
类	使用 Visual FoxPro 的基类就可以创建一个可靠的面向对象的事件驱动程序
代码	包括三大程序,即扩展名为.prg 的程序文件、库文件.api 和应用程序文件.app
其他	包括文本文件、菜单文件和其他文件
全部	以上各类文件的集中显示窗口

3. 使用项目管理器

(1) 创建文件

要在项目管理器中创建文件,首先要确定新文件的类型,如数据库、自由表和查询等。只有当选定了文件类型时,单击“新建”按钮才可用。单击“新建”按钮或从“项目”菜单中选择“新建文件”命令,即可打开相应的设计器以创建一个新文件。例如,创建数据库文件,如图 5.3 所示。

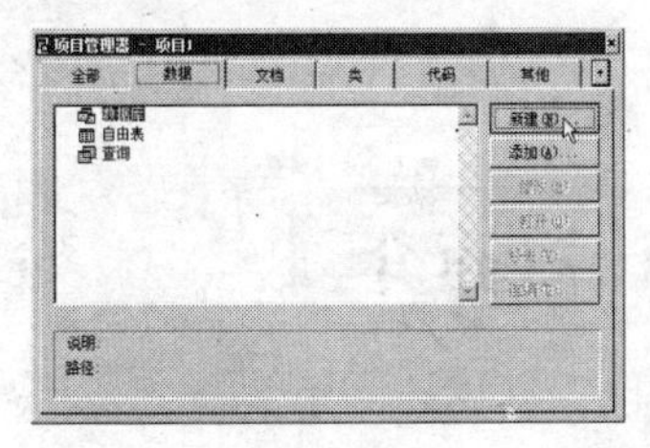

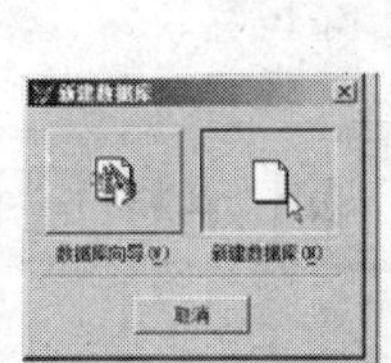

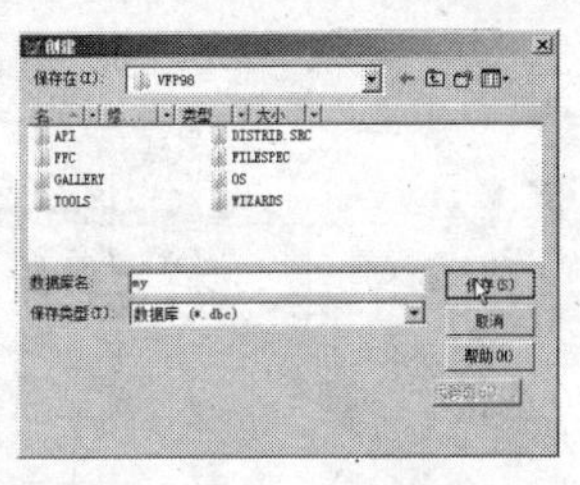

图 5.3　通过项目管理器创建文件

提示　在项目管理器中新建的文件将自动包含在该项目文件内,而利用“文件”菜单中的“新建”命令创建的文件不属于任何项目文件。

(2) 添加文件

选择要添加的文件类型。单击“添加”按钮或从“项目”菜单中选择“添加文件”命令,系统弹出“打开”对话框。选择需添加的文件,单击“确定”按钮,系统便将选择的文件添加到项目文件中。

例如,向项目管理器中添加一个表单文件,如图 5.4 所示。

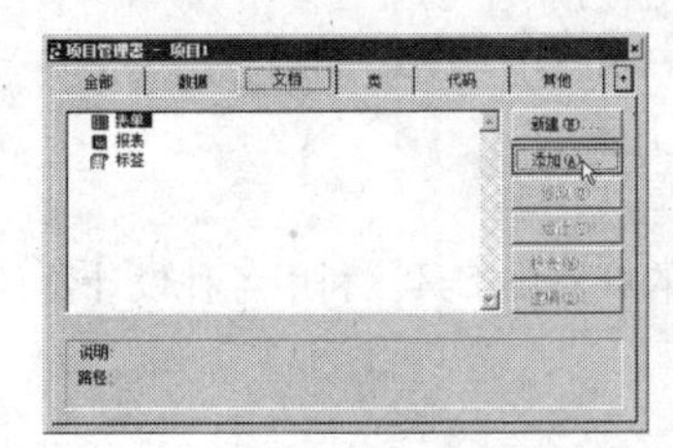

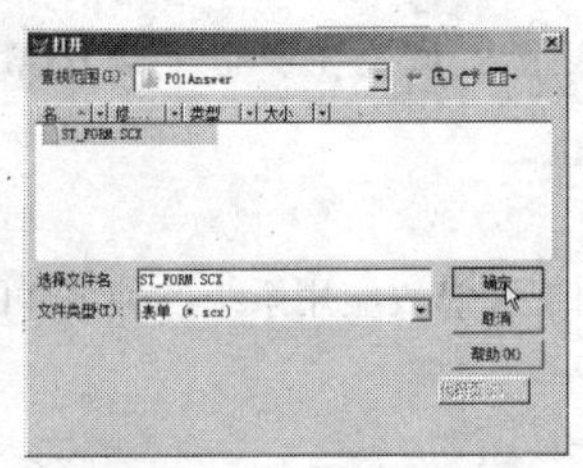

图 5.4　向项目管理器中添加文件

(3) 修改文件

选择要修改的文件。单击“修改”按钮或从“项目”菜单中选择“修改文件”命令,系统将根据要修改的文件类型打开相应的设计器。在设计器中修改选择的文件。

(4) 移去文件

选择要移去的文件,单击“移去”按钮或从“项目”菜单中选择“移去文件”命令。若单击提示框中的“移去”按钮,系统仅仅从项目中移去所选择的文件,被移去的文件仍存在于原目录中;若单击“删除”按钮,系统不仅从项目中移去文件,还将从磁盘中删除该文件,文件将不复存在。例如,从项目管理器移去一个文件,如图 5.5 所示。

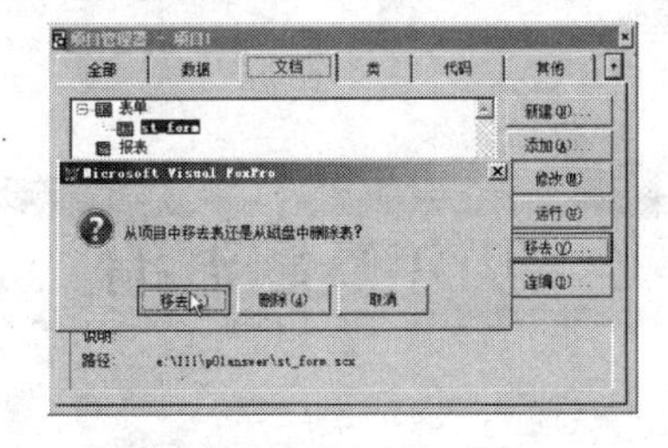

图 5.5　从项目管理器中移去文件

经典题解

【真题 1】 向一个项目中添加一个数据库,应该使用项目管理器的(　　)。　　　【2008 年 4 月】

A)“代码”选项卡　　B)“类”选项卡　　C)“文档”选项卡　　D)“数据”选项卡

解析:“数据”选项卡包含对数据库、表和查询的操作;“代码”选项卡包括对程序、API 库和应用程序的操作;“文档”选项卡包括对报表、表单和标签的操作；“类”选项卡默认没有内容。

答案：D）

【真题2】在“项目管理器”下为项目建立一个新报表，应该使用的选项卡是(　　)。 【2006年9月】

A）数据　　B）文档　　C）类　　D）代码

解析：在“项目管理器”窗口建立报表文件的步骤是：选择“文档”选项卡，选中“报表”，然后单击“新建”按钮，从弹出的“新建报表”对话框中单击“新建报表”按钮。

答案：B）

考点6　向导和设计器简介

考点速记

1. 向导

向导是一种交互式程序，用户在一系列向导屏幕上回答问题或者选择选项，向导会根据回答生成文件或者执行任务，帮助用户快速完成一般性的任务。Visual FoxPro中带有的向导超过20个。例如，创建表单、编排报表的格式、建立查询、制作图表、生成数据透视表、生成交叉表报表，以及在Web上按HTML格式发布等。

2. 设计器

Visual FoxPro的设计器是创建和修改应用系统各种组件的可视化工具。利用各种设计器，使得创建表、表单、数据库、查询和报表以及管理数据变得容易。

经典题解

【真题】在Visual FoxPro中，通常以窗口形式出现，用以创建和修改表、表单、数据库等应用程序组件的可视化工具称为(　　)。 【2007年9月】

A）向导　　B）设计器　　C）生成器　　D）项目管理器

解析：在Visual FoxPro中，除了用项目管理器来有效地组织各种文件之外，还使用了各种向导、设计器和生成器可以更简便、快速、灵活地进行应用程序开发。其中以窗口形式出现，用以创建和修改表、表单、数据库等应用程序组件的可视化工具称为设计器。

答案：B）

历年真题汇编

一、选择题

(1) 在关系模型中，每个关系模式中的关键字(　　)。 【2007年4月】

A）可由多个任意属性组成

B）最多由一个属性组成

C）可由一个或多个属性组成，其值能唯一标识关系中任何元组

D）以上说法都不对

(2) 从内存中清除内存变量的命令是(　　)。【2006 年 9 月】

A) Release　B) Delete　C) Erase　D) Destroy

(3) 操作对象只能是一个表的关系运算是(　　)。【2006 年 9 月】

A) 连接和选择　B) 连接和投影　C) 选择和投影　D) 自然连接和选择

(4) 扩展名为.pjx 的文件是(　　)。【2006 年 9 月】

A) 数据库表文件　B) 表单文件　C) 数据库文件　D) 项目文件

(5) 在 Visual FoxPro 中,以下叙述错误的是(　　)。【2006 年 4 月】

A) 关系也被称做表　B) 数据库文件不存储用户数据

C) 表文件的扩展名是.dbf　D) 多个表存储在一个物理文件中

(6) 数据库 DB、数据库系统 DBS、数据库管理系统 DBMS 之间的关系是(　　)。【2006 年 4 月】

A) DB 包含 DBS 和 DBMS　B) DBMS 包含 DB 和 DBS

C) DBS 包含 DB 和 DBMS　D) 没有任何关系

(7) "商品"与"顾客"两个实体集之间的联系一般是(　　)。【2006 年 4 月】

A) 一对一　B) 一对多　C) 多对一　D) 多对多

(8) "项目管理器"的"运行"按钮用于执行选定的文件,这些文件可以是(　　)。【2005 年 9 月】

A) 查询、视图或表单　B) 表单、报表和标签　C) 查询、表单或程序　D) 以上文件都可以

二、填空题

(1) 在数据库系统中对数据库进行管理的核心软件是________。【2008 年 4 月】

(2) 可以在项目管理器的________选项卡下建立命令文件(程序)。【2006 年 9 月】

(3) 在关系模型中,把数据看成是二维表,每一个二维表称为一个________。【2006 年 4 月】

全真试题训练

一、选择题

(1) DBMS 指的是(　　)。

A) 数据库管理系统　B) 数据库系统　C) 数据库应用系统　D) 数据库服务系统

(2) 存储在计算机内有结构的相关数据的集合称为(　　)。

A) 数据库　B) 数据库管理系统　C) 数据结构　D) 数据库应用系统

(3) 用于实现数据库各种数据操作的软件称为(　　)。

A) 数据软件　B) 操作系统　C) 数据库管理系统　D) 编译程序

(4) 下列说法中,不属于数据库系统特点的是(　　)。

A) 实现数据共享,减少数据冗余　B) 采用特定的数据模型

C) 有统一的数据控制功能　D) 概念单一化"一事一地"

(5) 下列不属于 DBMS 功能的是(　　)。

A) 数据定义　B) 数据操纵　C) 数据字典　D) 数据库运行控制

(6) 数据库系统中所支持的数据模型有(　　)。

A) 层次模型、网状模型、链接模型　B) 网状模型、链接模型、关系模型

C) 层次模型、网状模型、关系模型　D) 层次模型、网状模型、树形模型

(7) 用二维表表示的数据模型是(　　)。

A) 网状数据模型　B) 层次数据模型　C) 关系数据模型　D) 交叉数据模型

(8) 下面不属于两个实体间联系的是(　　)。

A) 一对一的联系　B) 一对多的联系　C) 多对一的联系　D) 多对多的联系

（9）层次型、网状型和关系型数据库划分的原则是（　　）。

A）记录长度　　B）文件大小　　C）关系模型　　D）数据、图形和多媒体

（10）在关系数据库系统中，一个关系其实就是一个（　　）。

A）关系图　　B）关系树　　C）程序文件　　D）二维表

（11）下列关于关系模型的叙述中，正确的是（　　）。

A）关系中元组之间和属性之间都存在联系　　B）关系中元组之间和属性之间都不存在联系

C）关系中只有元组之间存在联系　　D）关系中只有属性之间存在联系

（12）在模型概念中，实体所具有的某一特性称为（　　）。

A）实体集　　B）属性　　C）元组　　D）实体型

（13）对表进行水平方向和垂直方向的分割，分别对应的关系运算是（　　）。

A）选择和投影　　B）投影和选择　　C）选择和连接　　D）投影和连接

（14）关系的基本运算有两类：专门的关系运算和（　　）。

A）传统的关系运算　　B）传统的集合运算　　C）字符串运算　　D）数值运算

（15）关系数据库管理系统的3种基本关系运算不包括（　　）。

A）选择　　B）投影　　C）连接　　D）排序

（16）在关系运算中，查找满足以给定条件的元组的运算称为（　　）。

A）选择　　B）复制　　C）投影　　D）关联

（17）在连接运算中，按照字段值对应相等为条件进行的连接操作称为（　　）。

A）连接　　B）等值连接　　C）自然连接　　D）关系连接

（18）报表文件是存在于项目管理器中的（　　）。

A）“数据”选项卡　　B）“文档”选项卡　　C）“代码”选项卡　　D）“其他”选项卡

（19）请选出非“代码”选项卡里面的程序（　　）。

A）扩展名为.prg的程序文件　　B）函数库API Libraries

C）扩展名为.txt的文本文件　　D）应用程序APP文件

（20）项目管理器的功能是组织和管理与项目有关的各种类型的（　　）。

A）文件　　B）字段　　C）程序　　D）数据表

（21）在项目管理器中通过命令按钮可以完成的操作是（　　）。

A）复制文件　　B）重命名文件　　C）删除文件　　D）以上操作都可以

（22）下列启动Visual FoxPro向导的方法中，正确的是（　　）。

A）选择“工具”菜单中的“向导”子菜单中的命令　　B）通过“新建”对话框

C）单击工具栏上的“向导”按钮　　D）以上方法均正确

二、填空题

（1）按照所使用________的不同，数据库系统可分为层次型、网状型和关系型。

（2）关系是具有相同性质的________的集合。

（3）关系中的________的个数称为元数，________的个数称为基数。

（4）关系的基本运算可分为两类：________和________。

（5）在关系数据库的基本操作中，从关系中抽取满足条件的元组的操作为________。从关系中抽取指定列的操作称为________。将两个关系中相同属性值的元组连接到一起而形成一个新的关系操作称为________。

（6）在项目管理器中可以将应用系统编译成一个扩展名为________的应用文件或________的可执行文件。

（7）在Visual FoxPro项目管理器的“数据”选项卡中包含________、________和________；“文档”选项卡中包含________、________和________。

（8）打开“选项”对话框之后，要设置表单的默认大小，应当选择其中的________选项卡。

（9）实体与实体之间的联系方式有一对一联系、________和________3种。

历年真题参考答案及解析

一、选择题

(1)【解析】在关系数据模型中的关键字可以是一个或多个属性组成,其值能够唯一地标识一个元组。

【答案】C)

(2)【解析】内存变量的清除有 4 种格式,分别如下。

格式 1:CLEAR MEMORY

格式 2:RELEASE <内存变量名表>

格式 3:RELEASE ALL [EXTENDED]

格式 4:RELEASE ALL [LIKE <通配符>|EXCEPT <通配符>]

【答案】A)

(3)【解析】连接是关系的基本操作之一,是一种基于多个关系的运算;自然连接是去掉了重复属性的等值连接,也是基于多个关系的运算,而选择和投影是基于一个关系进行的运算,选择是从原有的关系中选择满足条件的元组,组成新的关系,投影是从原有关系中选择出几个属性,组成新的关系。

【答案】C)

(4)【解析】表文件的扩展名为.dbf;表单文件的扩展名为.scx;数据库文件的扩展名为.dbc;项目文件的扩展名为.pjx。

【答案】D)

(5)【解析】在 Visual FoxPro 中,关系也被称做表,所以选项 A) 正确;数据库文件不存储用户数据,数据都存在表文件中,所以选项 B) 正确;表文件的扩展名是.dbf,所以选项 C) 正确。

【答案】D)

(6)【解析】DB(DataBase)即数据库,是统一管理的相关数据的集合;DBMS(DataBase Management System)即数据库管理系统,是位于用户与操作系统之间的数据管理软件,为用户或应用程序提供访问 DB 的方法;DBS(DataBase System)即数据库系统由如下 5 部分组成,数据库(数据)、数据库管理系统(软件)、数据库管理员(人员)、系统平台之一——硬件平台(硬件)、系统平台之二——软件平台(软件)。

【答案】C)

(7)【解析】两个实体集之间的联系实际上是实体集间的函数关系,主要有 3 种:一对一的联系、一对多的联系、多对多的联系。"商品"与"顾客"两个实体集之间的联系一般是多对多,因为一种"商品"可以被多个"顾客"购买,而一个"顾客"也可以购买多个"商品"。

【答案】D)

(8)【解析】项目管理器的"运行"按钮:执行选定的查询、表单或程序。当选定项目管理器的一个查询、表单或程序时才可使用。此按钮与"项目"菜单的"运行文件"命令作用相同。

【答案】C)

二、填空题

(1)【解析】为数据库的建立、使用、维护而配置的软件称为数据库管理系统 DBMS(DataBase Management System),它是数据库系统的核心。

【答案】数据库管理系统

(2)【解析】在"项目管理器"的"代码"选项卡中,包括三大类程序,扩展名为.prg 的程序文件、函数库 API Libraries 和扩展名为.app 应用程序文件。

【答案】代码

(3)【解析】在关系模型中,把数据看成是二维表,每一个二维表称为一个关系。

【答案】关系

全真试题参考答案

一、选择题

(1) A)　(2) A)　(3) C)　(4) D)　(5) C)
(6) C)　(7) C)　(8) C)　(9) C)　(10) D)
(11) A)　(12) B)　(13) A)　(14) B)　(15) D)
(16) A)　(17) B)　(18) B)　(19) C)　(20) A)
(21) C)　(22) D)

二、填空题

(1) 数据模型
(2) 元组
(3) 属性　元组
(4) 传统的集合运算　专门的关系运算
(5) 选择　投影　连接
(6) .app　.exe
(7) 数据库　自由表　查询　表单　报表　查询
(8) 表单
(9) 一对多联系　多对多联系

第 6 章 Visual FoxPro 程序设计基础

考查知识点		考核几率	分值
考点 1	常量	30%	2 分
考点 2	变量	75%	2 分
考点 3	表达式	55%	2 ~ 4 分
考点 4	数值函数	10%	2 分
考点 5	字符函数	70%	2 分
考点 6	日期和时间函数	10%	2 分
考点 7	数据类型转换函数和测试函数	20%	2 分
考点 8	程序文件概述	10%	2 分
考点 9	程序基本结构	100%	2 ~ 4 分
考点 10	多模块程序设计	100%	2 分

考点 1 常　量

1. 常量的类型及概述

常量代表一个具体的、不变的值。常量的类型包括数值型、货币型、字符型、日期时间型和逻辑型。

不同类型的常量的定义及书写格式见表 6.1。

表 6.1　常量的类型和定义及书写格式

常量的类型	定义及书写格式
数值型	也就是常数,用来表示一个数量的大小,由 0 ~ 9、小数点和正负号构成。为了表示很大或很小的数值型常量,也可以使用科学记数法形式书写
货币型	货币型常量用来表示货币值,其书写格式与数值型常量类似,但要加一个前置的符号($)。货币数据在存储和计算时,采用 4 位小数。如果一个货币型常量多于 4 位小数,那么系统会自动将多余的小数位四舍五入。货币型常量没有科学记数法形式,在内存中占用 8 个字节
字符型	字符型常量又称为字符串。其表示方法是用半角单引号、双引号或方括号把字符串括起来。这里的单引号、双引号或方括号称为定界符。定界符规定了常量的类型及常量的起始和终止界限
日期型	日期型常量的定界符是一对花括号。日期型常量格式有两种:传统的日期格式(月/日/年);严格的日期格式{^yyyy - mm - dd},用这种格式书写的日期常量能表达一个确切的日期,不受 SET DATE 等语句设置的影响。影响日期格式的设置命令是"SET MARK TO[日期分隔符]",如果执行 SET MARK TO 时没有指定任何分隔符,表示恢复系统默认的斜杠分隔符
日期时间型	日期时间型常量包括日期和时间两部分内容:{ <日期>, <时间> }。<日期>部分与日期型常量相似,有传统和严格的两种形式
逻辑型	它只有逻辑真和逻辑假两个值。逻辑真的常量表示形式有:.T.、.t.、.Y.、.y.。逻辑假的常量表示形式有:.F.、.f.、.N.、.n.。前后两个句点作为逻辑型常量的定界符是必不可少的,否则会被误认为变量名。逻辑型常量只占用一个字节

2. 日期格式的设置命令

日期格式的设置命令见表6.2。

表6.2　日期格式的设置命令

格　　式	用　　途	说　　明
SET STRICTDATE TO[0/1/2]	用于设置是否对日期格式进行检查	严格的日期格式检查，目的是与早期 VFP 兼容；1 表示进行严格的日期格式检查，它是系统默认的设置；2 表示进行严格的日期格式检查，并且对 CTOD( ) 和 CTOT( ) 函数的格式也有效
SET MARK TO[<日期分隔符>]	用于指定显示日期值时所用的分隔符	指定日期分隔符为"-"、"."等
SET DATE[TO]AMERTCAN|ANSI|BRITISH|FRENCH|GERMAN|ITALIAN|JAPAN|USA|MDY|DMY|YMD	用于设置日期显示格式	
用于设置显示日期型数据时是否显示世纪	SET CENTURY ON|OF|TO [<世纪值>[ROLLOVER <年份参照值>]]	TO 选项确定用 2 位数字表示年份所处的世纪，如果该日期的 2 位数字年份大于等于"[年份参照值]"，则它所处的世纪即为"[世纪值]"；否则为"[世纪值] +1"

经典题解

【真题 1】要想将日期型或日期时间型数据中的年份用 4 位数字显示，应当使用设置命令(　　)。　【2007 年 9 月】

A) SET CENTURY ON　　B) SET CENTURY OFF

C) SET CENTURY TO 4　　D) SET CENTURY OF 4

解析：在 Visual FoxPro 中，用环境设置命令 SET CENTURY ON|OFF 来确定是否显示日期表达式当前世纪部分，当设为 ON 时，以 4 位数字显示年份，当设为 OFF 时，以 2 位数字显示年份。

答案：A)

【真题 2】设 X = "11", Y = "1122"，下列表达式结果为假的是(　　)。　【2006 年 4 月】

A) NOT(X = = Y)AND(X $ Y)　　B) NOT(X $ Y)OR(< > Y)

C) NOT(X > = Y)　　D) NOT(X $ Y)

解析：==、$、<>、>=是关系运算符，==是字符串精确比较，$是子串包含测试，<>表示不等于，>=表示大于等于，X$Y 的值为 T，NOT(X$Y)的值为 F。

答案：D)

考点2　变　　量

考点速记

1. 变量的类型及概述

变量值是能够随时更改的。Visual FoxPro 的变量分为字段变量和内存变量两大类。

(1) 字段变量

表中的各条记录对同一个字段可能取值不同，所以表中的字段名就是变量，称为字段变量。

(2) **简单内存变量**

内存变量的类型即为变量值的类型,在 Visual FoxPro 中,变量的类型可以改变,即可以把不同类型的数据赋给同一个变量。内存变量的类型包括字符型、数值型、货币型、逻辑型、日期型和日期时间型。

提示 当出现内存变量与字段变量同名时,若简单地用变量名访问,则系统默认为字段变量。如果要访问内存变量,则必须在变量名前加上前缀 M. 或 M - >。

(3) **数组**

数组是内存中连续的一片存储区域,由一系列元素组成,可以通过数据名及相应的下标来放,每个数组元素相当于一个内存变量。

与简单内存变量不同,数组在使用之前一般要用 DIMENSION 或 DECLARE 命令显式创建,规定数组是一维数组还是二维数组,数组大小由下标值的上、下限决定,下限规定为1。创建数组的命令格式为:

```
DIMENSION <数组名>(<下标上限1>[,<下标上限2>])[,…]
DECLARE <数组名>(<下标上限1>[,<下标上限2>])[,…]
```

当数组创建后,系统自动给每个数组元素赋以逻辑假.F.。

提示

在任何能使用简单内存变量的地方,都可以使用数组元素。

在赋值和输入语句中使用数组名时,表示将同一个值同时赋给该数组的所有数组元素。

在同一个运行环境下,数组名不能与简单变量名重复。

在赋值语句中的表达式位置不能出现数组名。

可以用一维数组的形式访问二维数组。

2. 内存变量常用命令

内存变量常用命令见表6.3。

表6.3 内存变量常用命令

命令	格式一	格式二	说明
内存变量的赋值	STORE <表达式> TO <内存变量名表>	<内存变量名> = <表达式>	格式一是将表达式值赋予一个或多个内存变量;格式二是一个变量赋值
表达式值的显式	? [<表达式表>]	?? <表达式>	格式一是计算表达式表中的各表达式并在当前光标处输出各表达式值,并输出回车符;格式二是计算表达式表中的各表达式并在当前光标处输出各表达式值
内存变量的显示	LIST MEMORY [LIKE <通配符>][TO PRINTER|TR FILE <文件名>]	DISPLAY MEMORY [LIKE <通配符>][TO PRINTER|TO FILE <文件名>]	
内存变量的清除	CLEAR MEMORY	RELEASE <内存变量名表>	

经典题解

【真题1】如果内存变量和字段变量均有变量名"姓名",那么引用内存变量的正确方法是( )。【2008年4月】

A) M.姓名　B) M->姓名　C) 姓名　D) A) 和 B) 都可以

解析: 内存变量常用于存储程序运行的中间结果或用于存储控制程序执行的各种参数。可直接通过变量名引用变量的值。但如果当前打开的表中有与变量同名的字段名,此时应使用"M.变量名"或"M - >变量名"引用该变量,而字段名可以直接引用。

答案: D)

【真题2】假设职员表已在当前工作区打开,其当前记录的"姓名"字段值为"张三"(字符型,宽度为6)。在命令窗口输入并执行如下命令:

姓名=姓名-"您好"

？姓名

那么主窗口中将显示（　）。【2005年9月】

A）张三　B）张三　您好　C）张三您好　D）出错

解析：如果当前表中存在一个与内存变量同名的字段变量，则在访问内存变量时，必须在变量名前加上前缀M.（或M→），否则系统将访问同名的字段变量。

答案：A）

考点3　表　达　式

考点速记

1. 数值表达式

数值表达式又叫做算术表达式。它由算术运算符将数值型数据连接起来形成，其运算结果仍然是数值型数据，数值运算是分先后次序的，即优先级，算术运算符的优先级及其含义见表6.4。

表6.4　算术运算符及其优先级

优先级	运算符	说明
1	（）	形成表达式内的子表达式
2	**或^	乘方运算
3	*、/、%	乘、除、求余运算
4	+、-	加、减运算

2. 字符表达式

字符表达式由字符运算符将字符型数据连接起来形成，其运算结果仍然是字符型数据。字符串运算符有两个，它们的优先级相同。

+：前后两个字符串首尾连接形成一个新的字符串。

-：连接前后两个字符串，并将前字符串的尾部空格移到合并后的新字符串尾部。

3. 日期时间表达式

日期时间表达式中可以使用的运算符也有"+"和"-"两个。合法的日期时间表达式格式见表6.5。

表6.5　日期时间表达式格式、结果及类型

格式	结果	类型
<日期>+<天数>	指定若干天后的日期	日期型
<天数>+<日期>	指定若干天后的日期	日期型
<日期>-<天数>	指定若干天前的日期	日期型
<日期>-<日期>	两个指定日期相差的天数	数值型
<日期时间>+<秒数>	指定若干秒后的日期时间	日期时间型
<秒数>+<日期时间>	指定若干秒后的日期时间	日期时间型
<日期时间>-<秒数>	指定若干秒前的日期时间	日期时间型
<日期时间>-<日期时间>	两个指定日期时间相差的秒数	数值型

4. 关系表达式

关系表达式通常也称为简单逻辑表达式，它由关系运算符将两个运算对象连接起来形成，即 <表达式 1> <关系运算符> <表达式 2>。

关系运算符的作用是比较两个表达式的大小或前后，其运算结果是逻辑型数据，它们的优先级相同。关系运算符及其说明见表 6.6。

表 6.6　关系运算符及说明

运　算　符	说　　明	运　算　符	说　　明
<	小于	< =	小于等于
>	大于	> =	大于等于
=	等于	= =	字符串精确比较
< >、#或! =	不等于	$	子串包含测试

提示　运算符“= =”和“$”仅适用于字符型数据。其他运算符适用于任何类型的数据，但前后两个运算对象的数据类型要一致。

5. 逻辑表达式

逻辑表达式是由逻辑运算符将逻辑型数据连接起来形成的，其运算结果仍然是逻辑型数据。逻辑运算符有三个：.NOT.或!（逻辑非）、.AND.（逻辑与）及.OR.（逻辑或）。也可以省略两端的点，其优先级顺序依次为 NOT、AND、OR。各运算符优先次序及说明见表 6.7。

表 6.7　逻辑运算符优先次序及说明

优　先　级	运　算　符	说　　明
1	NOT	单目运算符，其运算结果与操作数的值正好相反
2	AND	两个操作数中，值均为逻辑真时，运算结果才为逻辑真；否则，运算结果为逻辑假
3	OR	两个操作数中，只要有一个为逻辑真，则运算结果就为逻辑真；否则，运算结果为逻辑假

6. 运算符优先级

不同类型的运算符也可能出现在同一个表达式中，它们的运算优先级顺序为：先执行算术运算符、字符串运算符和日期时间运算符，其次执行关系运算符，最后执行逻辑运算符。

圆括号中的内容作为整个表达式的子表达式，在与其他运算对象进行各类运算前，它的结果首先要被计算出来，因此圆括号的优先级最高，其含义就在于此。

经典题解

【例题 1】 表达式 2 * 2^3 - 4/8 + 3^2 的值为(　　)。

A) 72.45　　B) 24.50　　C) 16　　D) 0

解析： 在算术运算中，运算符的优先级是：()→ ** 或^(乘方)→ *(乘)、/(除)或%(取余)→ +(加)或 -(减)。

答案： B)

【例题 2】 在逻辑表达式中，3 种运算符的优先顺序为________、________和________。

解析： 在逻辑表达式中，共有 3 种运算符：逻辑非、逻辑与、逻辑或，3 种运算符的优先顺序为：.NOT.(非) > .AND.(与) > .OR.(或)。

答案： 逻辑非　逻辑与　逻辑或

【真题 1】 有如下赋值语句：a = "计算机"、b = "微型"，结果为“微型机”的表达式是(　　)。　【2008 年 4 月】

A) b + LEFT(a,3)　　B) b + RIGHT(a,1)　　C) b + LEFT(a,5,2)　　D) b + RIGHT(a,2)

解析：取左、右子串函数的格式为：LEFT|RIGHT(expC, expN)，其功能为：LEFT 从 expC 左边截取由 expN 的值指定的字符，生成一个新的字符串；RIGHT 从 expC 右边截取由 expN 的值指定的字符，生成一个新的字符串。注意一个汉字相当于两个英文字符。

答案：D)

【真题2】 设 X = "11"，Y = "1122"，下列表达式结果为假的是（　　）。 【2006 年 4 月】

A) NOT(X = = Y)AND(X $ Y)　　B) NOT(X $ Y)OR(X < >Y)

C) NOT(X > = Y)　　D) NOT(X $ Y)

解析："= ="表示字符精确比较，"$"表示子串包含测试，"< >"表示不等于，"> ="表示大于等于，(X $ Y)的值为真，所以选项 D)为正确答案。

答案：D)

【真题3】 表达式{^2005 - 10 - 3 10:0:0} - {^2005 - 10 - 3 9:0:0}的数据类型是________。 【2006 年 4 月】

解析：{^2005 - 1 - 3 10;0;0} - {^2005 - 10 - 3 9;0;0}是一个日期时间表达式，< 日期 > - < 日期 > 型的日期时间表达式结果为两个指定日期相差的天数，数据类型为数值型。

答案：数值型(N)

考点4　数值函数

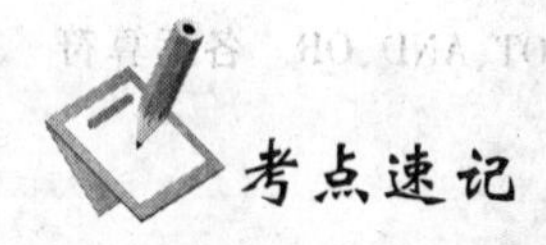

数值函数是指函数值为数值的一类函数。具体函数格式及说明见表 6.8。

表 6.8　数值函数格式及说明表

函数名称	格　式	说　明
求整数函数	INT(<数值表达式>)	返回指定数值表达式的整数部分
圆周率函数	PI()	返回圆周率 π(数值型)。该函数没有自变量
求余数函数	MOD(<数值表达式 1>，<数值表达式 2>)	返回两个数值相除后的余数。<数值表达式 1>是被除数，<数值表达式 2>是除数。余数的正负号与除数相同。如果被除数与除数同号，那么函数值即为两个数相除的余数；如果被除数与除数异号，则函数值为两数相除的余数再加上除数的值
求最大值函数	MAX(<数值表达式 1>，<数值表达式 2> [，<数值表达式 3>…])	计算各自变量表达式的值，并返回其中的最大值
求最小值函数	MIN(<数值表达式 1>，<数值表达式 2> [，<数值表达式 3>…])	计算各自变量表达式的值，并返回其中的最小值
绝对值函数	ABS(<数值表达式>)	返回指定的数值表达式的绝对值
符号函数	SIGN(<数值表达式>)	返回指定数值表达式的符号
求平方根函数	SQRT()	返回指定表达式的平方根，自变量表达式的值不能为负
四舍五入函数	ROUND()	返回指定表达式在指定位置四舍五入后的结果

【例题 1】 在 Visual FoxPro 中，下面属于函数 SIGN( )的返回值的是（　　）。

A) .T.　　B) -1　　C) .F.　　D) 2

解析： SIGN( )是用来返回指定数值表达式的符号，其返回值有 1、0 和 -1，分别表示表达式的运算结果为正数、零和负数。

答案： B)

【例题 2】 执行下列语句，其函数结果为(　　)。

```
STORE -100 TO X
?SIGN(X) * SQRT(ABS(X))
```

A) 10.00　　B) -10.00　　C) 100.00　　D) -100.00

解析： SIGN( )返回指定表达式的符号；ABS( )返回指定表达式的绝对值；SQRT( )求指定表达式的平方根。

答案： B)

【例题 3】 函数 ROUND(123.4567,3)的计算结果是(　　)。

A) 123　　B) 123.456　　C) 123.4567　　D) 123.457

解析： ROUND( )是四舍五入函数，返回 <数值表达式 1> 在指定位置四舍五入后的结果，<数值表达式 2> 指明四舍五入的位置。若 <数值表达式 2> 大于等于 0，表示的是要保留的小数位，若小于 0，则表示整数部分的舍入位数。

答案： D)

【真题】 下面程序计算一个整数的各位数字之和。在横线处应填写的语句是(　　)。　　【2007 年 9 月】

```
SET TALK OFF
INPUT "x =" TO x
s = 0
DO WHILE x! = 0
  s = s + MOD(x,10)
______________
ENDDO
? s
SET TALK ON
```

A) x = int(x/10)　　B) x = int(x% 10)　　C) x = x - int(x/10)　　D) x = x - int(x% 10)

解析： 该程序的功能是将一个整数中的各位数字从个位数开始累加起来。在每次累加的循环中，个位数字被累加后就将该位从整数中删去，这样原来的十位上的数字就变成新的个位上的数字，直到所有位累加完毕。该程序中 s = s + MOD(x,10)语句用来得到个位数上的数字并将其相加，x = int(x/10)语句用来将整数中的个位数字删去。例如，x = 283，第一次循环过后，s = 3，x = 28，第二次循环过后，s = 11，x = 2，第三次循环过后 s = 13，x = 0，至此循环结束，得到整数 283 中各位数字之和。

答案： A)

考点 5　字符函数

字符函数的返回值可以是字符型、数值型或逻辑型等。具体函数格式及说明见表 6.9。

表 6.9　字符函数格式及说明

函数名称	格　式	说　明
求字符串长度函数	LEN(<字符表达式>)	返回指定字符表达式值的长度，即所包含的字符个数。函数值为数值型

续表

函数名称	格　　式	说　　明
大小写转换函数	LOWER(<字符表达式>) UPPER(<字符表达式>)	LOWER()将指定表达式值中的大写字母转换成小写字母,其他字符不变 UPPER()将指定表达式值中的小写字母转换成大写字母,其他字符不变
空格字符串生成函数	SPACE(<数值表达式>)	返回由指定数目的空格组成的字符串
取子串函数	LEFT(<字符表达式>,<长度>) RIGHT(<字符表达式>,<长度>) SUBSTR(<字符表达式>,<起始位置>[,<长度>])	LEFT()从指定表达式值的左端取一个指定长度的子串作为函数值 RIGHT()从指定表达式值的右端取一个指定长度的子串作为函数值 SUBSTR()从指定表达式值的指定起始位置取指定长度的子串作为函数值
求子串位置函数	AT(<字符表达式1>,<字符表达式2>[<数值表达式>]) ATC(<字符表达式1>,<字符表达式2>[,<数值表达式>])	AT()的函数值为数值型。如果<字符表达式1>是<字符表达式2>的子串,则返回<字符表达式1>值的首字符在<字符表达式2>值中位置;若不是子串,则返回0 ATC()与AT()功能类似,但在子串比较时不区分字母大小写
字符串匹配函数	LIKE(<字符表达式1>,<字符表达式2>)	比较两个字符串对应位置上的字符,若所有对应字符都相匹配,函数返回逻辑真,否则返回逻辑假。<字符表达式1>中可以包含通配符*和?。*可与任何数目的字符相匹配,?可以与任何单个字相匹配
子串替换函数	STUFF(<字符表达式1>,<起始位置>,<长度>,<字符表达式2>)	用后面字符表达式替换前面字符表达式中起始位置和长度指明的一个子串

经典题解

【例题1】 表达式 LEN(SPACE(20) - SPACE(15))的结果为(　　)。

A) 5　　B) 20　　C) 35　　D) 错误信息

解析: SPACE()函数是用来生成指定数量的空格,结果为字符型数据。在字符表达式中,不论+或-运算,都表示连接前后两个字符串,连接后的新字符串长度总是等于所连接的两个字符串长度之和。LEN()函数用来测试字符串的长度。

答案: C)

【例题2】 执行语句?INT(LEN("123.456")),在屏幕上的输出结果是(　　)。

A) 1　　B) 3　　C) 6　　D) 7

解析: LEN()函数是用来测试字符串长度的函数,INT()函数是用来求整的函数,本题中LEN()函数所测的字符串长度为7,因此INT的求整值仍然是7,千万不要弄混淆了。

答案: D)

【例题3】 下列各字符型函数中,其函数返回值不是数值型的是(　　)。

A) LEN("2003/04/15")　　B) OCCURS("电脑","计算机俗称电脑")

C) AT("Fox","Visual FoxPro")　　D) LIKE("a*","abcd")

解析: 在字符函数中,LEN( )函数测试字符串长度。OCCURS( )函数计算子串出现的次数。AT( )函数求子串位置,其返回值均为数值型数据。LIKE( )函数比较两个字符串是否匹配,返回值为逻辑型。

答案: D)

【真题1】 有如下赋值语句:a="计算机"、b="微型",结果为"微型机"的表达式是(　　)。　　【2008年4月】

A) b+LEFT(a,3)　　B) b+RIGHT(a,1)　　C) b+LEFT(a,5,2)　　D) b+RIGHT(a,2)

解析: 取左、右子串函数的格式为:LEFT|RIGHT(expC, expN),其功能为:LEFT 从 expC 左边截取由 expN 的值指定的字符,生成一个新的字符串;RIGHT 从 expC 右边截取由 expN 的值指定的字符,生成一个新的字符串。注意一个汉字相当于两个英文字符。

答案: D)

【真题 2】 命令? LEN(SPACE(3) -SPACE(2))的结果是(　　)。 【2007 年 9 月】

A) 1　　B) 2　　C) 3　　D) 5

解析: LEN(<字符表达式>)是求字符串长度的函数。SPACE(<数值表达式>)是空格字符串生成函数,返回由指定数目的空格组成的字符串。字符表达式"-"的含义是连接前后两个字符串,并将前字符串的尾部空格移动到合并后的新字符串尾部。因此 SPACE(2) -SPACE(3) 运算后的长度仍然是 5。

答案: D)

【真题 3】 ? AT("EN",RIGHT("STUDENT",4))的执行结果是________。 【2007 年 4 月】

解析: RIGHT("STUDENT",4)表示取字符串"STUDENT"右边的 4 个字符,结果为"DENT",而 AT( )函数用于判断第一个字符串表达式在第二个字符串表达式中的位置。

答案: 2

考点 6　日期和时间函数

考点速记

日期和时间函数的自变量一般都是日期型数据或日期时间型数据。具体函数格式及说明见表 6.10。

表 6.10　日期和时间函数格式及说明表

函数名称	格　　式	说　　明
系统日期函数	DATE( )	返回当前系统日期,函数值为日期型
系统时间函数	TIME( )	返回当前系统时间,函数值为字符型
日期函数	DATETIME( )	返回当前系统日期时间,函数值为日期时间型
年份函数	YEAR(<日期表达式> | <日期时间表达式>)	从指定的日期表达式或日期时间表达式中返回年份
月份函数	MONTH(<日期表达式> | <日期时间表达式>)	从指定的日期表达式或日期时间表达式中返回月份
天数函数	DAY(<日期表达式> | <日期时间表达式>)	从指定的日期表达式或日期时间表达式中返回月里面的天数
小时函数	HOUR(<日期时间表达式>)	从指定的日期时间表达式中返回小时部分
分钟函数	MINUTE(<日期时间表达式>)	从指定的日期时间表达式中返回分钟部分
秒数函数	SEC(<日期时间表达式>)	从指定的日期时间表达式中返回秒数部分

经典题解

【例题 1】 假定系统日期是 2003 年 3 月 15 日,则执行命令 X1 = MOD(YEAR(DATE( )) -2000,10)后,X1 的值是(　　)。

A) -3　　B) 3　　C) 032003　　D) 0

解析: YEAR( )函数用来测试日期的年份,其结果是一个数值型数据,本题中利用求出的年份经过数值运算后,再利用 MOD( )函数求 3 和 10 的余数,MOD( )函数的功能是返回两个数值相除后的余数。<数值表达式 1>是被除数,<数值表达式 2>是除数。余数的正、负号与除数相同。如果被除数与除数同号,那么函数值为两数相除的余数。如果异号,则函数值为两数相除的余数再加上除数的值。

答案: B)

【例题2】利用 BOF()测试当前打开的一个空表文件，函数返回值为(　　)。

A）.T.　　B）.F.　　C）1　　D）0

解析：BOF()的功能是测试当前表文件（默认自变量）或指定表文件中的记录指针是否指向文件首，若是，则返回逻辑真(.T.)，否则为逻辑假(.F.)。若在指定工作区上没有打开表文件，则函数返回逻辑假(.F.)，若表文件中不包含任何记录，则函数返回逻辑真(.T.)。

答案：A)

【真题】命令？VARTYPE(TIME())的结果是(　　)。　　【2007 年 9 月】

A）C　　B）D　　C）T　　D）出错

解析：VARTYPE(<表达式>)函数用于测试<表达式>的数据类型，返回一个大写字母。TIME()函数以 24 小时制、hh:mm:ss 格式返回当前系统时间，函数值为字符型。在 Visual FoxPro 中，字符型数据用 C 字母来表示。

答案：A)

考点7　数据类型转换函数和测试函数

考点速记

1. 数据类型转换函数

数据类型转换函数的功能是将某一种类型的数据转换成另一种类型的数据。具体函数格式及说明见表 6.11。

表 6.11　数据类型转换函数格式及说明表

函数名称	格　式	说　明
数值转换成字符串	STR(<数值表达式>[,<长度>[,<小数位数>]])	将<数值表达式>的值转换成字符串，转换时根据需要自动进行四舍五入。如果<长度>值小于<数值表达式>值的整数部分位数，则返回一串星号(*)
字符串转换成数值	VAL(<字符表达式>)	将由数字符号（包括正负号、小数点）组成的字符型数据转换成相应的数值型数据。若字符串内出现非数字字符，那么只转换前面部分；若字符串的首字符不是数字符号，则返回数值 0
字符串转换成日期或日期时间	CTOD(<字符表达式>) CTOT(<字符表达式>)	CTOD()将<字符表达式>值转换成日期型数据； CTOT()将<字符表达式>值转换成日期时间型数据
日期或日期时间转换成字符串	DTOC(<日期表达式>|<日期时间表达式>[,1]) TTOC(<日期时间表达式>[,1])	DTOC()将日期型数据或日期时间型数据的日期部分转换成字符串； TTOC()将日期时间型数据转换成字符串
宏替换函数	&<字符型变量>[.]	替换字符型变量的内容。即函数值是变量中的字符串。如果该函数与其后的字符无明确分界，则要用“.”作为函数结束标识

2. 测试函数

在数据处理过程中，可以使用 Visual FoxPro 提供的测试函数了解操作对象的状态。具体函数格式及说明见表 6.12。

表 6.12　测试函数格式及说明表

函数名称	格　式	说　明
值域测试函数	BETWEEN(<表达式 1>,<表达式 2>,<表达式 3>)	判断一个表达式的值是否介于另外两个表达式的值之间

续表

函数名称	格　式	说　明
空值(NULL)测试函数	ISNULL(<表达式>)	判断一个表达式的运算结果是否为NULL值,若是NULL值返回逻辑真,否则返回逻辑假
“空”值测试函数	EMPTY(<表达式>)	根据指定表达式的运算结果是否为“空”值,返回逻辑真或逻辑假。这里所指的“空”值与NULL值是两个不同的概念。函数EMPTY(NULL)的返回值为逻辑假。该函数自变量表达式的类型除了可以是数值型之外,还可以是字符型、逻辑型、日期型等
数据类型测试函数	VARTYPE(<表达式>)	测试<表达式>的类型,返回一个大写字母,函数值为字符型
表文件尾测试函数	EOF()	测试指定表文件中的记录指针是否指向文件尾,若是则返回逻辑真,否则返回逻辑假。表文件尾是指最后一条记录的后面位置
表文件首测试函数	BOF()	测试当前表文件或指定表文件中的记录指针是否指向文件首,若是则返回逻辑真,否则返回逻辑假。表文件首是指第一条记录的前面位置
记录号测试函数	RECNO([<工作区号>|<表别名>])	如果指定的工作区上没有打开表文件,则函数值为0;如果记录指针指向文件尾,则函数值为表文件中的记录数加1;如果记录指针指向文件首,则函数值为表文件中第一条记录的记录号
记录个数测试函数	RECCOUNT([<工作区号>|<表别名>])	如果指定工作区上没有打开表文件,则函数值为0。RECCOUNT()返回的是表文件中物理上存在的记录个数,不管记录是否被逻辑删除及SET DELETED的状态如何,也不管记录是否被过滤,该函数都会把它们考虑在内
条件测试函数	IIF(<逻辑表达式>,<表达式1>,<表达式2>)	测试<逻辑表达式>的值,若为逻辑真,则函数返回<表达式1>的值,若为逻辑假,函数返回<表达式2>的值。<表达式1>和<表达式2>的类型可以不同
记录删除测试函数	DELETED()	测试指定的表,或在指定工作区中所打开的表,记录指针所指的当前记录是否有删除标记。若有为真,否则为假。若默认自变量,则测试当前工作区中所打开的表

经典题解

【例题1】下列表达式中,运算结果为逻辑真的是(　　)。

A)"总经理"$"经理"　　B)3+5#2*4

C)"计算机"<>"计算机世界"　　D)2003/05/01==CTOD("05/01/03")

解析:“$”是子串包含测试,测试第一个字符串是否是第二个字符串的子串。#和<>都是“不等于”关系运算。==为字符串精确比较运算符,$和==都只适合于字符型数据。

答案:C)

【例题2】利用BOF()测试当前打开的一个空表文件,函数返回值为(　　)。

A).T.　　B).F.　　C)1　　D)0

解析:BOF()的功能是测试当前表文件(默认自变量)或指定表文件中的记录指针是否指向文件首,若是,则返回逻辑真(.T.),否则为逻辑假(.F.)。若在指定工作区上没有打开表文件,则函数返回逻辑假(.F.),若表文件中不包含任何记录,则函数返回逻辑真(.T.)。

答案:A)

【真题1】设X=6<5,命令?VARTYPE(X)的输出是(　　)。　　【2006年9月】

A)N　　B)C　　C)L　　D)出错

解析： 在表达式“X =6 <5”中，先计算 6 <5 结果为逻辑假. F.，然后通过 X = . F. 把. F. 赋给 X，所以 X 为逻辑型，? VARTYPE(X)的输出是 L。

答案： C)

【真题 2】 在 Visual FoxPro 中，宏替换可以从变量中替换出(　　)。 【2006 年 4 月】

A) 字符串　　B) 数值

C) 命令　　D) 以上三种都可能

解析： 宏替换函数的格式：& <字符型变量>[.]。宏替换函数功能非常强，可以替换出字符型变量的内容，即字符串，也可以替换出数值变量的值，或者用来执行某条命令。例如，可以将浏览数据表的命令赋值给变量 A，即 A = "BROWSE"，然后可以直接通过执行宏变量来运行命令，即 &A。

答案： D)

考点 8　程序文件概述

1. 建立程序文件

可以通过以下 3 种方式来建立程序文件，所创建的程序文件的扩展名为. prg。

- 菜单方式：执行“文件” 菜单中的“新建”或“打开”命令，打开程序文件编辑器进行操作。编辑器界面如图 6. 1 所示。

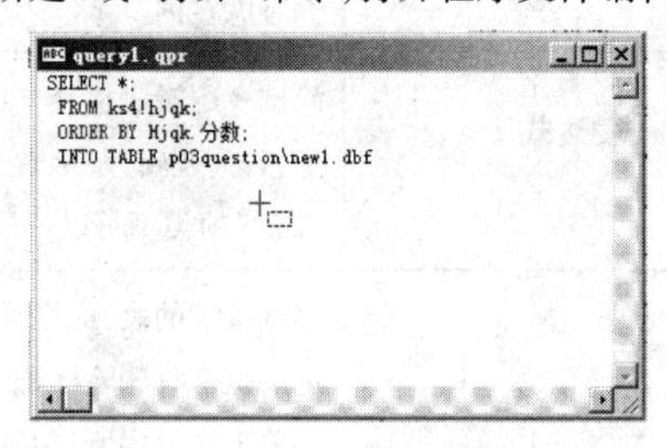

图 6. 1　程序文件编辑器窗口

- 在项目管理器中，选择“代码”选项卡，选中“程序”选项后，单击“新建”按钮。
- 命令方式：

```
MODIFY COMMAND <文件名>
```

2. 执行程序文件

程序文件可以通过两种方式执行。

- 菜单方式：单击“程序”菜单中的“运行”命令，打开“运行”对话框。从文件列表中选择要运行的程序文件，单击“运行”命令。
- 命令方式：

```
DO <文件名>
```

当程序文件被执行时，文件包含的命令被依次执行，直到所有的命令被执行完毕，或者执行到以下命令。

CANCEL：终止程序运行，清除所有的私有变量，返回命令窗口。

DO：转去执行另外一个程序。

RETURN：结束当前程序的执行，返回到调用它的上级程序。

QUIT：退出 Visual FoxPro 系统，返回到操作系统。

【例题 1】在 Visual FoxPro 中,用来建立程序文件的命令是(　　)。

A) CREATE COMMAND <文件名>　　B) CREATE FILE <文件名>

C) MODIFY FILE <文件名>　　D) MODIFY COMMAND <文件名>

解析: 在 Visual FoxPro 中,建立和修改程序文件的命令都是 MODIFY COMMAND <文件名>命令。选项 A)、B) 属于语法错误,选项 C) 建立的是扩展名为.txt 的文本文件。

答案: D)

【例题 2】在 Visual FoxPro 中,程序文件的扩展名为(　　)。

A) .prg　　B) .qpr　　C) .app　　D) .scx

解析: 在 Visual FoxPro 中,程序文件的扩展名为.prg,选项 B) 是查询文件的扩展名,选项 C) 是连编后的应用程序扩展名,选项 D) 是表单文件的扩展名。

答案: A)

【真题】下面程序段的输出结果是(　　)。　　【2005 年 9 月】

```
ACCEPT TO A
IF A=[123456]
    S=0
ENDIF
S=1
? S
RETURN
```

A) 0　　B) 1　　C) 由 A 的值决定　　D) 程序出错

解析: 语句 S=1 与? S 是在 ENDIF 之后,所以最后显示的 S 的值不受前面语句的影响,仍为 1。

答案: B)

考点 9　程序基本结构

1. 顺序结构

顺序结构是最简单、最基本的结构,用户只需将处理过程的各个步骤详细列出,之后将有关命令按处理的逻辑顺序自上而下排列出来,Visual FoxPro 即可按顺序执行。

2. 选择结构

在 Visual FoxPro 中,支持选择结构的语句有条件语句和分支语句。

(1) **条件语句**

格式:

```
IF <条件>
    <语句序列 1>
ELSE
    <语句序列 2>
ENDIF
```

说明：

- 有 ELSE 子句时，两组可供选择的代码分别是 <语句序列 1> 和 <语句序列 2>。如果 <条件> 成立，则执行 <语句序列 1>；否则执行 <语句序列 2>，之后执行 ENDIF 后面的语句。
- 没有 ELSE 子句时，可看做第二组代码不包含任何命令。如果 <条件> 成立，则执行 <语句序列 1>，之后执行 ENDIF 后面的语句；否则直接执行 ENDIF 后面的语句。IF 和 ENDIF 必须成对出现，IF 是本结构入口，ENDIF 是本结构出口。

(2) **多分支语句**

格式：

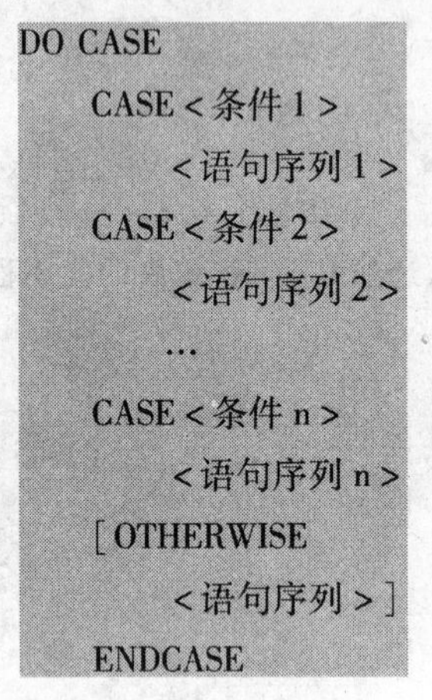

```
DO CASE
    CASE <条件 1>
        <语句序列 1>
    CASE <条件 2>
        <语句序列 2>
        …
    CASE <条件 n>
        <语句序列 n>
    [OTHERWISE
        <语句序列>]
    ENDCASE
```

说明：

执行语句时，依次判断 CASE 后面的条件是否成立。如果条件成立，就执行该 CASE 和下个 CASE 之间的命令序列，之后执行 ENDCASE 后面的命令；如果条件不成立，则执行 OTHERWISE 与 ENDCASE 后之间的命令序列，之后执行 ENDCASE 后面的语句。DO CASE 和 ENDCASE 必须成对出现，DO CASE 是本结构入口，ENDCASE 是本结构出口。

3. 循环结构

循环结构是指程序执行过程中其中的某段代码被重复执行若干次。该结构在 Visual FoxPro 中也称为重复结构。

Visual FoxPro 支持 3 种循环语句：DO WHILE-ENDDO、FOR-ENDFOR、SCAN-ENDCASE。

(1) DO WHILE-ENDDO **语句**

格式：

```
DO WHILE <条件>
    <语句序列 1>
    [LOOP]
    <语句序列 2>
    [EXIT]
    <语句序列 3>
ENDDO
```

说明：

执行该语句时，先判断 DO WHILE 处的循环条件是否成立：

- 条件为真，执行 DO WHILE 与 ENDDO 之间的 <命令序列>（循环体）；当执行到 ENDDO 时，返回到 DO WHILE，再次判断循环条件是否为真，以确定是否再次执行循环体。
- 条件为假，则结束该循环语句，执行 ENDDO 后面的语句。
- 如果循环体包含 LOOP 命令，那么当遇到 LOOP 时，就结束循环体的本次执行，转回 DO WHILE 处重新判断条件。
- 如果循环体包含 EXIT 命令，那么当遇到 EXIT 时，就结束循环语句的执行，转去执行 ENDDO 后面的语句。

(2) FOR **循环**

格式：

```
FOR <循环变量> = <初值> TO <终值> [STEP <步长>]
    <循环体>
ENDFOR|NEXT
```

说明：

执行该语句时，系统首先将初值赋给循环变量，然后判断循环条件是否成立，如果成立，则执行循环体，之后变量增加一个步长，并再次判断循环条件是否成立，以确定是否再次执行循环体；如果不成立，则结束该循环语句，执行 ENDFOR 后面的语句。如果步长为正值，循环条件为 <循环变量> < = <终值>；若步长为负数，循环条件为 <循环变量> > = <终值>。

(3) SCAN-ENDSCAN **语句**

格式：

```
SCAN[ <范围> ]  [FOR <条件1> ][WHILE <条件2> ]
    <循环体>
ENDSCAN
```

说明：

执行该语句时，记录指针将自动按顺序在当前表的指定范围内满足条件的记录上移动，对每一条记录执行循环体内的命令。

经典题解

【例题 1】 设成绩表当前记录中"计算机"字段的值为 85，执行下面程序段之后，输出结果为(　　)。

```
DO CASE
  CASE 计算机 <60
     ?"计算机等级是" + "不及格"
  CASE 计算机 >=60
     ?"计算机等级是" + "及格"
  CASE 计算机 >=75
     ?"计算机等级是" + "良好"
  CASE 计算机 >=85
     ?"计算机等级是" + "优"
ENDCASE
```

A) 计算机等级是不及格　　B) 计算机等级是及格

C) 计算机等级是良好　　D) 计算机等级是优

解析： DO CASE 语句在每个分支前都设有一个条件，程序依次判断这些表达式，并执行第一个条件为真的 CASE 语句所对应的语句序列。

答案： B)

【例题 2】 执行如下程序，如果输入 X 的值为 5，则最后 S 的显示值为(　　)。

```
SET TALK OFF
S = 0
I = 1
INPUT "X = " TO X
DO WHILE S <= X
  S = S + I
  I = I + 1
ENDDO
?S
SET TALK ON
```

A) 1　　B) 3　　C) 5　　D) 6

解析：该循环语句中，变量 S 和 I 每次执行循环的值的变化如下：

	S值	I值
第一次循环	1	2
第二次循环	3	3
第三次循环	6	4

程序在第四次循环的条件判断(6 <=5)中为假，而退出循环。

答案：D)

【例题3】 有如下程序：

```
LOCAL X1
?X1
DO P1
PROCEDURE P1
X1 =1
??X1
RETURN
ENDPROC
```

执行程序的结果为(　　)。

A) .F.　　1　　B) 1　　.F.　　C) .F.　　.F.　　D) 1　　1

解析：LOCAL 命令建立内存变量的同时为该变量赋以初值逻辑假，局部变量和私有变量相似。区别仅在于作用域的大小，局部变量的作用域只限于定义变量的模块中，对上下模块无效，在本题中，通过调用过程 P1，变量 X1 的值为 1。

答案：A)

【真题1】 下面程序的运行结果是(　　)。　　【2008 年 4 月】

```
SET EXACT ON
s = "ni" + SPACE(2)
IF s = = "ni"
    IF s = "ni"
        ?"one"
    ELSE
        ?"two"
    ENDIF
ELSE
    IF s = "ni"
        ?"three"
    ELSE
        ?"four"
    ENDIF
ENDIF
RETURN
```

A) one　　B) two　　C) three　　D) four

解析：内存变量的赋值应使用"="；判断两个值是否相同应使用"= ="。本题中 s 不等于"ni"，但是对 s 进行赋值操作总是成功的，因此结果为"three"。

答案：C)

【真题2】 执行下列程序段以后，内存变量 y 的值是(　　)。　　【2006 年 9 月】

```
x = 34567
y = 0
```

```
DO WHILE x > 0
    y = x% 10 + y * 10
    x = int(x/10)
ENDDO
```

A) 3456　　B) 34567　　C) 7654　　D) 76543

解析：循环运算时，x 与 y 的值见下表。

	y 的 值	x 的 值
原始数据	0	34567
第 1 次循环	7	3456
第 2 次循环	76	345
第 3 次循环	765	34
第 4 次循环	7654	3
第 5 次循环	76543	0

所以 y 的最终结果是 76543，正确的选项是 D）。

答案：D）

【真题 3】下列的程序段中与上题的程序段对 y 的计算结果相同的是（　　）。　　【2006 年 9 月】

A)
```
x = 34567
y = 0
flag = .T.
DO WHILE flag
  y = x% 10 + y * 10
  x = int(x/10)
  IF = x > 0
    flag = .F.
  ENDIF
ENDDO
```

B)
```
x = 34567
y = 0
flag = .T.
DO WHILE flag
  y = x% 10 + y * 10
  x = int(x/10)
  IF x = 0
    Flag = .F.
  ENDIF
ENDDO
```

C)
```
x = 34567
y = 0
flag = .T.
DO WHILE ! flag
  y = x% 10 + y * 10
  x = int(x/10)
  If x > 0
    flag = .F.
  ENDIF
ENDDO
```

D)
```
x = 34567
y = 0
flag = .T.
DO WHILE ! flag
  y = x% 10 + y * 10
  x = int(x/10)
  IF x = 0
    flag = .T.
  ENDIF
ENDDO
```

解析：选项 A）中，第 1 次运算时，x = 3456，y = 7，此时 x > 0，flag = .F.，终止循环，所以只运算了一次，y = 7，x = 3456。选项 C）和选项 D）中，循环条件为假，不执行循环运算，所以 y = 0，x = 34567。

答案：B）

考点10　多模块程序设计

考点速记

1. 模块的定义和调用

模块可以是命令文件也可以是过程。定义过程的格式如下：

```
PROCEDURE|FUNCTION <过程名>
        <命名序列>
        [RETURN[ <表达式> ]]
    [ENDPROC|ENDFUNC]
```

- PROCEDURE|FUNTION 命令表示一个过程的开始,并命名过程名。
- ENDPROC|ENDFUNC 命令表示一个过程的结束。

提示　过程名必须以字母或下画线开头,可包含字母、数字和下画线。

模块的调用有下面两种格式。

格式1：

```
DO <文件名>|<过程名>
```

格式2：

```
<文件名>|<过程名>()
```

说明：

- 格式1,若模块是程序文件的正常代码,用<文件名>;否则用<过程名>。
- 格式2,既可以作为命令使用(返回值被忽略),也可以作为函数使用。该式中的文件名不应该包含扩展名。

2. 参数传递

模块程序可以接收调用程序传递过来的参数,并且可以根据接收到的参数控制程序流程或对接收到的参数进行处理。

(1) 接收参数

接收参数的命令有 PARAMETERS 和 LPARAMETERS,它们的格式见表6.13。

表6.13　接收参数

接收参数	命　令	格　式	说　明
1	PARAMETERS	PARAMETERS <形参变量1>[,<形参变量2>,…]	PARAMETERS 命令声明的形参变量被看做是模块程序中建立的私有变量
2	LPARAMETERS	LPARAMETERS <形参变量1>[,<形参变量2>,…]	LPARAMETERS 命令声明的形参变量是模块程序中建立的局部变量

不管是 PARAMETERS 命令还是 LPARAMETERS 命令,都应该是模块程序的第一条可执行命令。

(2) 传递参数

主程序传递参数时采用按值传递和按引用传递两种方式,它们的格式见表6.14。

表6.14　传递参数

传递参数	方　式	格　式	说　明
1	按值传递	SET UDFPARMS TO VALUE	按值传递传的是数值,系统会将实参的数值直接赋值给对应的形参,如果在模块程序形参值发生变化,也不会影响实参的值

续表

传递参数	方式	格式	说明
2	按引用传递	SET VDFPARMS TO REFERENCE	如果实参是变量,传送的是变量在内存中的地址。这时实参和形参实际上是同一个变量,只是取了两个不同的变量名,在模块程序中形参值的改变会影响实参的值

提示 形参的数量不能少于实参的数量。

3. 变量的作用域

变量的作用域见表 6.15。

表 6.15 变量的作用域

类型	命令	说明
全局变量	PUBLIC <内存变量表>	在任何模块中都可使用的变量称为全局变量。全局变量要先建立后使用,该命令的功能是建立全局的内存变量,并为它们赋初值逻辑假(.F.)。全局变量一旦建立就一直有效,只有当执行 CLEAR MEMORY、RELEASE、QUIT 等命令后,全局变量才被释放
局部变量	LOCAL <内存变量表>	局部变量只能在建立它的模块中使用,不能在上层或下层模块中使用。当建立它的模块程序运行结束时,局部变量自动释放。该命令建立指定的局部内存变量,并为它们赋初值逻辑假(.F.)。局部变量要先建立后使用
私有变量		在程序中直接使用(没有通过 PUBLIC 和 LOCAL 命令事先声明)而由系统自动隐含建立的变量都是私有变量。私有变量的作用域是建立它的模块及其下属的各层模块。一旦建立它的模块程序运行结束,这些私有变量将自动清除

经典题解

【例题 1】 通过 PUBLIC 命令建立内存变量,系统默认的内存变量初值为(　　)。

A) .T.　　B) .F.　　C) 0　　D) 1

解析: 通过 PUBLIC 和 LOCAL 等命令建立内存变量的同时,系统为该变量赋以初值逻辑假.F.。

答案: B)

【例题 2】 有如下程序:

```
LOCAL X1
?X1
DO P1
PROCEDURE P1
X1 =1
??X1
RETURN
ENDPROC
```

执行程序的结果为(　　)。

A) .F.　1　　B) 1　.F.　　C) .F.　.F.　　D) 1　1

解析: LOCAL 命令建立内存变量的同时为该变量赋以初值逻辑假,局部变量和私有变量相似。区别仅在于作用域的大小,局部变量的作用域只限于定义变量的模块中,对上下模块无效,在本题中,通过调用过程 P1,变量 X1 的值为 1。

答案: A)

【真题 1】 在 Visual FoxPro 中,过程的返回语句是(　　)。　　【2007 年 9 月】

A) GOBACK　　B) COMEBACK　　C) RETURN　　D) BACK

解析: Visual FoxPro 中过程式的返回语句为 RETURN,当执行到 RETURN 命令时,控制将转回到调用程序,并返回表达式的值,如果 RETURN 不带表达式,则返回逻辑真.T.。

答案：C)

【**真题2**】在 Visual FoxPro 中,如果希望内存变量只能在本模块(过程)中使用,不能在上层或下层模块中使用。说明该种内存变量的命令是(　　)。【2007年4月】

A) PRIVATE　　B) LOCAL

C) PUBLIC　　D) 不用说明,在程序中直接使用

解析：Visual FoxPro 中的内存变量分为公共变量、私有变量和局部变量,其中局部变量只能在建立它的模块中使用,不能在上层和下层模块中使用,而且要用命令 LOCAL 说明。

答案：B)

【**真题3**】如果有定义 LOCAL data,data 的初值是(　　)。【2006年9月】

A) 整数0　　B) 不定值　　C) 逻辑真　　D) 逻辑假

解析：局部变量用 LOCAL 命令建立:LOCAL <内存变量表>,该命令建立指定的局部内存变量,并为它们赋初值逻辑假.F.。

答案：D)

历年真题汇编

一、选择题

(1) 在 Visual FoxPro 中,有如下内存变量赋值语句:

```
X = {^2001 - 07 - 28 10:15:20 PM}
Y = .F.
M = $123.45
N = 123.45
Z = "123.24"
```

执行上述赋值语句之后,内存变量 X、Y、M、N 和 Z 的数据类型分别是(　　)。【2008年4月】

A) D、L、Y、N、C　　B) T、L、Y、N、C　　C) T、L、M、N、C　　D) T、L、Y、N、S

(2) 下面程序的运行结果是(　　)。【2008年4月】

```
SET EXACT ON
s = "ni" + SPACE(2)
IF s = = "ni"
    IF s = "ni"
      ?"one"
    ELSE
        ?"two"
    ENDIF
ELSE
    IF s = "ni"
        ?"three"
    ELSE
        ?"four"
    ENDIF
ENDIF
RETURN
```

A) one　　B) two　　C) three　　D) four

(3) 下列程序段执行以后,内存变量X和Y的值是(　　)。　【2008年4月】

```
CLEAR
STORE 3 TO X
STORE 5 TO Y
PLUS((X),Y)
?X,Y
PROCEDURE PLUS
PARAMETERS A1,A2
    A1 = A1 + A2
    A2 = A1 + A2
ENDPROC
```

A) 8　13　　B) 3　13　　C) 3　5　　D) 8　5

(4) 下列程序段执行后,内存变量s1的值是(　　)。　【2008年4月】

```
s1 = "network"
s1 = stuff(s1,4,4,"BIOS")
?s1
```

A) network　　B) netBIOS　　C) net　　D) BIOS

(5) 下列程序段执行以后,内存变量A和B的值是(　　)。　【2006年9月】

```
CLEAR
A = 10
B = 20
SET UDFPARMS TO REFERENCE
DO SQ WITH (A),(B)    && 参数A是值传递,B是值传递
?A,B
PROCEDURE SQ
PARAMETERS X1,Y1
    X1 = X1 * X1
    Y1 = 2 * X1
ENDPROC
```

A) 10　200　　B) 100　200　　C) 100　20　　D) 10　20

(6) 在下面的Visual FoxPro表达式中,运算结果不为逻辑真的是(　　)。　【2006年4月】

A) EMPTY(SPACE(0))
B) LIKE('xy*','xyz')
C) AT('xy','abcxyz')
D) ISNULL(.NULL.)

(7) 在Visual FoxPro中,可以用DO命令执行的文件不包括(　　)。　【2006年4月】

A) .prg文件　　B) .mpr文件　　C) .frx文件　　D) .qpr文件

(8) 执行如下命令序列后,最后一条命令的显示结果是(　　)。　【2006年4月】

```
DIMENSION M(2,2)
M(1,1) = 10
M(1,2) = 20
M(2,1) = 30
M(2,2) = 40
? M (2)
```

A) 变量未定义的提示　　B) 10　　C) 20　　D) .F.

(9) 在下面的 Visual FoxPro 表达式中，运算结果为逻辑真的是（　　）。【2005 年 9 月】

A）EMPTY(.NULL.)　B）LIKE('xy?'、'xyz')　C）AT('xy'、'abcxyz')　D）ISNULL(SPACE(0))

(10) 依次执行以下命令后的输出结果是（　　）。【2005 年 9 月】

```
SET DATE TO YMD
SET CENTURY ON
SET CENTURY TO 19 ROLLOVER 10
SET MARK TO "."
? CTOD("49-05-01")
```

A）49.05.01　B）1949.05.01　C）2049.05.01　D）出错

(11) 假设职员表已在当前工作区打开，其当前记录的"姓名"字段值为"张三"（字符型，宽度为 6）。在命令窗口输入并执行如下命令：

```
姓名 = 姓名 - "您好"
? 姓名
```

那么主窗口中将显示（　　）。【2005 年 9 月】

A）张三　B）张三　您好　C）张三您好　D）出错

二、填空题

(1) 在 Visual FoxPro 中，使用 LOCATE ALL 命令按条件对表中的记录进行查询，若查不到记录，函数 EOF() 的返回值应是________。【2007 年 9 月】

(2) 执行下列程序，显示的结果是________。【2007 年 4 月】

```
one = "WORK"
two = ""
a = LEN(one)
i = a
DO WHILE i >= 1
    two = two + SUBSTR(one,i,1)
    i = i - 1
ENDDO
? two
```

全真试题训练

一、选择题

(1) 在 Visual FoxPro 中，下列合法的字符型常量是（　　）。

A）{01/02/03}　B）[123+54]　C）[[计算机]]　D）.Y.

(2) 下列数据中，合法的数值型常量是（　　）。

A）123　B）123+E345　C）"45.36"　D）4*5

(3) 当定义一个新的数组后，系统会自动给数组中的每个元素赋以（　　）。

A）1　B）0　C）逻辑真(.T.)　D）逻辑假(.F.)

(4) 下列不属于合法变量名的是（　　）。

A）VFP　B）学生_姓名　C）中国 计算机　D）X123

(5) 假设有一个字段变量"姓名"，其值为"张三"，同时也存在一个同名的内存变量：姓名 = "王五"。当系统访问此"姓名"变量时，姓名的值应该是（　　）。

A）张三　B）王五　C）"张三"　D）"王五"

(6) 下列不可以用"+"或"-"运算符的是(   )。

A) 字符型数据 B) 数值型数据 C) 日期型数据 D) 逻辑型数据

(7) 以下各表达式中,运算结果为日期型数据的是(   )。

A) DATE( ) -02/03/98 B) {02/04/98} +20

C) {^2003/02/03 12:40:59} -20 D) DTOC ({02/03/98})

(8) 先执行 SET DATE TO YMD,则表达式{^2000/02/15 10:30:20} -10 的结果是(   )。

A) {^1990/02/15 10:30:20} B) {^2000/02/05 10:30:20}

C) {^2000/02/05 10:30:10} D) {^2000/02/15 10:30:10}

(9) 在逻辑表达式中,3 个逻辑运算符的优先顺序依次为(   )。

A) .OR. >.AND. >.NOT. B) .NOT. >.AND. >.OR.

C) .NOT. >.OR. >.AND. D) .AND. >.NOT. >.OR.

(10) 计算表达式 2-10>15.OR."a"+"b" $ "123abc"时,运算顺序为(   )。

A) -、>、.OR.、+、$ B) -、+、>、$、.OR. C) -、.OR.、$、+、> D) +、$、-、>、.OR.

(11) 函数 SQRT(2*SQRT(4))的结果是(   )。

A) 2.00 B) 4.00 C) 8 D) 1.68

(12) 先执行 STORE 10 TO X,则函数 ABS(5-X),SIGN(5-X)的值分别为(   )。

A) 5 1 B) -5 1 C) 5 -1 D) -5 -1

(13) 函数 ROUND(PI(),-2)的结果是(   )。

A) 3.14 B) -3.14 C) 3 D) 0

(14) 函数 MAX(ROUND(3.1415,3),PI())的结果是(   )。

A) 3.1415 B) 3.142 C) PI() D) 3.14

(15) 在命令窗口执行下列语句:

```
STORE 5.5 TO M
?INT(-M),CEILING(M),FLOOR(-M)
```

在主窗口中显示的结果为(   )。

A) 5 -5 -6 B) -5 5 -6 C) -5 6 -6 D) 5 6 5

(16) 假设 A=10,B=-3,C=4,则函数 MOD(A,B) 和 MOD(-A,C) 的值分别为(   )。

A) -2 -2 B) -2 2 C) 2 2 D) 2 -2

(17) 假设 X="VISUAL",则表达式 LEFT(X,1)+LOWER(SUBSTR(X,2))的结果是(   )。

A) Visual B) Vis C) vIS D) vISUAL

(18) 表达式 VAL(SUBSTR("计算机等级考试",7))*LEN("VISUAL")的值为(   )。

A) 24 B) 36 C) 42 D) 0

(19) 下列 4 个函数中,结果相同的是(   )。

A) YEAR(DATE())和 SUBSTR(DTOC(DATE()),7,2)

B) 假设 A="VFP",B="等级考试",则 A+B 和 B+A

C) VARTYPE("12+8=20")和 VARTYPE(12+8=20)

D) RIGHT("计算机辅导丛书",8)与 SUBSTR("计算机辅导丛书",7)

(20) 函数 LEN(SPACE(15)-SPACE(10))的结果是(   )。

A) 5 B) 25 C) 15 D) 数据类型不匹配

(21) 函数 LEN(STR(123.45,2,1))的结果是(   )。

A) 2 B) 3 C) 5 D) 一串星号(****)

(22) 假设字符变量 X1=("2003 年上半年全国计算机等级考试"),下列语句中,能够显示"2003 年上半年计算机等级考试"的是(   )。

A) ?X1-"全国" B) ?SUBSTR(X1,1,8)+SUBSTR(X1,11,17)

C) ?SUBSTR(X1,1,12)+RIGHT(X1,14) D) ?LEFT(X1,8)+RIGHT(X1,14)

（23）在命令窗口输入如下语句：

A = " Visual FoxPro"

B = " Fox"

? at(B , A)

?? atc(B , A)

在主窗口中显示的结果为（　　）。

A）0 1　　B）8 8　　C）1 8　　D）8 1

（24）函数 OCCURS（" abc"," abcacdadcabc"）的结果为（　　）。

A）0　　B）1　　C）2　　D）4

（25）下列函数中，函数值为数值型的是（　　）。

A）TIME()　　B）DATETIME()　　C）DATE()　　D）DAY(DATE())

（26）下列各函数中，其函数值类型相同的是（　　）。

A）YEAR(DATE())和 DATE() - 10

B）DAY(DATE())和 TIME()

C）DATE() - {^2002/03/02} 和 SEC(DATETIME())

D）TIME()和 DATETIME()

（27）在命令窗口执行下列语句：

STORE -123.456 TO X

?STR(X,3), STR(X)

在主窗口中输出的结果为（　　）。

A）-123 -123　　B）-123.456 -123　　C）*** -123.456　　D）*** -123

（28）Visual FoxPro 函数 VAL（"12AB34"）的返回值是（　　）。

A）12AB34　　B）12.00　　C）1234.00　　D）0

（29）执行下列语句后，在主窗口中输出的结果为（　　）。

X = " * "

? "4&X.5 = " + STR(4&X.5,2)

A）4&X.5 = 20　　B）4&X.5 = 0　　C）4 * 5 = 20　　D）4 * .5 = 20

（30）输入下列命令，程序的执行结果是（　　）。

STORE .NULL. TO a

?a, ISNULL(a)

A）.NULL. .T.　　B）.T.　　C）.NULL. .F.　　D）.F.

（31）假设 A = 123，B = 27，C = " A + B"，则函数 VARTYPE(1 + &C) 的值为（　　）。

A）151　　B）N　　C）C　　D）U

（32）若当前打开的数据表文件是一个空表，则利用函数 RECNO()和 BOF()测试的结果分别为（　　）。

A）1 .T.　　B）1 .F.　　C）0 .T.　　D）0 .F.

（33）下列关于修改程序的说法正确的是（　　）。

A）打开"项目管理器"，选择要修改的程序文件，单击"修改"按钮

B）在"文件"菜单中选择"打开"命令，在弹出的对话框中选择"程序"选项，选择要修改的程序

C）通过 MODIFY COMMAND <文件名>来修改程序文件

D）以上说法均正确

（34）在下述的操作中，不能够执行 Visual FoxPro 程序文件的是（　　）。

A）若程序包含在一个项目中，则在"项目管理器"中选定它并单击"运行"按钮

B）在"程序"菜单中选择"运行"命令，在弹出的对话框中选择要运行的程序名

C）在命令窗口中，输入 DO 命令及要运行的程序文件名

D）在"资源管理器"中单击要运行的程序文件(PRG)

(35) 利用 DO 命令运行下列类型文件时,一定要带扩展名的是(　　)。

A) PRG　B) APP　C) EXE　D) MPR

(36) 下列不能出现 LOOP 和 EXIT 语句的程序结构是(　　)。

A) FOR - ENDFOR　B) DO WHILE - ENDDO　C) IF - ELSE - ENDIF　D) SCAN - ENDSCAN

(37) 下列属于条件语句的是(　　)。

A) DO CASE - ENDCASE　B) DO WHILE - ENDDO

C) FOR - ENDFOR　D) SCAN - ENDSCAN

(38) 有关多分支结构 DO CASE - ENDCASE 的叙述正确的是(　　)。

A) 当有多个逻辑表达式为真时,执行所有满足条件的 CASE 之后的语句序列

B) 当有多个逻辑表达式为真时,只执行第一个满足条件的 CASE 之后的语句序列

C) 当有多个逻辑表达式为真时,只执行最后一个满足条件的 CASE 之后的语句序列

D) DO CASE - ENDCASE 语句,允许有多个程序段被执行

(39) 在 DO WHILE - ENDDO 的循环结构中,下列叙述正确的是(　　)。

A) 循环体中的 LOOP 和 EXIT 语句的位置是固定的

B) 在程序中应加入控制循环结束的语句

C) 执行到 ENDDO 时,首先判断表达式的值,然后再返回 DO WHILE 语句

D) 循环体中的 LOOP 语句为跳出循环体

(40) 有关嵌套的叙述正确的是(　　)。

A) 循环体内不能含有条件语句　B) 循环语句不能嵌套在条件语句之中

C) 嵌套只能一层,否则会导致程序出错　D) 正确的嵌套中不能交叉

(41) 下列关于 FOR - ENDFOR 循环结构叙述不正确的是(　　)。

A) 循环的次数一般都已定义好　B) 循环体中的 LOOP 语句可用来跳出循环体

C) 循环体中 EXIT 的位置可以是不固定的位置　D) 循环体中不应该包含循环变量值的命令

(42) 在执行循环语句时,可利用下列的(　　)语句继续执行循环体。

A) LOOP　B) SKIP　C) EXIT　D) QUIT

(43) 执行如下程序:

```
CLEAR
SET TALK OFF
STORE .T. TO X
STORE 0 TO Y
DO WHILE X
  Y = Y + 1
  IF INT(Y/3) = Y/3
    ??Y
    ELSE
    LOOP
  ENDIF
  IF Y > 20
    STORE .F. TO x
  ENDIF
ENDDO
SET TALK ON
```

则程序的运行结果为(　　)。

A) 3　6　9　12　15　18　21　B) 3　6　9　12　15　18

C) 3　6　9　12　15　D) 3　6　9　12

(44) 设当前目录下有数据表文件学生表，表中共有10条记录，执行如下程序：

```
SET TALK OFF
USE 学生表
GO BOTTOM
FOR n = 10 TO 1 STEP -1
  IF BOF( )
    EXIT
  ENDIF
    GO n
    DISPLAY
ENDFOR
USE
SET TALK ON
```

则程序执行的结果为(　　)。

A）仅显示表中第1条记录　　B）仅显示表中第10条记录

C）按记录号升序地逐条显示表中10条记录　　D）按记录号降序地逐条显示表中10条记录

(45) 在Visual FoxPro中，如果希望一个内存变量只限于在本过程中使用，定义这种内存变量的命令是(　　)。

A）PUBLIC　　B）LOCAL

C）PRIVATE　　D）可在程序中直接使用该变量，不需要定义

(46) 下面有关局部变量的说法正确的是(　　)。

A）在程序中用PRIVATE可建立一个局部变量

B）在命令窗口中被赋值的变量是局部变量

C）在被调用下级程序中用PUBLIC命令声明的变量是局部变量

D）在命令窗口中用LOCAL命令声明的变量是局部变量

(47) 有关参数传递叙述正确的是(　　)。

A）当实参的数量少于形参的数量时，多余的形参初值取逻辑假

B）当实参的数量大于形参的数量时，多余的实参被忽略

C）实参和形参的数量必须相等

D）选项A）、B）均正确

(48) 下列关于接收参数和发送参数的说法，正确的是(　　)。

A）接收参数语句PARAMTERS可以写在程序中的任意位置

B）通常发送参数语句DO WITH和接收参数语句PARAMTERS不必搭配成对，可以单独使用

C）发送参数和接收参数排列顺序与数据类型必须一一对应

D）发送参数和接收参数的名字必须相同

(49) 下列不能释放公共变量的命令为(　　)。

A）CLOSE ALL　　B）RELEASE　　C）CLEAR MEMORY　　D）QUIT

二、填空题

(1) 字符型常量的定界符为半角的________、________和________。

(2) 给变量赋值的方法有________和利用命令________。

(3) Visual FoxPro中有两种变量，即________和________。

(4) 表达式是由________、________和________通过特定的运算符连接起来的式子，其形式包括________和用运算符将运算对象连接起来形成的式子。

(5) 两个日期型数据相减，其结果为________数据。一个日期型数据减去或加上一个数值型数据，其结果为________数据。

(6) 表达式"12+8=20" $ "20"和"20" $ "12+8=20"的值分别为________和________。

(7) 表达式 3^3 - 6/3%2 ** 3 的值为________。

(8) 在关系表达式中，关系运算符________和________只能用于字符型数据，且所有关系表达式的结果都为________数据。

(9) 如果一个表达式中包含算术运算、关系运算、逻辑运算和函数，则运算的优先顺序依次是________、________、________和________。

(10) 假设字符串 X = "北京！欢迎您！"，要将结果显示为"欢迎您！北京！"，则应该使用函数表达式________。

(11) 假设 A = 10, B = 15, C = "A + B"，则表达式 C + STR(&C) 的结果是________。

(12) VARTYPE() 函数的返回值共有 10 种类型，写出下列各个字母所代表的数据类型：Y ________、O ________、G ________、X ________、T ________、U ________。

(13) 程序是________，它被存放在称为________或________的文本文件中。

(14) 下列程序根据输入的学生成绩，来判断学生成绩等级，其中成绩大于等于 90 分的为优秀，75 ~ 89 分的为良好，60 ~ 74 分的为及格，小于 60 分的为不及格，请正确补充程序行。

```
CLEAR
SET TALK OFF
________ "请输入成绩：" TO CJ
DO CASE
  CASE CJ < 60
    DJ = "不及格"
  CASE CJ < 75
    DJ = "及格"
  CASE CJ < 90
    DJ = "良好"
  ________
    DJ = "优秀"
ENDCASE
?DJ
SET TALK ON
```

(15) 执行下列程序：

```
CLEAR
FOR i = 10 TO 5 STEP  -2
  IF i% 3 = 0
    i = i - 1
  ENDIF
  i = i - 2
  ??i
ENDFOR
```

运行结果为________。

(16) 执行下列程序：

```
SET TALK OFF
DIMENSION A(6)
FOR K = 1 TO 6
  A(K) = 20 - 2 * K
ENDFOR
K = 5
DO WHILE K >= 1
```

```
    A(K) = A(K) - A(K+1)
    K = K-1
  ENDDO
  ?A(1) ,A(3) ,A(5)
  SET TALK ON
```

运行结果为________。

(17)执行下列程序：

```
CLEAR
STORE 0 TO X,Y
DO WHILE .T.
  X = X+1
  Y = Y+X
  IF X >= 10
    EXIT
  ENDIF
ENDDO
?Y
```

程序的运行结果为________。

(18) 定义全局变量的命令是________,定义局部变量的命令是________。PRIVATE 命令用于建立一个________变量。

历年真题参考答案及解析

一、选择题

(1)【解析】数据类型主要包括:① 字符型(Character):由字母(汉字)、数字、空格等任意 ASCII 码字符组成。② 货币型(Currency)(简写￥):在使用货币值时,可以使用货币型来代替数值型。③ 日期型(Date)。④ 日期时间型(DateTime)(简写 T)。⑤ 逻辑型(Logical):用于存储只有两个值的数据。存入的值只有真(.T.)和假(.F.)两种状态,占 1 个字节。⑥ 数值型(Numeric)。⑦ 双精度型(Double)。⑧ 浮点型(Float)。⑨ 通用型(General)。⑩ 整型(Integer)。⑪ 备注型(Memo)。

【答案】B)

(2)【解析】内存变量的赋值应使用"="；判断两个值是否相同应使用"=="。本题中 s 不等于"ni",但是对 s 进行赋值操作总是成功的,因此结果为"three"。

【答案】C)

(3)【解析】Visual FoxPro 的参数传递规则为:如果实际参数是常数或表达式则传值,如果实际参数是变量则传址,即传递的不是实参变量的值而是实参变量的地址,这样,在过程中对形参变量值的改变也将使实参变量值改变。如果实参是内存变量而又希望进行值传递,可以用圆括号将该内存变量括起来,强制该变量以值方式传递数据。

【答案】C)

(4)【解析】字符串替换函数 STUFF 的格式为 STUFF(<字符表达式 1>,<起始位置>,<字符个数>,<字符表达式 2>),其功能从指定位置开始,用<字符表达式 2>替换<字符表达式 1>。注意:(1) <字符表达式 2>中的字符个数与<字符表达式 1>中的字符个数可以不等。(2) 如果<字符个数>为零,则插入<字符表达式 2>。(3) 如果<字符表达式 2>为空字符串,则删除<字符表达式 1>中指定字符。

【答案】B)

(5)【解析】参数传递分为两种方式:按值传递(值传送)和按引用传递(引用传送)。当按值传递时,形参变量值改变时,不会影响实参变量的取值，即形参变量的值不传回；当按引用传递时，形参变量值改变时，实参变量值也随之改变，因为在按引用传递时形参变量和实参变量使用的是相同的变量地址。

【答案】 D)

(6) **【解析】** AT()函数是求子串位置函数，函数值为数值型。AT(<字符表达式1>，<字符表达式2>[，<数值表达式>])中，如果<字符表达式1>是<字符表达式2>的子串，则返回<字符表达式1>值的首字符在<字符表达式2>值中的位置；若不是子串，则返回0。

【答案】 C)

(7) **【解析】** .prg文件是程序文件，.mpr文件是生成的菜单程序，.qpr文件是生成的查询程序，这三类文件都可以使用命令"DO 文件名"运行，在执行菜单文件和查询文件时，扩展名不能少。.frx文件是报表文件，打印输出报表的方式通常是先打开要打印的报表，然后单击"常用"工具栏上的"运行"按钮。

【答案】 C)

(8) **【解析】** 创建数组的命令格式是：

DIMENSION 数组名(下标上限1[，下标上限2])

本题中创建的是一个二维数组，可以用一维数组的形式访问二维数组。例如M(1,2)=20和M(2)是同一变量。

【答案】 C)

(9) **【解析】** LIKE(<字符表达式1>，<字符表达式2>)函数的功能是比较两个字符串对应位置上的字符，若所有对应字符都匹配，返回逻辑真(.T.)，<字符表达式1>中可以包含通配符*和?。星号"*"可与任何数目的字符相匹配，问号"?"可以与任何单个字符相匹配。

【答案】 B)

(10) **【解析】** 各语句作用如下所示：

```
SET DATE TO YMD            && 年月日格式为yy/mm/dd
SET CENTURY ON             && 设置四位数字年份
SET CENTURY TO 19 ROLLOVER 10
&& 年份参照值为10，如果数据的2位数字年份大于等于此值则所处的世纪为19世纪
SET MARK TO "."            && 设置日期分割符为西文句号
? CTOD("49-05-01")         && CTOD()函数将字符型数据转化为日期型数据
```

【答案】 B)

(11) **【解析】** 每一个变量都有一个名字，可以通过变量名访问变量。如果当前表中存在一个同名的字段变量，则在访问内存变量时，必须在变量名前加上前缀M.(或M->)，否则系统将访问同名的字段变量。

【答案】 A)

二、填空题

(1) **【解析】** LOCATE命令按顺序搜索表，从而找到满足指定逻辑表达式的第一个记录。若LOCATE发现一个满足条件的记录，可使用RECNO()返回该记录号。若发现满足条件的记录，则用FOUND()返回"真"(.T.)，用EOF()返回"假"(.F.)。若找不到满足条件的记录，则用RECNO()返回，表中的记录数加1，FOUND()返回"假"(.F.)，EOF()返回"真"(.T.)。

【答案】 .T.

(2) **【解析】** 该程序段的作用是从字符串"WORK"的最后一个字符开始，依次从后向前读取并连接第一个字符。

【答案】 KROW

全真试题参考答案

一、选择题

(1) B)	(2) A)	(3) D)	(4) C)	(5) C)
(6) D)	(7) B)	(8) D)	(9) B)	(10) B)
(11) A)	(12) C)	(13) D)	(14) B)	(15) C)
(16) B)	(17) A)	(18) D)	(19) D)	(20) B)
(21) A)	(22) C)	(23) B)	(24) C)	(25) D)
(26) C)	(27) D)	(28) B)	(29) C)	(30) A)
(31) B)	(32) A)	(33) D)	(34) D)	(35) D)
(36) C)	(37) A)	(38) B)	(39) B)	(40) D)
(41) B)	(42) A)	(43) A)	(44) D)	(45) B)
(46) D)	(47) A)	(48) C)	(49) A)	

二、填空题

(1) 单引号 双引号 方括号

(2) 通过等号赋值　STORE

(3) 字段变量　内容变量

(4) 常量　变量　函数　单一的运算对象

(5) 数值型　日期型

(6) .F.　.T.

(7) 25.00

(8) $　==　逻辑型

(9) 函数　算术运算　关系运算　逻辑运算

(10) SUBSTR(X,6,7) + SUBSTR(X,1,5)或 RIGHT(X,7) + LEFT(X,5)

(11) A + B25

(12) 货币型　对象型　通用型　NULL 值　日期时间型　未定义型

(13) 能够完成一定任务的命令的有序集合　程序文件　命令文件

(14) INPUT　OTHERWISE

(15) 8　3

(16) 6　4　2

(17) 55

(18) PUBLIC　LOCAL　私有

第 7 章 Visual FoxPro 数据库及其操作

考查知识点		考核几率	分值
考点 1	数据库和表的基本概念	40%	2~4 分
考点 2	数据库的基本操作	60%	2~4 分
考点 3	建立数据库表	80%	2~4 分
考点 4	表的基本操作	30%	2 分
考点 5	索引	90%	2~4 分
考点 6	数据完整性	100%	2~4 分
考点 7	多个表的同时使用	10%	2

考点 1 数据库和表的基本概念

1. 数据库的基本概念

在 Visual FoxPro 中,数据库是一个逻辑上的概念和手段,通过一组系统文件将相互联系的数据库表及其相关的数据库对象进行统一组织和管理。

在建立 Visual FoxPro 数据库时,数据库是以扩展名为. dbc 的文件存在磁盘上的,与之相关的还会建立一个扩展名为. dct 的数据库备注文件和一个扩展名为. dcx 的数据库索引文件,即数据库建立后,用户可以在磁盘上看到文件名相同,但扩展名分别为. dbc、. dct 和. dcx 的 3 个文件,这 3 个文件是供 Visual FoxPro 数据库管理系统管理数据库使用的,用户一般不能直接使用这些文件。

Visual FoxPro 中的数据库不能存储数据,但它可以管理数据与数据之间的联系。

2. 数据库表的基本概念

在 Visual Foxpro 中把. dbf 文件称为数据库表(简称表)。

自由表不属于任何数据库,没有打开数据库所创建的表是自由表。可以将自由表添加到数据库中,使之成为数据库表;也可以将数据库表从数据库中移出,使之成为自由表。

数据库表和自由表的区别:

数据库表可以使用长表名,在表中可以使用长字段名,可以为数据库表中的字段指定标题和添加注释,可以为数据库表的字段指定默认值和输入掩码,数据库表的字段有默认的控件类,可以为数据库表规定字段级规则和记录级规则,数据库表支持主关键字、参照完整性和表之间的联系,以及 INSERT、UPDATE 和 DELETE 事件的触发器。

提示 将数据库表从数据库中移出时有两种操作:一种是删除,即将数据库表从数据库中移出的同时删除该数据库表;另一种是移去,即将数据库表从数据库中移出后使之成为自由表,在磁盘上保留该数据表文件。

经典题解

【真题1】下列有关数据库表和自由表的叙述中，错误的是（　　）。【2007年9月】

A）数据库表和自由表都可以用表设计器来建立　　B）数据库表和自由表都支持表间联系和参照完整性

C）自由表可以添加到数据库中成为数据库表　　D）数据库表可以从数据库中移出成为自由表

解析：在 Visual FoxPro 中的表包括数据库表和自由表，两者都可以通过表设计器来建立，并可以相互转化，但只有数据库表支持表间联系和参照完整性。

答案：B）

【真题2】在 Visual FoxPro 中以下叙述正确的是（　　）。【2006年9月】

A）关系也被称做表单　　B）数据库文件不存储用户数据

C）表文件的扩展名是.dbc　　D）多个表存储在一个物理文件中

解析：关系也称做表，而不是表单；表文件的扩展名是.dbf，数据库的扩展名是.dbc；数据库文件中不存储用户数据，而是对其中的数据库表进行组织和管理；无论是数据库表还是自由表都是独立存储的而不是多个表存储在一个物理文件中。

答案：B）

考点2　数据库的基本操作

考点速记

1. 建立数据库

在 Visual FoxPro 中建立数据库有以下3种方法。

（1）命令方式

格式：

```
CREATE DATABASE[ <数据库名> |?]
```

说明：

如果不指定数据库名或输入“?”，系统都会弹出“创建”对话框，请用户输入数据库名。

（2）菜单方式

步骤1：执行“文件”→“新建”菜单命令打开“新建”对话框，如图7.1所示。

步骤2：在弹出的“新建”对话框中选择“数据库”单选按钮，然后单击“新建文件”按钮，系统弹出“创建”对话框，如图7.2所示。

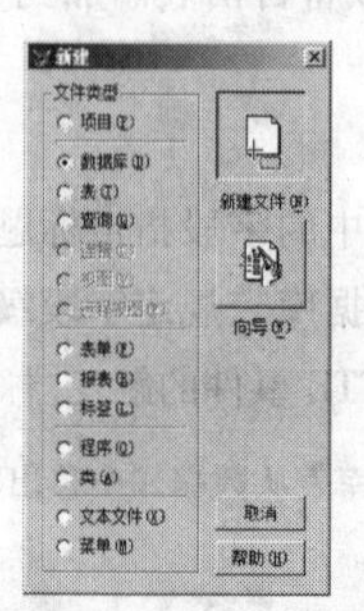

图7.1　利用“新建”对话框建立数据库

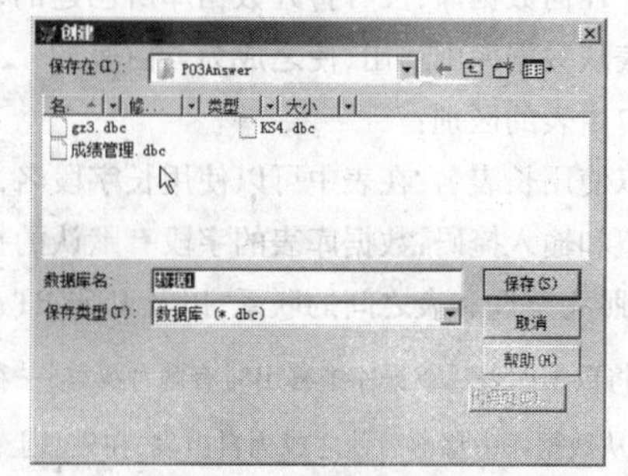

图7.2　“创建”对话框

步骤3：在弹出的“创建”对话框中输入新建数据库名，例如“学生管理”，然后单击“保存”按钮，即可完成数据库的建立。

(3) ***利用项目管理器建立数据库***

步骤 1:在项目管理器中选中"数据库"后,单击"新建"命令按钮。

步骤 2:在弹出的"新建数据库"对话框中单击"新建数据库"按钮。

2. 打开数据库

(1) ***命令方式***

格式:

```
OPEN DATABASE[FileName|?]
```

说明:

FileName 用于指定要打开的数据库名,如果不指定数据库名或使用问号"?",则显示打开对话框。

(2) ***菜单方式***

执行"文件"→"打开"菜单命令,在"打开"对话框中将文件类型选择为"数据库(.dbc)",并选择所要打开的数据库文件名,单击"确定"按钮。

(3) ***通过项目管理器打开数据库***

打开已建立的项目文件,出现项目管理器窗口,单击"数据"标签,选择要打开的数据库名,然后单击"修改"按钮。

3. 修改数据库

在 Visual FoxPro 中修改数据库是在数据库设计器中进行的。数据库设计器显示数据库包含的全部表、视图和联系,用户可以在数据库设计器中完成各种数据库对象的建立、修改和删除等操作。

打开数据库设计器有以下 3 种方法:

- 在项目管理器中的"数据"选项卡中,选择要修改的数据库,单击"修改"按钮。
- 通过"文件"→"打开"命令打开数据库设计器,如图 7.3 所示。

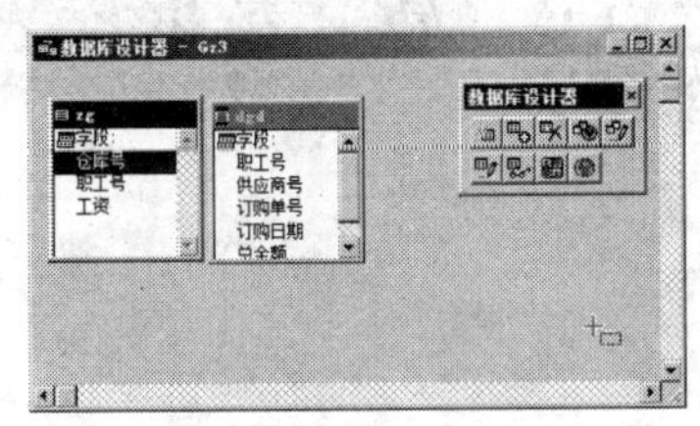

图 7.3 数据库设计器

步骤 1:执行"文件"→"打开"菜单命令打开"打开"对话框。

步骤 2:在"打开"对话框的"文件类型"下拉框中选择"数据库",然后双击要打开的数据库文件,打开数据库设计器。

- 使用命令打开数据库设计器。

格式:

```
MODIFY DATABASE[DatabaseName|?]
```

说明:

DatabaseName 表示要修改的数据库名,如果使用问号"?"省略该参数则打开"打开"对话框。

提示 当利用 MODIFY DATABASE 打开指定的数据库进行修改时,如果该数据库文件不存在,则会自动建立一个同名的数据库并打开数据库设计器,相当于 CREATE DATABASE 命令的功能。

4. 关闭数据库

(1) ***命令方式***

格式:

```
CLOSE[ALL|DATABASE]
```

(2) ***使用项目管理器关闭数据库***

在项目管理器窗口中的"数据"选项卡中,选择"数据库"下面需要关闭的数据库名,然后单击"关闭"按钮。

5. 删除数据库

删除数据库一般有以下两种方式。

（1）命令方式

格式：

```
DELETE DATABASE DatabaseName|?
```

说明：

DatabaseName 表示要删除的数据库名，此时要删除的数据库必须处于关闭状态；如果使用问号“?”，则打开“删除”对话框请用户选择要删除的数据库文件。

（2）使用项目管理器

在项目管理器中的“数据”选项卡中，选择要删除的“数据库”，然后单击“移去”按钮。出现“选择”对话框，若选择“移去”仅将数据库从项目中移去，若选择“删除”将从磁盘上删除数据库。被删除的数据库中的表成为自由表。

【真题】打开数据库 abc 的正确命令是(　　)。【2005 年 4 月】

A）OPEN DATABASE abc　　B）USE abc

C）USE DATABASE abc　　D）OPEN abc

解析：在 Visual FoxPro 中，打开数据库的命令是 OPEN DATABASE <数据库名>，打开数据表的命令是 USE <数据表名>。本题选项 B）打开的是一个名为 abc 的数据表，选项 C）、D）都存在语法错误。

答案：A）

考点3　建立数据库表

1. 数据库中建立表

（1）命令方式

格式：

```
CREATE <TableName>
```

说明：

在建立数据库表时，要先打开数据库文件，然后再使用 CREATE 命令建立表。

（2）在数据库设计器中建立表

步骤 1：在数据库设计界面单击鼠标右键，在弹出的快捷菜单中选择“新建表”命令，系统弹出“新建表”对话框。

步骤 2：在“新建表”对话框中单击“新建表”，出现“创建表”的对话框。

步骤 3：在“输入表名”文本框中输入数据库表的名字，例如“学生”。

步骤 4：单击“保存”按钮，出现表设计器窗口。

步骤 5：在表设计器中依次输入或选择字段名、类型、宽度、小数位数、索引等。最后单击“确定”按钮即可完成表的创建。

2. 字段的基本内容和概念

（1）字段名

自由表字段名最长为 10 个字符；数据库表字段名最长为 128 个字符；字段名必须由以字母或汉字开头，由字母、汉字、数字和下画线组成，字段名中不能包含空格。

（2）字段类型和宽度

可以选择的数据类型见表 7.1。

表 7.1　数据类型及说明表

类　型　名	说　　明
字符型	可以是字母、数字等各种字符型文本
货币型	货币单位，如货物的价格
数值型	整数或小数
浮点型	功能上类似于“数值型”，其长度在表中最长可达 20 位
日期型	由年、月、日构成的数据类型
日期时间型	由年、月、日、时、分、秒构成的数据类型
双精度型	双精度数值类型，一般用于要求精度很高的数据
整型	不带小数点的数值类型
逻辑型	值为“真”或“假”
备注型	不定长的字符型文本，如用于存放个人简历等，它在表中占用 4 个字节，所保存的数据信息存储在以.dbt 为扩展名的文件中
通用型	用于标记电子表格、文档、图片等 OLE 对象
字符型	同“字符型”，但是当代码页更改时字符值不变，如某种二进制代码字符或其他语言代码等
备注型（二进制）	同“备注型”，但是当代码页更改时备注不变

（3）空值

有的字段有“NULL”选项，它表示是否允许字段为空值。空值也是关系数据库中的一个重要概念，在数据库中可能会遇到还没有存储数据的字段，这时的空值与空字符串、数值 0 等具有不同的含义，空值就是缺值或还没有确定值，不能把它理解为任何意义的数据。

（4）字段有效性规则

在字段有效性组框中可以定义字段的有效性规则、违反规则时的提示信息和字段的默认值。

比如对数值型字段，通过指定不同的宽度说明不同范围的数值数据类型，从而可以限定字段的取值类型和取值范围。字段有效性规则也称作域约束规则。

3. 修改表结构

修改表结构有 3 种方式：

- 在数据库设计器中，直接用鼠标右键单击要修改的表，然后在弹出的快捷菜单中选择“修改” 命令，则打开相应的表设计器，在表设计器中进行修改操作，如图 7.4 所示。

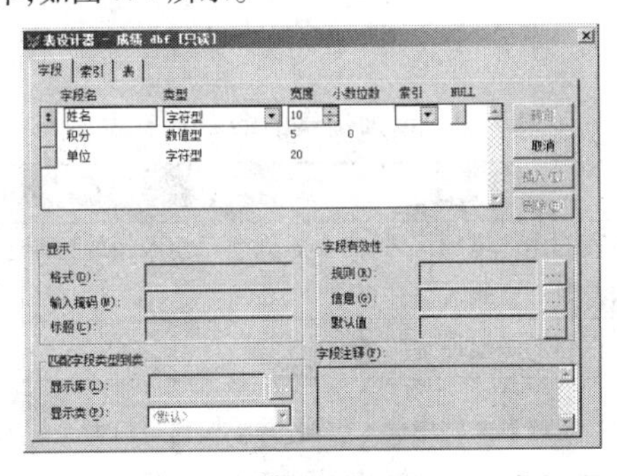

图 7.4　修改表结构命令

- 在项目管理器中选中需要修改的表文件，再选择菜单中“项目”→“修改”命令或单击项目管理器中的“修改”按钮。
- 通过命令的方式。

格式：

```
USE <TableName>
MODIFY STRUCTURE
```

说明：

MODIFY STRUCTURE 命令没有参数，它用来修改当前表的结构。

【真题 1】在 Visual FoxPro 中修改表结构的非 SQL 命令是________。【2007 年 9 月】

解析：在 Visual FoxPro 中可以通过 SQL 命令与非 SQL 命令来实现对表结构的修改，其中 SQL 命令用 ALTER，非 SQL 命令用 MODIFY STRUCTURE。

答案：MODIFY STRUCTURE

【真题 2】在 Visual FoxPro 中，对于字段值为空值(NULL)叙述正确的是(　　)。【2007 年 4 月】

A）空值等同于空字符串　　B）空值表示字段还没有确定值

C）不支持字段值为空值　　D）空值等同于数值 0

解析：在 Visual FoxPro 中，字段值为空值(NULL)表示字段还没有确定值，例如一个商品的价格的值为空值，表示这件商品的价格还没有确定，但不等同于数值为 0。

答案：B）

考点 4　表的基本操作

1. 使用浏览器操作表

打开浏览器的方法有很多种，常用的方法如下。

- 在项目管理器中将数据库展开至表，并且选择要操作的表，然后单击“浏览”按钮。
- 在数据库设计器中选择要操作的表，然后从“数据库”菜单中选择“浏览”命令，或者用鼠标右键单击要操作的表，然后从快捷菜单中选择“浏览”命令。
- 命令方式：首先用 USE 命令打开要操作的表，然后输入 BROWSE 命令。

2. 增加记录的命令

增加记录的命令及其说明见表 7.2。

表 7.2　增加记录的命令及其说明

命　令	说　明
APPEND	在表的尾部增加记录，需要立刻交互输入新的记录值，一次可以连续输入多条新的记录。然后关闭窗口结束输入新记录
APPEND BLANK	是在表的尾部增加一条空白记录
APPEND FROM <文件名|?>[FIELDS <字段名表>][FOR <逻辑表达式>]	从指定的表文件中读入数据，并添加到当前表文件末尾
INSERT[BEFORE][BLANK]	在表的任意位置插入新的记录，如果不指定 BEFORE，则在当前记录之后插入一条新记录，否则在当前记录之前插入一条新记录。如果指定 BLANK，则在当前记录之后(或之前)插入一条空白记录

3. 删除记录的命令

删除记录有逻辑删除和物理删除两种，所谓逻辑删除只是在记录旁作删除标记，必要时还可以去掉删除标记恢复记录，而物理删除才是真正从表中删除记录。物理删除是在逻辑删除的基础上进行的，即物理删除是将那些有删除标记的记录真正删除。

删除记录的命令及其说明见表 7.3。

表7.3 删除记录的命令及其说明

命令	说明
DELETE[FOR 表达式1]	在当前记录上置删除标记,如果FOR短语指定逻辑条件,则只逻辑删除当前一条记录;如果用FOR短语指定了逻辑表达式条件,则逻辑删除使该逻辑表达式为真的所有记录
RECALL[FOR 表达式1]	恢复被逻辑删除的记录,如果不用FOR短语指定逻辑条件,则只恢复当前一条记录,如果当前记录没有删除标记,则该命令什么都不做。如果用FOR短语指定了逻辑表达式,则恢复使该逻辑表达式为真的所有记录
PACK	物理删除有删除标记的记录,执行该命令后所有有删除标记的记录将从表中被物理删除,并且不可能再恢复
ZAP	物理删除表中的全部记录,不管是否有删除标记

提示 ZAP命令只是删除全部记录,并没有删除表,执行完该命令后表结构依然存在。

4. 修改记录的命令

修改记录的命令及说明见表7.4。

表7.4 修改记录的命令及其说明

命令	说明
EDIT 或 CHANGE	用于交互式地对当前表记录进行编辑、修改,默认编辑当前记录
REPLACE 字段名1WITH 表达式1[,字段名2WITH 表达式2]…[FOR 条件表达式1]	直接用指定表达式或值修改记录,一次可以修改多个字段的值,如果不使用FOR短语,则默认修改的是当前记录;如果使用了FOR短语,则修改条件表达式1为真的所有记录。可以在REPLACE后面使用ALL来修改所有记录

5. 显示记录的命令

显示记录的命令有DISPLAY和LIST,它们的命令格式及区别见表7.5。

表7.5 显示记录的命令格式及其说明

命令	说明
DISPLAY[[FIELDS]字段名列表][FOR 条件表达式][OFF][TO. PRINTER[PROMPT]|TO FILE 文件名]	默认在Visual FoxPro窗口中显示表的当前记录
LIST[[FIELDS]字段名列表][FOR 条件表达式1][OFF][TO PRINTER[PROMPT]|TO FILE 文件名]	默认在Visual FoxPro窗口中显示表的全部记录

6. 查询命令定位

查询定位记录有GOTO、SKIP和LOCATE三条命令,其格式及说明见表7.6。

表7.6 查询定位命令格式及其说明

命令	格式	说明
直接定位	GO/GOTO <数值表达式> TOP | BOTTOM	将记录指针绝对定位到<数值表达式>指定的记录上(GOTO和GO命令是等价的)。TOP是表头,当不使用索引时是记录号为1的记录,使用索引时是索引项排在最前面的索引对应的记录。BOTTOM是表尾,当不使用索引时是记录号最大的那条记录,使用索引时是索引项排在最后面的索引项对应的记录
相对定位	SKIP[数值表达式]	记录指针从当前位置向前或向后移动若干个记录。其中[数值表达式]可以是正或负的整数,默认是1。如果是正数则向后移动,如果是负数则向前移动。SKIP是按逻辑顺序定位,即如果使用索引时,是按索引项的顺序定位的
按条件定位	LOCATE FOR <条件表达式1>	在表指定范围中查找满足条件的记录。LOCATE命令表指定范围中查找满足条件的第一条记录。该命令可以在没有进行排序或索引的无序表中进行任意条件的查询,LOCATE找到第一条满足条件的记录后,可以用CONTINUE继续查找下一个满足条件的记录

经典题解

【例题1】 要逻辑删除当前表中年龄大于20的女生，则下列命令中，正确的是(　　)。

A）DELETE FOR 年龄 >20 AND 性别 = "女"　　B）DELETE FOR 年龄 >20 OR 性别"女"

C）ZAP FOR 年龄 >20 AND 性别"女"　　D）ZAP FOR 年龄 >20 OR 性别"女"

解析： 逻辑删除数据表中的记录可使用命令 DELETE，如指定条件需使用短语 FOR。依题意知，本题所要满足的条件是"年龄大于20且是女生"，故应该使用 AND 连接。ZAP 命令直接物理删除当前表中的所有记录，没有条件短语。

答案： A）

【例题2】 在当前表中查找少数民族学生的记录，应输入命令(　　)。

A）LOCATE FOR 民族！ = "汉"
LOOP

B）LOCATE FOR 民族！ = "汉"
SKIP

C）LOCATE FOR 民族！ = "汉"
CONTINUE

D）LOCATE FOR 民族！ = "汉"
NEXT

解析： 利用 LOCATE FOR 命令可以按指定的条件查询记录，该命令执行后将记录指针定位到满足条件的第一条记录上，如果使指针继续指向下一条满足条件的记录，应使用 CONTINUE 命令。

答案： C）

【例题3】 在没有打开索引的情况下，以下各组中的两条命令，执行结果相同的是(　　)。

A）LOCATE FOR RECNO( ) =6 与 SKIP 6　　B）SKIP RECNO( ) +6 与 GO RECNO( ) +6

C）GO RECNO( ) +6 与 SKIP 6　　D）GO RECNO( ) +6 与 LIST NEXT 6

解析： 假设当前记录号为2，即 RECNO( )的值为2，则答案中的各条语句所定位的记录号分别为：

LOCATE FOR RECNO( ) =6	6
SKIP PECNO( ) +6⇔SKIP 8	10
GO RECNO( ) +6⇔GO 8	8
SKIP 6	8
LIST NEXT 6	7

答案： C）

【真题1】 当前打开的图书表中有字符型字段"图书号"，要求将图书号以字母 A 开头的图书记录全部打上删除标记，通常可以使用命令(　　)。　　【2005年9月】

A）DELETE FOR 图书号 = "A"　　B）DELETE WHILE 图书号 = "A"

C）DELETE FOR 图书号 = "A *"　　D）DELETE FOR 图书号 LIKE "A%"

解析： 删除记录的命令是 DELETE FOR 表达式，Visual FoxPro 中有通配符% 和 *，% 可与任何数目的字符相匹配，* 可以与任何单个字符相匹配。

答案： C）

【真题2】 在 Visual FoxPro 中，使用 LOCATE FOR <expL> 命令按条件查找记录，当查找到满足条件的第一条记录后，如果还需要查找下一条满足条件的记录，应使用(　　)。　　【2005年4月】

A）再次使用 LOCATE FOR <expL> 命令　　B）SKIP 命令

C）CONTINUE 命令　　D）GO 命令

解析： LOCATE 是按条件定位记录位置的命令，常用命令格式是：

LOCATE FOR lExpressionl

其中 lExpressionl 是查询或定位的表达式。该命令执行后将记录指针定位在满足条件的第一条记录上，如果没有满足条件的记录则指针指向文件结束位置。如果要使指针指向下一条满足 LOCATE 条件的记录，使用 CONTINUE 命令，如果没有记录再满足条件，则指针指向文件结束位置。

答案： C）

考点5　索　　引

考点速记

1. 索引的基本概念

索引文件可以看成索引关键字的值与记录号之间的对照表,关键字可以是一个字段,也可以是几个字段的组合。索引文件是由指针构成的,这些指针逻辑上按照索引关键字值进行排序。实际上,创建索引是创建一个由指向.dbf 文件记录的指针构成的文件。索引文件和表的.dbf 文件分别存储,并且不改变表中记录的物理顺序。

可以在表设计器中定义索引,在 Visual FoxPro 中的索引分为主索引、候选索引、唯一索引和普通索引4种。这4种索引的功能特点见表7.7。

表7.7　4种索引的说明

索引类型	说　　明	字段值是否唯一	一个表中索引的个数
主索引	在指定字段或表达式中不允许出现重复值的索引,可以起到主关键字的作用	是	1个
候选索引	和主索引有着相同的性质,建立候选索引的字段可以看做是候选关键字	是	多个
唯一索引	它的"唯一性"是指索引项的唯一,而不是字段值的唯一	否	多个
普通索引	不仅允许字段中出现重复值,而且索引项中也允许出现重复值	否	多个

2. 索引的建立

(1) *在表设计器中建立索引*

在表设计器的"字段"选项卡中定义字段时就可以直接指定某些字段是否是索引项,用鼠标单击定义索引的下拉列表框可以看到有3个选项:无、升序和降序(默认是无)。如果选定了升序或降序,则在对应的字段上建立了一个普通索引。如果要将索引定义为其他类型的索引,则需将界面切换到"索引"选项卡,可以根据需要选择主索引、候选索引、唯一索引或普通索引。

在一个表上可以建立多个普通索引、多个唯一索引、多个候选索引,但只能建立一个主索引。通常,主索引用于主关键字字段,候选索引用于那些不作为主关键字但字段值又必须唯一的字段,普通索引用于提高查询速度,唯一索引用于一些特殊的程序设计。

索引可以提高查询速度,但是维护索引是要付出代价的,当对表进行插入、删除和修改等操作时,系统会自动维护索引,即索引会降低插入、删除和修改等操作的速度。

(2) *用命令建立索引*

格式:

```
INDEX ON eExpression TO IDXFileName
|TAG TagName [OF CDXFileName]
[UNIQUE|CANDIDATE]
```

常用命令短语的功能说明见表7.8。

表7.8　常用命令短语功能说明

命 令 短 语	说　　明
eExpression	可以是字段名,或包含字段名的表达式
TO IDXFileName	用来建立单索引文件
TAG TagName	用来建立结构复合索引文件

续表

命令短语	说　明
OF CDXFileName	用来建立非结构复合索引文件
UNIQUE	说明建立唯一索引
CANDIDATE	说明建立候选索引

提示　该命令不能建立主索引，当使用该命令建立索引时，如果没有指定索引类型，则默认为普通索引。

3. 索引的使用

使用索引的几种操作的格式及说明见表7.9。

表7.9　索引操作的格式及说明表

<table>
<tr><th>操　作</th><th>命令格式</th><th>说　明</th></tr>
<tr><td>打开索引文件</td><td>SET INDEX TO 索引文件名表</td><td>与表名相同的结构索引在打开表时都能够自动打开，但是对于非结构索引必须在使用之前打开索引文件</td></tr>
<tr><td>设置当前索引</td><td>SET ORDER TO［索引序号|［TAG］标识名］［ASCENDING|DESCENDING］</td><td>用来打开指定的索引标识为当前索引，其中的索引序号是指建议索引的先后顺序号，特别不容易记清，建议使用索引名。不管索引是按升序或降序建立的，在使用时都可以用ASCENDING或DESCENDING重新指定升序或降序</td></tr>
<tr><td>使用索引快速定位</td><td>SEEK 表达式［ORDER 索引序号|［TAG］标识名］［ASCENDING|DESCENDING］</td><td>快速定位到表达式指定的记录的位置，其中表达式的值是索引项或索引关键字的值。SEEK 命令中的表达式的类型必须与索引表达式的类型相同。可以查找字符、数值、日期和逻辑型字段的值。当表达式为字符串时，必须用定界符括起来。日期常量也必须用大括号括起来。由于索引文件中关键字表达式值相同的记录总是排在一起的，可用SKIP、DISP命令来逐个查询</td></tr>
<tr><td>删除复合索引文件</td><td>DELETE TAG <标识名1>［OF <复合索引文件名1>］［，<标识名2>［OF <复合索引文件名2>］］</td><td>从指定的复合文件中删除标识，若默认 OF <复合索引文件名>则为结构复合索引文件</td></tr>
<tr><td>删除单索引文件</td><td>DELETE FILE <单索引文件名></td><td>删除指定的单索引文件。关闭的索引文件才能被删除，文件名必须带扩展名</td></tr>
</table>

经典题解

【例题1】要求为当前表建立一个唯一索引，索引表达式为姓名，索引名为xm，则下列各语句中，正确的是（　　）。

A）INDEX ON 姓名 TAG xm UNIQUE　　　B）INDEX TO 姓名 TAG xm UNIQUE

C）INDEX ON 姓名 TAG xm CANDIDATE　　D）INDEX TO 姓名 TAG xm CANDIDATE

解析：利用INDEX命令可以为数据表建立候选索引、唯一索引和普通索引，其基本格式为：INDEX ON eExpression TO IDXFileName［OF CDXFileName］。其中eExpression给出索引表达式，IDXFileName或TagName指定索引名。如果加UNIQUE短语，则指明建立唯一索引，CANDIDATE短语指明建立候选索引，如不加此短语则为一个普通索引。

答案：A）

【例题2】在 Visual FoxPro 的4种索引类型中，可通过 INDEX 命令创建________、________和________，但不可以创建________。

解析：在 Visual FoxPro 中创建索引的命令为 INDEX，可通过短路 UNIQUE 或 CANDIDATE 来指定是建立唯一索引或候选索引,如不加短语则表示建立普通索引,主索引一般只能在表设计器中建立。

答案: 候选索引　唯一索引　普通索引　主索引

【真题 1】 有一个学生表文件,且通过表设计器已经为该表建立了若干普通索引。其中一个索引的索引表达式为姓名字段,索引名为 XM。现假设学生表已经打开,且处于当前工作区中,那么可以将上述索引设置为当前索引的命令是(　　)。【2005 年 9 月】

A) SET INDEX TO 姓名　　B) SET INDEX TO XM

C) SET ORDER TO 姓名　　D) SET ORDER TO XM

解析: 设置为当前索引的命令是 SET ORDER TO 索引名,注意此题中索引名为 XM。

答案: D)

【真题 2】 在 Visual FoxPro 的数据库表中,不允许有重复记录是通过指定________来实现的。【2005 年 9 月】

解析: 在 Visual FoxPro 中利用主关键字或候选关键字来保证表中的记录唯一,即保证实体完整性。

答案: 主关键字(候选关键字)

考点 6　数据完整性

考点速记

1. 实体完整性与主关键字

实体完整性是保证表中记录唯一的特性,即在一个表中不允许有重复的记录。在 Visual FoxPro 中利用主关键字或候选关键字来保证表中的记录唯一,即保证实体唯一性。如果一个字段的值或几个字段的值能够唯一标识表中的一条记录,则这样的字段称为候选关键字。

在 Visual FoxPro 中将主关键字称做主索引,将候选关键字称做候选索引。

2. 域完整性与约束规则

数据类型的定义属于域完整性的范畴。比如对数值型字段,通过指定不同的宽度说明不同范围的数值数据类型,从而可以限定字段的取值类型和取值范围。但这些对域完整性还远远不够,还可以用一些域约束规则来进一步保证域完整性。域约束规则也称做字段有效性规则,在插入或修改字段值时被激活,主要用于数据输入正确性的检验。

Visual FoxPro 提供的字段有效性规则有 3 类:规则、信息和默认值。

提示　"规则"是逻辑表达式,"信息"是字符串表达式,"默认值"的类型则以字段的类型确定。

3. 参照完整性与表之间的关联

参照完整性规则是指当插入、删除或修改一个表中的数据时,通过参照引用相互关联的另一个表中的数据,来检查对表的操作是否正确。

在 Visual FoxPro 中,为了建立参照完整性,必须首先建立表之间的联系。在数据设计器中设计表之间的联系时,要在父表中建立主索引,在子表中建立普通索引,然后通过父表的主索引和子表的普通索引建立两个表之间的关系。

参照完整性规则包括更新规则、删除规则和插入规则。各个规则的各个选项的具体含义见表 7.10。

表 7.10　参照完整性规则说明

规　则	级　联	限　制	忽　略
更新规则	用新的连接字段自动修改子表中的相关所有记录	若子表中有相关记录,则禁止修改父表中的连接字段值	不做参照完整性检查,可随意更新父表中的连接字段值

续表

规　则	级　联	限　制	忽　略
删除规则	自动删除子表中的所有相关记录	若子表中有相关记录，则禁止删除父表中的记录	不做参照完整性检查，即删除父表的记录时与子表无关
插入规则	无	若父表中没有相匹配的连接字段值则禁止插入子记录	不做参照完整性检查，可以随意插入子记录

经典题解

【例题1】如果设定职工工资有效性规则在1 000 ~4 000元之间，当输入的数值不在此范围内时，则给出错误信息，要完成此功能，我们必须定义(　　)。

A）实体完整性　　B）域完整性　　C）参照完整性　　D）以上各项都要定义

解析：定义域的完整性，可以通过指定不同的宽度说明不同范围的数值的数据类型，从而可以限定字段的取值类型和取值范围。域完整性也称做字段有效性规则，可在表设计器的"字段"选项卡中完成定义。

答案：B）

【例题2】下列关于定义参照完整性的说法，正确的是(　　)。

A）只有在数据库设计器中建立两个表的联系，才能建立参照完整性

B）建立参照完整性必须在数据库设计器中进行

C）建立参照完整性之前，首先要清理数据库

D）以上各项均正确

解析：Visual FoxPro在默认状态下，没有建立任何参照完整性约束，只有建立了表之间的联系后才能建立参照完整性约束，建立参照完整性之前首先要清理数据库，其功能相当于PACK DATABASE，整个过程都是在数据库设计器中完成的。

答案：D）

【真题1】在Visual FoxPro中，假定数据库表S(学号，姓名，性别，年龄)和SC(学号，课程号，成绩)之间使用"学号"建立了表之间的永久联系，在参照完整性的更新规则、删除规则和插入规则中选择设置了"限制"。如果表S所有的记录在表SC中都有相关联的记录，则(　　)。【2007年4月】

A）允许修改表S中的学号字段值　　B）允许删除表S中的记录

C）不允许修改表S中的学号字段值　　D）不允许在表S中增加新的记录

解析：数据库表之间的参照完整性规则包括级联、限制和忽略，如果将两个表之间的更新规则、插入规则和删除规则中都设置了"限制"，则不允许修改两表之间的公共字段。

答案：C）

【真题2】设有两个数据库表，父表和子表之间是一对多的联系，为控制子表和父表的关联，可以设置"参照完整性规则"，为此要求这两个表(　　)。【2005年4月】

A）在父表连接字段上建立普通索引，在子表连接字段上建立主索引

B）在父表连接字段上建立主索引，在子表连接字段上建立普通索引

C）在父表连接字段上不需要建立任何索引，在子表连接字段上建立普通索引

D）在父表和子表的连接字段上都要建立主索引

解析：参照完整性与表之间的联系有关，它的大致含义是当插入、删除或修改一个表中的数据时，通过参照引用相互关联的另一个表中的数据，来检查对表的数据操作是否正确。在数据设计器中设计表之间的联系时，要在父表中建立主索引，在子表中建立普通索引，然后，通过父表的主索引和子表的普通索引建立起两个表之间的联系。

答案：B）

考点 7　多个表的同时使用

1. 多个工作区的概念

在同一时刻一次可以打开一个表，当打开另外一个表时上次打开的表自动关闭。如果在同一时刻需要打开多个表，则只需要在不同的工作区中打开不同的表就可以了。系统默认总是在第 1 个工作区中工作，以前没有指定工作区，实际都是在第 1 个工作区打开表和操作表。

指定工作区的命令是：

SELECT　工作区名|别名

最小的工作区号是 1，最大的工作区号是 32767（即同一刻最多允许打开 32767 个工作区）；如果指定为 0，则选择编号最小的可用工作区（即尚未使用的最小工作区）。

如果在某个工作区已经打开了表，若要回到该工作区操作该表，可以使用已经打开的表名或表的别名。

2. 使用不同的工作区的表

除了可以用 SELECT 命令切换工作区使用不同的表外，也允许在一个工作区中使用另外一个工作区中的表。

格式：

IN 工作区名|别名

说明：

和 USE 表名一起使用表示在指定的工作区中打开该表。在一个工作区中还可以直接利用表名或表的别名引用另一个表中的数据，具体方法是在别名后加上点号分隔符“.”或“ - >”操作符，然后再接字段名。

3. 表之间的关联

虽然永久联系在每次使用表时不需要重新建立，但永久联系不能控制不同工作区中记录指针的联动。所以在开发 Visual FoxPro 应用程序时，不仅需用永久联系，有时也需使用能够控制表间记录指针关系的临时联系。这种临时联系称为关联。

格式：

SET RALATION TO eExpression1 INTO nWorkArea|cTableAlias

说明：

eExpression1 指定建立临时联系的索引关键字（一般应该是父表的主索引、子表的普通索引），用工作区（nWorkArea）或表的别名（cTableAlias）说明临时联系是由当前工作区的表到哪个表的。

【真题】 命令 SELECT 0 的功能是（　　）。　　【2007 年 9 月】

A）选择编号最小的未使用工作区　　B）选择 0 号工作区

C）关闭当前工作区中的表　　D）选择当前工作区

解析： 在 Visual FoxPro 中，支持多个工作区，用 SELECT 命令来表示选择哪个工作区作为当前工作区，SELECT 0 表示选择编号最小的尚未使用的工作区。

答案： A）

历年真题汇编

一、选择题

(1) 要为当前表所有性别为“女”的职工增加100元工资，应使用命令(　　)。【2008年4月】

A) REPLACE ALL 工资 WITH 工资 + 100

B) REPLACE 工资 WITH 工资 + 100 FOR 性别 = "女"

C) CHANGE ALL 工资 WITH 工资 + 100

D) CHANGE ALL 工资 WITH 工资 + 100 FOR 性别 = "女"

(2) MODIFY STRUCTURE 命令的功能是(　　)。【2008年4月】

A) 修改记录值　B) 修改表结构　C) 修改数据库结构　D) 修改数据库或表结构

(3) 参照完整性规则的更新规则中“级联”的含义是(　　)。【2008年4月】

A) 更新父表中的连接字段值时，用新的连接字段值自动修改子表中的所有相关记录

B) 若子表中有与父表相关的记录，则禁止修改父表中的连接字段值

C) 父表中的连接字段值可以随意更新，不会影响子表中的记录

D) 父表中的连接字段值在任何情况下都不允许更新

(4) 已知表中有字符型字段职称和性别，要建立一个索引，要求首先按职称排序、职称相同时再按性别排序，正确的命令是(　　)。【2007年9月】

A) INDEX ON 职称 + 性别 TO ttt　B) INDEX ON 性别 + 职称 TO ttt

C) INDEX ON 职称，性别 TO ttt　D) INDEX ON 性别，职称 TO ttt

(5) 有关 ZAP 命令的描述，正确的是(　　)。【2007年9月】

A) ZAP 命令只能删除当前表的当前记录　B) ZAP 命令只能删除当前表中带有删除标记的记录

C) ZAP 命令能删除当前表的全部记录　D) ZAP 命令能删除表的结构和全部记录

(6) 在数据库表上的字段有效性规则是(　　)。【2007年9月】

A) 逻辑表达式　B) 字符表达式　C) 数字表达式　D) 以上三种都有可能

(7) 在 Visual FoxPro 中，对于字段值为空值(NULL)叙述正确的是(　　)。【2007年4月】

A) 空值等同于空字符串　B) 空值表示字段还没有确定值

C) 不支持字段值为空值　D) 空值等同于数值0

(8) 在 Visual FoxPro 中，下面关于索引的正确描述是(　　)。【2007年4月】

A) 当数据库表建立索引以后，表中的记录的物理顺序将被改变

B) 索引的数据将与表的数据存储在一个物理文件中

C) 建立索引是创建一个索引文件，该文件包含有指向表记录的指针

D) 使用索引可以加快对表的更新操作

(9) 在 Visual FoxPro 的数据库表中只能有一个(　　)。【2007年4月】

A) 候选索引　B) 普通索引　C) 主索引　D) 唯一索引

(10) 不允许出现重复字段值的索引是(　　)。【2006年4月】

A) 候选索引和主索引　B) 普通索引和唯一索引　C) 唯一索引和主索引　D) 唯一索引

(11) 打开数据库的命令是(　　)。【2006年4月】

A) USE　B) USE DATABASE　C) OPEN　D) OPEN DATABASE

二、填空题

(1) 在 Visual FoxPro 中，使用 LOCATE ALL 命令按条件对表中的记录进行查找，若查不到记录，函数 EOF( )的返回值应是________。【2008年4月】

(2) 在 Visual FoxPro 中，如果要在子程序中创建一个只在本程序中使用的变量 x1(不影响上级或下级的程序)，应该使用________说明变量。【2008年4月】

(3) 在 Visual FoxPro 中,在当前打开的表中物理删除带有删除标记记录的命令是________。【2008 年 4 月】

(4) 数据库系统中对数据库进行管理的核心软件是________。【2008 年 4 月】

(5) 数据库表上字段有效性规则是一个________表达式。【2007 年 4 月】

(6) 在 Visual FoxPro 中,通过建立数据库表的主索引可以实现数据的________完整性。【2007 年 4 月】

(7) 不带条件的 DELETE 命令(非 SQL 命令)将删除指定表的________记录。【2006 年 9 月】

(8) 在 Visual FoxPro 中所谓自由表就是那些不属于任何________的表。【2006 年 9 月】

全真试题训练

一、选择题

(1) 下列命令中,能打开数据库却不显示相应设计器的是(   )。

A) CREATE DATABASE　　B) OPEN DATABASE
C) MODIFY DATABASE　　D) USE DATABASE

(2) 在命令窗口中关闭所有数据表的命令是(   )。

A) USE　　B) CLOSE DATABASE
C) CLEAR ALL　　D) CLEAR

(3) 下列操作中,不能用 MODIFY STRUCTURE 命令实现的是(   )。

A) 增加和删除数据表中的字段　　B) 修改记录的字段有效性
C) 增加和删除数据表中的记录　　D) 建立和修改表的索引

(4) 要删除成绩表中“总分”字段的数据,应使用命令(   )。

A) MODIFY STRUCTURE　　B) DELETE FOR 总分
C) ZAP 总分　　D) REPLACE 总分 WITH""

(5) 在对表文件的多个记录进行统一修改时,最方便的方法是使用命令(   )。

A) BROWSE　　B) EDIT　　C) CHANGE　　D) REPLACE

(6) 在表浏览器中使用 Ctrl + Y 组合键,相当于(   )。

A) 在表中插入一条新的空白记录　　B) 在表末尾追加一条新的空白记录
C) 进入记录的追加状态　　D) INSERT BLANK

(7) 如果要物理删除当前表中的某些记录,应先后使用两条命令(   )。

A) DELETE、ZAP　　B) PACK、ZAP　　C) DELETE、PACK　　D) ZAP、PACK

(8) 成绩表中有语文、数学和计算机 3 个字段,要将每个学生的 3 科成绩的总分汇总后存放到总分字段中,应使用命令(   )。

A) REPLACE ALL 语文 + 数学 + 计算机 TO 总分　　B) TOTAL 语文 + 数学 + 计算机 TO 总分
C) SUM 语文,数学,计算机 TO 总分　　D) REPLACE ALL 总分 WITH 语文 + 数学 + 计算机

(9) 假设工资表已打开,要把指针定位在第一个工资大于 2000 元的记录上,应使用 (   )。

A) SEEK FOR 工资 >2000　　B) FIND FOR 工资 >2000
C) LOCATE FOR 工资 >2000　　D) LIST FOR 工资 >2000

(10) 打开一个建立了结构复合索引的数据表文件,下列不能肯定将记录指针定位到 1 号记录的命令是(   )。

A) GOTO 1　　B) GO TOP
C) GO 1　　D) LOCATE ALL FOR RECNO( ) =1

(11) 关于 ZAP 命令,下列说法正确的是(   )。

A) 可以逻辑删除表中的所有记录　　B) 可以按指定的条件物理删除表中的记录
C) 只能删除表中所有带删除标记的记录　　D) 将表中记录清空,但仍保留数据表结构

(12) 假设表中有10条记录,当前记录号为3,在无索引的状态下,执行命令 LIST NEXT 4 后,窗口中显示的记录范围是(　　)。

A) 3~4　　B) 3~6　　C) 3~7　　D) 4~7

(13) 在 Visual FoxPro 中,有关索引的命令有多种,下列命令中错误的是(　　)。

A) SET <表文件名> INDEX ON <索引文件名>　　B) USE <表文件名> INDEX <索引文件名>

C) INDEX ON 学号 TO <索引文件名>　　D) SET INDEX TO <索引文件名>

(14) Visual FoxPro 支持的两种类型的索引文件是(　　)。

A) 单索引文件和复合索引文件　　B) 单索引文件和主索引文件

C) 主索引文件和复合索引文件　　D) 专用索引文件和普通索引文件

(15) 在 Visual FoxPro 中,将当前索引文件中的"姓名"设置为当前索引,应使用(　　)。

A) SET ORDER 姓名　　B) SET ORDER TAG 姓名

C) SET ORDER TO TAG 姓名　　D) USE INDEX TO TAG 姓名

(16) 建立唯一索引后,只存储重复出现记录值的(　　)。

A) 最后一个　　B) 第一个　　C) 全部　　D) 字段值不唯一,不能存储

(17) 在数据库环境中创建两个表之间"一对多"的联系,要求(　　)。

A) 在父表中建立主索引,在子表中可建立相关字段的普通索引

B) 在父表中建立主索引,在子表中建立相关字段的候选索引

C) 在父表中建立主索引,在子表中建立相关字段的唯一索引

D) 父子表中可随意建立一种索引

(18) 对学生表建立以出生日期(D,8)和总分(N,6,2)升序的多字段结构复合索引,其正确的索引关键字表达式为(　　)。

A) 出生日期+总分　　B) 出生日期+STR(总分,7,2)

C) DTOC(出生日期)+总分　　D) DTOC(出生日期)+STR(总分,7,2)

(19) 在设置字段级规则时,"字段有效性"对话框的"规则"和"信息"中应分别输入(　　)。

A) 字符串表达式和逻辑表达式　　B) 逻辑表达式和字符串表达式

C) 逻辑表达式和数值表达式　　D) 字符表达式和数值表达式

(20) 在 Visual FoxPro 中设置参照完整性时,要设置成:当更改父表中的主关键字段或候选关键字段时,自动更新相关子表中的对应值,应选择(　　)。

A) 忽略　　B) 限制　　C) 级联　　D) 忽略或级联

(21) 在 Visual FoxPro 的数据工作期窗口中,使用 SET RELATION 命令可以建立两个表之间的关联,这种关联是(　　)。

A) 任意关联　　B) 永久性关联　　C) 临时性关联　　D) 根据情况而定

(22) 建立两个表的关联,要求(　　)。

A) 两个数据表都必须排序　　B) 被关联的数据表必须排序

C) 两个数据表都必须索引　　D) 被关联的数据表必须索引

(23) 命令 SELECT 0 的功能是(　　)。

A) 选择区号最小的空闲工作区　　B) 选择区号最大的空闲工作区

C) 选择当前工作区的下一个工作区　　D) 随机选择一个工作区

(24) 要为当前表所有职工增加100元工资,应该使用命令(非 SQL 语句)(　　)。

A) CHANGE 工资 WITH 工资+100　　B) REPLACE 工资 WITH 工资+100

C) CHANGE ALL 工资 WITH 工资+100　　D) REPLACE ALL 工资 WITH 工资+100

(25) 当前工资表中有108条记录,当前记录号为8,用 SUM 命令计算工资总和时,若默认[范围]短语,则系统将(　　)。

A) 只计算当前记录的工资值　　B) 计算前8条记录的工资和

C) 计算后8条记录的工资和　　D) 计算全部记录的工资和

(26) 在当前表中,查找第2个女同学的记录,应使用的命令是(　　)。

A) LOCATE FOR 性别="女" NEXT 2　　B) LOCATE FOR 性别="女"

C) LOCATE FOR 性别="女" CONTINUE　　D) LOIST FOR 性别="女" NEXT2

(27) 在“订货管理”数据库中建立“仓库”表,可以使用(　　)命令。

A) OPEN DATABASE ON 订货管理
CREATE 仓库

B) OPEN DATABASE 订货管理
CREATE 仓库

C) USE DATABASE 订货管理
CREATE 仓库

D) SET DATABASE ON 订货管理
CREATE 仓库

(28) 当前正在使用“员工编号”表,将记录指针定位在编号为34558的记录上的命令是(　　)。

A) SET '34558' ORDER 编号　　B) PUT '34558' ORDER 编号

C) CREATE '34558' ORDER 编号　　D) SEEK '34558' ORDER 编号

(29) 如果需要给当前表增加一条记录,不能使用的命令是(　　)。

A) APPEND　　B) MODIFY STRUCTURE

C) INSERT　　D) EDIT

(30) 已知当前表中有60条记录,当前记录号为6。如果执行命令SKIP 3后,则当前为第(　　)号记录。

A) 3　　B) 4　　C) 8　　D) 9

(31) 在Visual FoxPro的表结构中,逻辑型、日期型和备注型字段的宽度分别为(　　)。

A) 1、8、10　　B) 1、8、4　　C) 3、8、10　　D) 3、8、任意

(32) 已知“是否通过”字段为逻辑型,要显示所有未通过的记录应使用命令(　　)。

A) LIST FOR 是否通过　　B) LIST FOR NOT 是否通过 <>.T.

C) LIST FOR"是否通过"　　D) LIST FOR NOT 是否通过

(33) 修改库文件结构时,下列可能使库中数据丢失的操作是(　　)。

A) 增加一个字段　　B) 改变一个字段名

C) 改变一个字段的数据类型　　D) 上述三种情况

(34) 当前数据库中,“体育达标”字段为逻辑类型,要显示所有未达标的记录应使用命令(　　)。

A) LIST FOR 体育达标　　B) LIST FOR 体育达标 <>.F.

C) LIST FOR .NOT. 体育达标　　D) LIST FOR .NOT."体育达标"

(35) 在ZGGZ.DBF第2条记录后插入一条空记录的命令是(　　)。

A) USE ZGGZ
GO 2
INSERT BEFORE

B) USE ZGGZ
GO 2
INSERT BLANK

C) USE ZGGZ
SKIP 2
INSERT BEFORE

D) USE ZGGZ
SKIP
INSERT

(36) 设1号工作区上已打开别名为“ZGGZ1”的表文件,当前工作区为2号区,下述命令不能使1号工作区成为主工作区的是(　　)。

A) SELECT 1　　B) SELECT 0　　C) SELECT A　　D) SELECT ZGGZ1

(37) 在执行以下命令时,<表文件名>处可以是当前打开的表文件名的是(　　)。

A) COPY TO <表文件名> STRUCTURE　　B) CREATE <表文件名> FROM <表文件名>

C) SORT TO <表文件名>　　D) USE <表文件>

二、填空题

(1) 在定义表结构时,要定义表中每个字段的________、________和________。如果以后要再次修改数据表结构,可使用________命令打开表结构设计器。

(2) “成绩表”中有“民族”字段,要将其中的所有少数民族的学生“总分”加10分,完成下列语句的空白处:REPLACE ________ WITH ________ FOR ________。

(3) 在Visual FoxPro中支持的两类索引,即________和________。

(4) 将当前表中的文件内容复制到指定的表文件中,应使用________命令,将当前表的结构复制成一个新的数据表文件

时，应使用________命令。

(5) 数据表之间的“一对多”联系是通过主表的________和子表的________实现的。

(6) 在表设计器中包含________、________和________3个选项卡。如果要建立主索引，应该在________选项卡中进行。

(7) 如果要设置字段有效性规则，应该在表设计器的________选项卡中设置，且字段有效性框中的“规则”只能输入________数据。

(8) 在 Visual FoxPro 中，同一时刻最多允许打开________个数据表文件。

(9) 如果要在已建立临时关联的表上再建立一个临时关联，并保持原来的关联不变，应使用________短语。

(10) 删除数据库表 XSH2001 主索引的命令为________。

(11) 在 Visual FoxPro 中删除记录有________和________两种。________只是在记录旁做删除记录，必要时还可以去掉删除标记恢复记录，而________是将那些有删除标记的记录从表中删除。

(12) 在定义字段有效性规则时，在规则框中输入的表达式类型是________。

(13) 利用 LOCATE 命令查找到满足条件的第 1 条记录后，连续执行________命令即可找到满足条件的其他记录。

历年真题参考答案及解析

一、选择题

(1)【解析】CHANGE 命令用于交互式地对当前表中的记录进行编辑和修改。REPLACE 命令直接用指定表达式或值修改记录，命令格式是：REPLACE FieldName1 WITH eExpression1 [，FieldName2 WITH eExpression2]…[FOR lExpression1]。该命令功能是直接利用表达式 eExpression 的值替换字段 FieldName 的值，从而达到修改记录值的目的。

【答案】B)

(2)【解析】MODIFY STRUCTURE 命令没有参数，其功能是修改当前表的结构，并且，只有在用 USE 命令打开表文件以后，才能显示或修改表文件的结构。

【答案】B)

(3)【解析】参照完整性用于保证两个表之间关系的合理性，可以将数据冗余度降至最低。参照完整性规则包括更新规则、删除规则、插入规则。更新规则规定了当更新父表中的连接字段时，“级联”表示用新的连接字段值自动修改子表中的所有相关记录。删除规则规定了当删除父表中的记录时，“级联”表示自动删除子表中的所有记录。

【答案】A)

(4)【解析】命令方式建立索引文件的格式是：

INDEX ON <索引关键字|索引关键字表达式>[TO <单索引文件名>]|TAG <索引标识名>[OF <复合索引文件名>] [FOR <条件>] [COMPACT][ASCENDING|DESCENDING][UNIQUE | CANDIDATE][ADDITIVE]

本题建立的是复合索引，因此使用表达式“职称 + 性别”。

【答案】A)

(5)【解析】使用 ZAP 命令可以物理删除表中的全部记录，不管是否有删除标记。该命令只是删除全部记录，并没有删除表，执行完该命令后表结构依然存在。

【答案】C)

(6)【解析】字段的有效性规则由以下部分组成：规则、信息、默认值。“规则”是逻辑表达式，“信息”是字符串表达式，“默认值”的类型是由字段的类型确定的。

【答案】A)

(7)【解析】在 Visual FoxPro 中字段值为空值(NULL)表示字段还没有确定值，例如一个商品的价格的值为空值，表示这件商品的价格还没有确定但不等同于数值为 0。

【答案】B)

(8)【解析】在 Visual FoxPro 中建立索引可以加快对数据的查询速度,索引文件作为一个独立的文件进行存储,文件中包含指向表记录的指针,建立索引后,表中记录的物理顺序不变。

【答案】C)

(9)【解析】数据库表中只能有一个主索引,可以有多个候选索引和普通索引,唯一索引是指字段的个数唯一,而不是索引的个数。

【答案】C)

(10)【解析】主索引和候选索引的字段值可以保证唯一性,它拒绝重复的字段值。

【答案】A)

(11)【解析】打开数据库的命令是 OPEN DATABASE。

【答案】D)

二、填空题

(1)【解析】LOCATE 是按条件定位记录位置的命令,该命令执行后将记录指针定位在满足条件的第一条记录上,如果没有满足条件的记录则指针指向文件结束位置,因此,函数 EOF( )的返回值为“.T.”。

【答案】.T.

(2)【解析】局部变量只能在建立它的模块中使用,不能在上层或下层模块中使用。当建立它的模块程序运行结束时,局部变量自动释放。局部变量用 LOCAL 命令建立:LOCAL <内存变量表>。该命令建立指定的局部内存变量,并为它们赋初值逻辑假。由于 LOCAL 与 LOCATE 前 4 个字母相同,所以这条命令的命令动词不能缩写。局部变量要先建立后使用。

【答案】LOCAL

(3)【解析】DELETE 用于对记录进行逻辑删除或置删除标记, PACK 命令用于删除带有删除标记的记录。

【答案】PACK

(4)【解析】为数据库的建立、使用、维护而配置的软件称为数据库管理系统 DBMS(DataBase Management System),它是数据库系统的核心。

【答案】数据库管理系统

(5)【解析】字段的有效性规则是为了对输入数据库表中的数据进行限定而设置的,只有符合和不符合规则两种可能性,故为逻辑型。

【答案】逻辑

(6)【解析】数据库中的数据完整性是指保证数据正确的特性,数据完整性包括实体完整性、域完整性和参照完整性,其中实体完整性是保证表中的记录唯一的特性,可以通过建立数据库表的主索引来实现。

【答案】实体

(7)【解析】不带条件的 DELETE 命令(非 SQL 命令)逻辑删除记录指针指向的记录,即当前记录,而作为 SQL 命令不带条件时,则逻辑删除表中的所有记录。

【答案】当前

(8)【解析】自由表就是那些不属于任何数据库的表。在没有打开数据库时,所建立的表都是自由表。数据库表与自由表之间可以相互转化。

【答案】数据库

全真试题参考答案

一、选择题

(1) B)	(2) B)	(3) C)	(4) D)	(5) D)
(6) B)	(7) C)	(8) D)	(9) C)	(10) B)

(11) D)　(12) B)　(13) A)　(14) A)　(15) C)
(16) C)　(17) A)　(18) D)　(19) B)　(20) C)
(21) C)　(22) D)　(23) A)　(24) D)　(25) D)
(26) C)　(27) B)　(28) D)　(29) B)　(30) D)
(31) B)　(32) D)　(33) C)　(34) C)　(35) B)
(36) B)　(37) D)

二、填空题

(1) 名称　类型　宽度　MODIFY STRUCTURE
(2) ALL　总分　总分 + 10　民族! = 汉
(3) 单索引文件　复合索引文件
(4) COPY TO <表文件名>　COPY STRUSTURE TO <表文件名>
(5) 主索引　普通索引
(6) 字段　索引　表　索引
(7) 字段　逻辑型
(8) 32767
(9) ADDITIVE
(10) ALTER TABLE XSH2001 DROP PRIMARY KEY
(11) 逻辑删除　物理删除　逻辑删除　物理删除
(12) 逻辑表达式
(13) CONTINUE(或 CONT)

第 8 章　关系数据库标准语言 SQL

考查知识点		考核几率	分值
考点 1	SQL 概述	10%	2 分
考点 2	SQL 的数据查询功能	100%	10 分
考点 3	SQL 操作功能	100%	4～6 分
考点 4	定义功能	30%	4～6 分

考点 1　SQL 概述

考点速记

1. 基本概念

SQL 是结构化查询语言 Structured Query Language 的缩写，它是关系数据库的标准数据语言，包含数据定义、数据操纵、数据控制和数据查询，数据查询是 SQL 的重要组成部分。

SQL 语言具有如下的主要特点：

- SQL 语言是一种一体化的语言；
- SQL 语言是一种高度非过程化的语言；
- SQL 语言非常简洁；
- SQL 语言可以直接以命令方式交互使用，也可以嵌入到程序设计语言中以程序方式使用。

2. SQL 查询语法

SQL 语言的查询命令也称做 SELECT 命令，它的基本形式由 SELECT…FROM…WHERE 查询块组成，多个查询块可以嵌套执行。SELECT 命令的语法格式如下。

格式：

```
SELECT[ALL|DISTINCT][TOP 数值表达式[PERCENT]]
[表别名]检索项[AS 列名]
[,[Alias.]检索项[AS 列名]…]
FROM[数据库名!]表名[逻辑别名]
WHERE 条件[AND 连接条件…
[AND|OR <条件表达式>[AND|OR <条件表达式>…]]]
[GROUP BY <列名[,<列名>…]]
[HAVING <条件表达式>]
[UNION[ALL|SELECT <语句>
ORDER BY 排序项[AS|DESC][,排序项[ASC|DESE]…]]
```

说明：

- SELECT 后紧跟查询字段列表。

- FROM 说明要查询的数据来源，可以是一个表也可以是多个表。
- WHERE 说明查询条件。
- GROUP BY 短语用于对查询结果进行分组，常用来进行分组汇总。
- HAVING 短语用来限定分组必须满足的条件，HAVING 短语必须跟随 GROUP BY 使用。
- ORDER BY 短语用来排序查询的结果。

针对单个表的查询是简单查询，由 SELECT 和 FROM 短语构成无条件查询或由 SELECT、FROM 和 WHERE 短语构成条件查询。

经典题解

【例题 1】从学生表中查询所有学生的姓名，下列命令中正确的是(　　)。

A) SELECT 学生表 FROM 姓名　　B) SELECT 姓名 FROM 学生表

C) SELECT 学生表 WHERE 姓名　　D) SELECT 姓名 WHERE 学生表

解析：本题考查的是使用 SQL 简单查询数据，简单查询包括由 SELECT 和 FROM 构成的无条件查询，或由 SELECT、FROM 和 WHERE 构成的条件查询。在 SELECT 语句后面一般是接要显示内容的字段名，而不是数据表名称。

答案：B)

【例题 2】假设当前有数据表文件学生表，现要求利用 SQL 语句对表中的所有记录按"年龄"字段进行升序查询，该语句为________。

解析：在 SQL 中，可以对查询结果进行排序，排序短语为 ORDER BY，系统默认为升序(ASC)，如果要降序排列，还需要加 DESC 短语。

答案：SELECT * FROM 学生表 ORDER BY 年龄

【真题】SQL SELECT 语句的功能是________。　　【2006 年 4 月】

解析：SQL 的核心是查询，SQL 的查询命令也称做 SELECT 命令，SQL SELECT 语句的功能是数据查询。

答案：查询(或数据查询)

考点 2　SQL 的数据查询功能

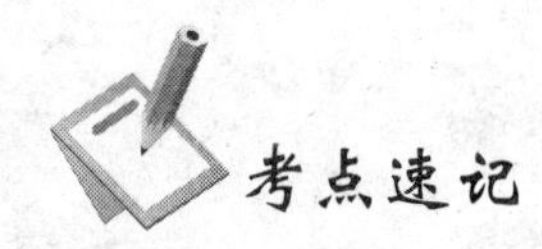

考点速记

1. 简单查询

几种常见的简单查询的格式及说明见表 8.1。

表 8.1　几种简单查询的格式及其说明

查询类型	格　式	说　明
简单查询	SELECT <字段名列表> FORM <数据表>[WHERE <条件表达式>]	由 SELECT 和 FROM 短语构成(无条件查询)或由 SELECT、FROM 和 WHERE 短语构成(条件查询)
简单的连接查询	SELECT <字段名列表> FROM <表 1,表 2> WHERE <连接条件>	是一种基于每个关系的查询。FROM 子句用于指定查询连接的表，WHERE 子句用于指定连接条件
排序查询	ORDER BY <排序字段 1>[ASC | DESC][,排序字段 2[ASC|DESC]...]	ASC 表示按升序排序，DESC 表示按降序排序，可以按一列或多列排序

2. 嵌套查询

在一个 SELECT 命令的 WHERE 子句中，如果还出现另一个 SELECT 命令，则这种查询称为嵌套查询或子查询。VFP 只支持单层嵌套查询。

嵌套查询一般分为两层，内层和外层，被括号括起来的为内层查询，是第 1 次要进行的查询，外层查询是在内层查询的基础之上进行的查询，是第 2 次要进行的查询。在此类查询中，外层查询依赖于内层查询的结果，而内层查询与外层查询无关。有时候也需要内外层互相关联的查询，这时内层查询的条件需要外层查询提供值，而外层查询的条件需要内层查询的结果。

提示　这种简单嵌套查询，可使用 IN 或 NOT IN 来判断在外层的查询条件中是否包含内层查询的结果。这里的 IN 相当于集合运算符 ∈。

3. 简单的计算查询

SQL 不仅具有一般的检索能力，而且还有计算方式的检索。用于计算检索的函数如下。

- COUNT(*)：计算表中记录的总数。
- SUM(数值表达式)：计算数值表达式的和。
- AVG(数值表达式)：计算数值表达式的平均值。
- MAX(表达式)：求数值、日期、字符等表达式中的最大值。
- MIN(表达)式：求数值、日期、字符等表达式中的最小值。

4. 分组与计算查询

格式：

GROUP BY <分组字段>[，分组字段 2...][HAVING 分组限定条件]

说明：

可以按一列或多列分组，还可以使用 HAVING 进一步限定分组的条件。HAVING 子句总是跟在 GROUP BY 子句之后，不可以单独使用。

提示　HAVING 子句和 WHERE 子句不矛盾，在查询中是先用 WHERE 子句限定元组，然后进行分组，最后再用 HAVING 子句限定分组。

5. 几种特殊查询

(1) 几种特殊运算符

特殊的运算符包括：BETWEEN…AND…、LIKE、"%"、"_"、"！="、NOT 等。

- BETWEEN 表达式 1 AND 表达式 2。适用于查询条件在什么范围之内，即在"表达式 1 和表达式 2 之间"，包括表达式 1 和表达式 2 的值。
- "！="和 NOT。"！="表示"不等于"，也可以用 NOT；NOT 也可以和 IN、BETWEEN 连用，使用 NOT IN，NOT BETWEEN…AND…的形式。
- LIKE。符串匹配的运算符适用于字符串的查询，其常用的通配符有"%"和"_"两种。其中，% 表示任意多个字符，_ 表示任意一个字符。

(2) 利用空值查询

使用 NULL 值作为空值查询，其中查询空值要使用 Is NULL 或 Is Not NULL，而" = NULL"是无效表达式。

(3) 使用量词和谓词的查询

ANY、ALL 和 SOME 是量词，其中 ANY 和 SOME 是同义词，在进行比较运算时只要子查询中有一行能使结果为真，则结果变为真；而 ALL 则要求子查询中的所有行都使结果为真时，结果才为真。

EXISTS 是谓词，EXISTS 或 NOT EXISTS 是用来检查在子查询中是否有结果返回(即存在元组或不存在元组)。

格式：

<表达式> <比较运算符>[ANY|ALL|SOME](子查询)
[NOT]EXISTS(子查询)

（4） 别名和自连接查询

SQL 将同一关系与其自身进行连接，这种连接称为自连接。在这种自连接的关系中，存在着一种特殊的递归联系，即关系中的一些元组，根据出自同一值域的两个不同属性，可以与另外一些元组有一种对应关系（一对多的联系）。

SQL 允许在 FROM 短语中为关系名定义别名。

格式：

```
<关系名> <别名>
```

（5） 超连接查询

超连接查询是指首先保证一个表中满足条件的元组都在结果表中，然后将满足连接条件的元组与另一个表的元组进行连接，不满足连接条件的则将来自另一表的属性值置为空值。

格式：

```
SELECT......
FROM 表名 INNER|LEFT|RIGHT|FULL JOIN 表名
ON 连接条件
WHERE......
```

说明：

- INNER JOIN 等价于 JOIN，在 Visual FoxPro 中称为内部连接。
- LEFT JOIN 为左连接。
- RIGHT JOIN 为右连接。
- FULL JOIN 为全连接，即两个表中的记录不管是否满足连接条件都在目标表或查询结果中出现，不满足连接条件的记录对应部分为 NULL。

（6） 集合的并运算

SQL 支持集合的并（UNION）运算，即可以将两个 SELECT 语句的查询结果通过并运算合并成一个查询结果。为了进行并运算，要求两个查询结果具有相同的字段个数，并且对应字段的值要出自同一个值域，即相同的数据类型和取值范围。

6. SQL 查询的几个特殊选项

在 Visual FoxPro 的 SELECT 语句中，可以使用一些特殊的功能选项，见表 8.2。

表 8.2 SQL 查询的几个特殊选项

命令短语	说明
INTO ARRAY ArrayName	把查询结果存放到数组当中，ArrayName 是任意的数组变量名
INTO CURSOR CursorName	把查询结果存放到名为 CursorName 的临时的数据表文件当中。产生的临时文件是一个只读的 DBF 文件，关闭文件时将会被自动删除
INTO DBF|TABLE Table Name	将查询结果存放到永久表中（DBF 文件）
TO FILE FileName[ADDITIVE]	把查询结果存放到文本文件当中，ADDITIVE 表示把查询结果追加到原文件的尾部
TO PRINTER[PROMPT]	把查询结果输出到打印机
TOP nExpr[PERCENT]	只显示满足条件的前几个记录，TOP 短语要和 ORDER BY 短语同时使用才有效

经典题解

【例题 1】如果要查询工资表中，基本工资在 1 000 ~2 000 元之间的职工记录，则下列语句正确的是（　　）。

A）SELECT * FROM 工资表 WHERE 基本工资 NOT BETWEEN 1000 AND 2000

B）SELECT * FROM 工资表 WHERE 基本工资 BETWEEN 1000 ~ 2000

C）SELECT * FROM 工资表 WHERE 基本工资 BETWEEN 1000 AND 2000

D）SELECT 工资表 FROM ＊ WHERE BETWEEN 1000 AND 2000

解析： 在 SQL 的运算符中，BETWEEN 和 AND 一般是连用的，表示"在…之间"，如果使用 NOT，则表示的意思刚好相反 。

答案： C）

【例题 2】 假设有学生表和成绩表两个数据表文件，如果要查找总分在 350 分以上的学生姓名及名次，下列语句中正确的是（　　）。

A）SELECT 姓名，名次 FROM 学生表，成绩表；
　　WHERE（总分 >350）OR（学生表. 学号 = 成绩表. 学号）

B）SELECT 姓名，名次 FROM 学生表，成绩表
　　WHERE（总分 >350）OR（学生表. 学号 = 成绩表. 学号）

C）SELECT 姓名，名次 FROM 学生表，成绩表；
　　WHERE（总分 >350）AND（学生表. 学号 = 成绩表. 学号）

D）SELECT 姓名，名次 FROM 学生表，成绩表
　　WHERE（总分 >350）AND（学生表. 学号 = 成绩表. 学号）

解析： 在 SQL 语句中，如果查找数据所使用的语句太长，可以将语句写成多行，便于检查。但是每行的最后都需要添加一个"；"，表示语句太长需换行，不过最后一条命令不需要加分号。

答案： C）

【真题 1】 在 SQL 中，要查询表 s 在 AGE 字段上取空值的记录，正确的 SQL 语句为（　　）。　　【2008 年 4 月】

SELECT ＊ FROM s WHERE ________

解析： ="NULL"表示和 NULL 值进行比较，使用关键字"IS NULL"判断字段是否为空。

答案： AGE IS NULL

【真题 2】 在 SQL SELECT 语句中为了将查询结果存储到临时表应该使用短语（　　）。　　【2007 年 9 月】

A）TO CURSOR　　B）INTO CURSOR　　C）INTO DBF　　D）TO DBF

解析： SQL SELECT 的查询结果可以存入临时表、永久性表和数组等，用 INTO CURSOR 表示存储到临时表中。

答案： B）

【真题 3】 SQL 的 SELECT 语句中，"HAVING <条件表达式>"用来筛选满足条件的（　　）。　　【2007 年 4 月】

A）列　　B）行　　C）关系　　D）分组

解析： 在 SQL 的 SELECT 语句中 HAVING 短语要结合 GROUP BY 使用，用来进一步限定满足分组条件的元组。

答案： D）

【真题 4】 在 SELECT 语句中，以下有关 HAVING 短语的正确叙述是（　　）。　　【2007 年 4 月】

A）HAVING 短语必须与 GROUP BY 短语同时使用

B）使用 HAVING 短语的同时不能使用 WHERE 短语

C）HAVING 短语可以在任意的一个位置出现

D）HAVING 短语与 WHERE 短语功能相同

解析： 在 SELECT 短语中 HAVING 短语必须与 GROUP BY 短语同时使用，并且出现在 GROUP BY 短语之后。

答案： A）

【真题 5】 在 SQL SELECT 语句的 ORDER BY 短语中如果指定了多个字段，则（　　）。　　【2006 年 9 月】

A）无法进行排序　　B）只按第一个字段排序

C）按从左至右优先依次排序　　D）按字段排序优先级依次排序

解析： SQL 语句的 ORDER BY 子句用于指定排序的字段，如果指定了多个字段，则按从左到右依次排序。

答案： C）

【真题 6】 在 SQL SELECT 语句中为了将查询结果存储到永久表应该使用________短语。　　【2006 年 9 月】

解析： 使用短语 INTO DBF|TABLE TableName 可以将查询结果存放到永久表中。

答案： INTO TALBE（或 INTO TALBE DBF）

【真题 7】 在 Visual FoxPro 中，使用 SQL 的 SELECT 语句将查询结果存储在一个临时表中，应该使用________子句。

【2005 年 9 月】

解析：Into cursor 短语将查询结果存放到临时表中格式如下。

select * from <field> Into cursor cursorname。

答案：Into cursor

考点 3　SQL 操作功能

考点速记

1. 插入数据

SQL 插入数据的命令格式如下。

格式一：

```
INSERT INTO 表名[(字段名1[,字段名2,…])]
VALUES(表达式1[,表达式2,…])
```

格式二：

```
INSERT INTO <表名>FROM ARRAY<数组名>PROM MEMVAR
```

说明：

- INSERT INTO <表名>说明向由表名指定的表中插入记录，当插入的不是完整的记录时，可以用字段名 1、字段名 2 指定字段。
- VALUES(表达式1[,表达式2,…])给出具体的记录值。
- FROM ARRAY <数组名>说明从指定的数组中插入记录值。
- FROM MEMVAR 说明根据同名的内存变量来插入记录值，如果同名的变量不存在，那么相应的字段为默认值或空值。

2. 更新数据

SQL 的数据更新命令格式如下。

格式：

```
UPDATE <表名>
SET <列名1> = <表达式1>
[,列名2> = <表达式2…]
[WHERE <条件表达式1>[AND|OR <条件表达式2>…]
```

说明：

使用 WHERE 子句指定条件，以更新满足条件的一些记录的字段值，并且一次可以更新多个字段；如果不使用 WHERE 子句，则更新全部记录。

3. 删除数据

SQL 从表中删除数据的命令格式如下。

格式：

```
DELETE FROM <表名>
[WHERE 条件表达式1[AND|OR 条件表达式2…]]
```

说明：

FROM 指定从哪个表中删除数据，WHERE 指定被删除的记录所满足的条件；如果不使用 WHERE 子句，则删除该表中的全部记录。

经典题解

【例题 1】语句 DELETE FROM 成绩表 WHERE 总分 <240 的功能是(　　)。

A) 逻辑删除成绩表中总分在 240 分以下的学生记录

B) 物理删除成绩表中总分在 240 分以下的学生记录

C) 逻辑删除成绩表中总分在 240 分以上的学生记录

D) 将总分低于 240 的字段值删除,但保留记录中的其他字段值

解析: 在使用 SQL 的删除命令时,根据 WHERE 短语删除指定满足条件的记录,如果不使用 WHERE 短语,则表示删除表中的所有记录,此处删除记录同样是对表中的记录进行逻辑删除,即打上删除标记,如果要物理删除表中的记录,还需要使用 PACK 命令。

答案: A)

【例题 2】下列关于 INSERT - SQL 的叙述正确的是(　　)。

A) 在表末尾增加一条记录　　B) 在表头增加一条记录

C) 在表中任意位置插入一条记录　　D) 在表中可插入若干条记录

解析: SQL 中的 INSERT 命令每次只能在表末尾插入一条记录,相当于 APPEND BLANK。其中 APPEND BLANK 只能追加一条空记录,而 INSERT 可以将记录值同时追加到表中。

答案: A)

【真题 1】插入一条记录到"选课"表中,学号、课程号和成绩分别是"02080111"、"103"和 80,正确的 SQL 语句是(　　)。【2007 年 9 月】

A) INSERT INTO 选课 VALUES("02080111","103",80)

B) INSERT VALUES("02080111","103",80)TO 选课(学号,课程号,成绩)

C) INSERT VALUES("02080111","103",80)INTO 选课(学号,课程号,成绩)

D) INSERT INTO 选课(学号,课程号,成绩)FROM VALUES("02080111","103",80)

解析: 插入语句的格式为 INSERT INTO 数据表名 [(字段 1[,字段 2,…])]VALUES(表达式 1[,表达式 2,…]) 或者 INSERT INTO 数据表名 FROM ARRAY 数组名。第二种格式说明从指定的数组中插入值。

答案: A)

【真题 2】将学号为"02080110"、课程号为"102"的选课记录的成绩改为 92,正确的 SQL 语句是(　　)。【2007 年 9 月】

A) UPDATE 选课 SET 成绩 WITH 92 WHERE 学号 ="02080110"AND 课程号"102"

B) UPDATE 选课 SET 成绩 =92 WHERE 学号 ="02080110"AND 课程号 ="102"

C) UPDATE FROM 选课 SET 成绩 WITH 92 WHERE 学号 ="02080110"AND 课程号 ="102"

D) UPDATE FROM 选课 SET 成绩 =92 WHERE 学号 ="02080110"AND 课程号 ="102"

解析: UPDATE 命令的格式为 UPDATE 数据表名 SET 列名 1 = 表达式 1[,列名 2 = 表达式 2…] WHERE 筛选条件。

答案: B)

【真题 3】在 Visual FoxPro 中,以下关于删除记录的描述,正确的是(　　)。【2005 年 4 月】

A) SQL 的 DELETE 命令在删除数据库表中的记录之前,不需要用 USE 命令打开表

B) SQL 的 DELETE 命令和传统 Visual FoxPro 的 DELETE 命令在删除数据库表中的记录之前,都需要用 USE 命令打开表

C) SQL 的 DELETE 命令可以物理地删除数据库表中的记录,而传统 Visual FoxPro 的 DELETE 命令只能逻辑删除数据库表中的记录

D) 传统 Visual FoxPro 的 DELETE 命令在删除数据库表中的记录之前不需要用 USE 命令打开表

解析: SQL 的 DELETE 删除命令在删除表中记录时,可在语句中指定数据表名称,不需要事先打开相应的数据表;而利用 Visual FoxPro 的 DELETE 删除命令时,要先用 USE 命令打开数据表;不管是 SQL 的 DELETE 删除命令还是 Visual FoxPro 的 DELETE 删除命令,对表中的记录都只能进行逻辑删除,要做进一步的物理删除应使用 PACK 命令。

答案: A)

【真题 4】使用 SQL 语句向学生表 S(SNO,SN,AGE,SEX) 中添加一条新记录，字段学号(SNO)、姓名(SN)、性别(SEX)、年龄(AGE)的值分别为 0401、王芳、女、18，正确命令是(　　)。【2005 年 4 月】

A) APPEND INTO S(SNO, SN, SEX, AGE) VALUES ('0401','王芳','女',18)

B) APPEND S VALUES ('0401','王芳',18,'女')

C) INSERT INTO S(SNO, SN, SEX, AGE) VALUES ('0401','王芳','女',18)

D) INSERT S VALUES ('0401','王芳',18,'女')

解析： Visual FoxPro 支持两种 SQL 插入命令的格式，一种是标准格式，另一种是特殊格式。其中，标准插入格式为：

```
INSERT INTO dbf_name[ (fname1[ ,fname2,... ]) ]
    VALUES( eExpression1[ ,eExpression2,... ])
```

dbf_name 指定需要插入记录的表名，当插入的不是完整的记录时，可以用 fname1，fname2 来指定字段；VALUES (eExpression1[,eExpression2,...]) 给出具体的记录值，字段值应与字段对应，且类型一致。本题中，选项 A)、B) 都不是 SQL 的插入语句，语法有错，选项 D) 中缺少短语 INTO，且插入的记录值与字段名不对应，也出现语法错误。

答案： C)

考点 4　定 义 功 能

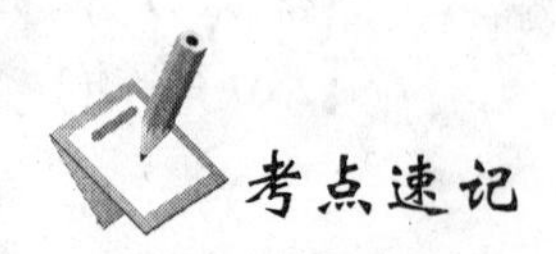

1. 表定义、删除和修改操作

(1) 表的定义

在 Visual FoxPro 中也可以通过 SQL 的 CREATE TABLE 命令建立表，相应的命令格式如下。

格式：

```
CREATE TABLE|DBF <表名>
        (字段名 1 字段类型 1[(字段宽度)],字段名 2 字段类型 2[(字段宽度)],...)
        [CHECK <条件表达式>]
        [DEFAULT, <表达式>]
        [PRIMARY KEY|UNIQUE]
```

说明：

用 CREATE TABLE 命令建立表可以完成表设计器能完成的所有功能，除了建立表的基本功能外，它还包括满足实体完整性的主关键字(主索引) PRIMARY KEY、定义域完整性的 CHECK 约束及出错信息 ERROR、定义默认值的 DEFAULT 等。

(2) 表的删除

格式：

```
DROP TABLE <表名>
```

说明：

DROP TABLE 直接从磁盘上删除 <表名> 所对应的文件。如果 <表名> 是数据库中的表并且相应的数据库是当前数据库，则从数据库中删除了表；否则虽然从磁盘上删除了表名文件，但是记录在数据库文件中的信息却没有删除，此后会出现错误提示。所以要删除数据库中的表时，最好应使数据库是当前打开的数据库，在数据库中进行删除操作。

(3) 表结构的修改

修改表结构的命令是 ALTER TABLE，该命令有 3 种格式。

格式一：

```
ALTER TABLE 表名 1   ADD|ALTER[COLUMN]字段名 1 字段类型[(长度[,小数位数])]
[NULL|NOT NULL]  [CHECK 逻辑表达式[ERROR 字符型文本信息]]
[DEFAULT 表达式 1]  [PRIMEARY KEY|UNIQE]
[REFERENCES 表名 2[Tag 标识名 1]]
```

说明：

该格式可以添加(ADD) 新的字段或修改(ALTER)已有的字段，也可以修改字段的类型、宽度、有效性规则、错误信息、默认值、定义主关键字和联系等；但是不能修改字段名，不能删除字段，也不能删除已经定义的规则等。

格式二：

```
ALTER TABLE 表名 1   ALTER[COLUMN]字段名 2
[NULL|NOT NULL][SET DEFAULT 表达式 2]
[SET CHECK 逻辑表达式 2[ERROR 字符型文本信息 2]][DROP DEFAULT]
```

说明：

该格式主要用于定义、修改和删除有效性规则和默认值定义。

格式三：

```
ALTER TABLE 表名 1[DROP[COLUMN]字段名 3]
[SET CHECK 逻辑表达式 3[ERROR 字符型文本信息 3]]
[DROP CHECK][ADD PRIMARY KEY 表达式 3TAG 标识名 2]
[PRIMARY KEY][ADD UNIQUE 表达式 4[TAG 标识名 3]]
[DROP UNIQUE TAG 标识名 4][ADD FOREIGN KEY[表达式 5]TAG 标识名 4 REFERENCES 表名 2[TAG 标识名 5]]
[DROP FOREIGN KEY TAG 标识名 6[SAVE]
[RENAME COLUMN 字段名 4TO 字段名 5]
[NOVALIDATE]
```

说明：

该格式可以删除字段、修改字段名，还可以定义、修改和删除表一级的有效性规则等。

2. 视图的定义

(1) 定义视图

格式：

```
CREATE VIEW 视图名[(字段名[,字段名]…)]
        AS <SELECT 查询语句>
```

说明：

SELECT 查询语句说明和限定了视图中的数据，可以是任意的 SELECT 查询语句；当没有为视图指定字段名(column_name)时，视图的字段名将与 select statement 中指定的字段名或表中的字段名同名。

(2) 删除视图

格式：

```
DROP VIEW <视图名>
```

说明：

从当前数据库中删除指定的视图文件。

经典题解

【例题 1】为工资表中的工资字段定义有效性检查及错误信息的是(　　)。

A) ALTER TABLE 工资表 ALTER 工资;
CHECK 工资 >0 ERROR "工资应为正数"

B) ALTER TABLE 工资表 ALTER 工资;
SET CHECK 工资 >0 ERROR "工资应为正数"

C) ALTER TABLE 工资表 ALTER 工资;
SET CHECK 工资 >0 ERROR 工资应为正数

D) ALTER TABLE 工资表
SET CHECK 工资 >0 ERROR "工资应为正数"

解析： 表结构的修改有3种命令方式，选项B）可用来设置字段的有效性检查和错误信息。其中，错误信息应该用半角双引号做定界符，是字符型数据。

答案： B）

【例题2】 利用SQL命令生成含有“学号”、“姓名”字段的视图，下列命令正确的是（　　）。

A）CREATE VIEW XS_view AS;
SELECT 学号，姓名 FROM 学生表

B）CREATE QUERY XS_view AS;
SELECT 学号，姓名 FROM 学生表

C）CREATE VIEW XS_view AS;
SELECT 学号，姓名

D）CREATE QUERY XS_view AS;
SELECT 学号，姓名

解析： 视图是根据对表的查询来定义的，可以用命令方式建立查询，格式如下：

```
CREATE VIEW view_name[(column_name[,column_name]...)]
    AS select_statement
```

其中select_statement可以是任意的SELECT查询语句，用来说明和限定视图中的数据；当没有为视图指定字段名（column_name）时，视图的字段名将与select_statement中指定的字段名或表中的字段名同名。

答案： A）

【例题3】 在SQL中定义视图的命令格式为________，删除视图的命令格式为________。

解析： 视图是根据对表的查询定义的，可引用一个表、多个表或其他视图。视图同样可利用命令进行定义和删除，定义视图为CREATE VIEW <视图名>，删除视图为DROP VIEW <视图名>。

答案： CREATE VIEW <视图名>　DROP VIEW <视图名>

【真题1】 在Visual FoxPro中，如果要将学生表S（学号，姓名，性别，年龄）中“年龄”属性删除，正确的SQL命令是（　　）。　【2007年4月】

A）ALTER TABLE S DROP COLUMN 年龄

B）DELETE 年龄 FROM S

C）ALTER TABLE S DELETE COLUMN 年龄

D）ALTER TABLE S DELETE 年龄

解析： 删除表中属性用命令DROP，而DELETE用于删除表中的记录。

答案： A）

【真题2】 已有“歌手”表，将该表中的“歌手号”字段定义为候选索引，索引名是ternp，正确的SQL语句是________。　【2007年4月】

________ TABLE 歌手 ADD UNIQUE 歌手号 TAG temp

解析： 用SQL建立索引属于对表结构的修改要用ALTER短语。

答案： ALTER

【真题3】 根据“歌手”表建立视图myview，视图中含有包括了“歌手号”左边第一位是“1”的所有记录，正确的SQL语句是（　　）。　【2006年9月】

A）CREATE VIEW myview AS SELECT * FROM 歌手 WHERE LEFT(歌手号,1)="1"

B）CREATE VIEW myview AS SELECT * FROM 歌手 WHERE LIKE("1",歌手号)

C）CREATE VIEW myview SELECT * FROM 歌手 WHERE LEFT(歌手号,1)="1"

D）CREATE VIEW myview SELECT * FROM 歌手 WHERE LIKE("1",歌手号)

解析： 在Visual FoxPro中视图是一个虚拟的表。SQL语句建立视图的格式为CREATE VIEW view_name AS select_statement，建立视图的条件是“歌手号”第一位是“1”的所有记录，所以查询条件是WHERER LEFT(歌手号,1)="1"。

答案： A）

【真题4】 删除视图myview的命令是（　　）。　【2006年9月】

A）DELETE myview VIEW

B）DELETE myview

C）DROP myview VIEW

D）DROP VIEW myview

解析： SQL语句删除视图的格式为：DROP VIEW <视图名>。

答案： D）

历年真题汇编

一、选择题

(1) 在数据库表上的字段有效性规则是(　　)。【2008 年 4 月】

A) 逻辑表达式　　B) 字符表达式

C) 数字表达式　　D) 以上三种都有可能

(2) 下列有关数据库表和自由表的叙述中,错误的是(　　)。【2008 年 4 月】

A) 数据库表和自由表都可以用表设计器来建立

B) 数据库表和自由表都支持表间联系和参照完整性

C) 自由表可以添加到数据库中成为数据库表

D) 数据库表可以从数据库中移出成为自由表

(3) 有关 ZAP 命令的描述,正确的是(　　)。【2008 年 4 月】

A) ZAP 命令只能删除当前表的当前记录

B) ZAP 命令只能删除当前表的带有删除标记的记录

C) ZAP 命令能删除当前表的全部记录

D) ZAP 命令能删除表的结构和全部记录

(4) 在视图设计器中有而在查询设计器中没有的选项卡是(　　)。【2008 年 4 月】

A) 排序依据　　B) 更新条件　　C) 分组依据　　D) 杂项

下表是用 list 命令显示的"运动员"表的内容和结构,第(5)~(7)题使用该表。

记录号	运动员号	投中 2 分球	投中 3 分球	罚球
1	1	3	4	5
2	2	2	1	3
3	3	0	0	0
4	4	5	6	7

(5) 为"运动员"表增加一个字段"得分"的 SQL 语句是(　　)。【2008 年 4 月】

A) CHANGE TABLE 运动员 ADD 得分 I

B) ALTER DATA 运动员 ADD 得分 I

C) ALTER TABLE 运动员 ADD 得分 I

D) CHANGE TABLE 运动员 INSERT 得分 I

(6) 计算每名运动员的"得分"(5 题增加的字段)的正确 SQL 语句是(　　)。【2008 年 4 月】

A) UPDATE 运动员 FIELD 得分 = 2 * 投中 2 分球 + 3 * 投中 3 分球 + 罚球

B) UPDATE 运动员 FIELD 得分　WITH　2 * 投中 2 分球 + 3 * 投中 3 分球 + 罚球

C) UPDATE 运动员 SET 得分　WITH　2 * 投中 2 分球 + 3 * 投中 3 分球 + 罚球

D) UPDATE 运动员 SET 得分 = 2 * 投中 2 分球 + 3 * 投中 3 分球 + 罚球

(7) 检索"投中 3 分球"小于等于 5 个的运动员中"得分"最高的运动员的"得分",正确的 SQL 语句是(　　)。【2008 年 4 月】

A) SELECT MAX(得分)　得分 FROM 运动员　WHERE 投中 3 分球 < = 5

B) SELECT MAX(得分)　得分 FROM 运动员　WHEN 投中 3 分球 < = 5

C) SELECT 得分 = MAX(得分)　FROM 运动员　WHERE 投中 3 分球 < = 5

D) SELECT 得分 = MAX(得分)　FROM 运动员　WHEN 投中 3 分球 < = 5

第(8)~(11)题使用如下内容。

学生.DBF:学号 C(8),姓名 S(12),性别 C(2),出生日期 D,院系 C(8)

课程.DBF:课程编号 C(4),课程名称 C(10),开课院/系 C(8)

学生成绩.DBF:学号 C(8),课程编号 C(4),成绩 I

(8) 查询所有 1982 年 3 月 20 日以后(含)出生、性别为男的学生,正确的 SQL 语句是(　　)。【2007 年 9 月】

A) SELECT * FROM 学生 WHERE 出生日期 >= {^1982-03-20} AND 性别 = "男"

B) SELECT * FROM 学生 WHERE 出生日期 <= {^1982-03-20} AND 性别 = "男"

C) SELECT * FROM 学生 WHERE 出生日期 >= {^1982-03-20} OR 性别 = "男"

D) SELECT * FROM 学生 WHERE 出生日期 <= {^1982-03-20} OR 性别 = "男"

(9) 计算刘明同学选修的所有课程的平均成绩,正确的SQL语句是(　　)。【2007年9月】

A) SELECT AVG(成绩) FROM 选课 WHERE 姓名="刘明"

B) SELECT AVG(成绩) FROM 学生,选课 WHERE 姓名="刘明"

C) SELECT AVG(成绩) FROM 学生,选课 WHERE 学生.姓名="刘明"

D) SELECT AVG(成绩) FROM 学生,选课 WHERE 学生.学号=选课.学号 AND 姓名="刘明"

(10) 假定学号的第3、4位为专业代码。要计算各专业学生选修课程号为"101"课程的平均成绩,正确的SQL语句是(　　)。【2007年9月】

A) SELECT 专业 AS SUBS(学号,3,2),平均分 AS AVG(成绩) FROM 选课
WHERE 课程号="101" GROUP BY 专业

B) SELECT SUBS(学号,3,2) AS 专业,AVG(成绩) AS 平均分 FROM 选课
WHERE 课程号="101" GROUP BY 1

C) SELECT SUBS(学号,3,2) AS 专业,AVG(成绩) AS 平均分 FROM 选课
WHERE 课程号="101" ORDER BY 专业

D) SELECT 专业 AS SUBS(学号,3,2),平均分 AS AVG(成绩) FROM 选课
WHERE 课程号="101" ORDER BY 1

(11) 查询选修课程号为"101"课程得分最高的同学,正确的SQL语句是(　　)。【2007年9月】

A) SELECT 学生.学号,姓名 FROM 学生,选课 WHERE 学生.学号=选课.学号
AND 课程号="101" AND 成绩>=ALL(SELECT 成绩 FROM 选课)

B) SELECT 学生.学号,姓名 FROM 学生,选课 WHERE 学生.学号=选课.学号
AND 成绩>=ALL(SELECT 成绩 FROM 选课 WHERE 课程号="101")

C) SELECT 学生.学号,姓名 FROM 学生,选课 WHERE 学生.学号=选课.学号
AND 成绩>=ALL(SELECT 成绩 FROM 选课 WHERE 课程号="101")

D) SELECT 学生.学号,姓名 FROM 学生,选课 WHERE 学生.学号=选课.学号 AND
课程号="101" AND 成绩>=ALL(SELECT 成绩 FROM 选课 WHERE 课程号="101")

(12) 在SQL的ALTER TABLE语句中,为了增加一个新的字段应该使用短语(　　)。【2007年9月】

A) CREATE　　B) APPEND　　C) COLUMN　　D) ADD

(13) 以下有关SELECT短语的叙述中错误的是(　　)。【2007年4月】

A) SELECT短语中可以使用别名

B) SELECT短语中只能包含表中的列及其构成的表达式

C) SELECT短语规定了结果集中的列顺序

D) 如果FROM短语引用的两个表有同名的列,则SELECT短语引用它们时必须使用表名前缀加以限定

(14) 在SQL语句中,与表达式"年龄 BETWEEN 12 AND 46"功能相同的表达式是(　　)。【2007年4月】

A) 年龄>=12 OR <=46　　B) 年龄>=12 AND <=46

C) 年龄>=12 OR 年龄<=46　　D) 年龄>=12 AND 年龄<=46

(15) 在SQL的SELECT查询的结果中,消除重复记录的方法是(　　)。【2007年4月】

A) 通过指定主索引实现　　B) 通过指定唯一索引实现

C) 使用DISTINCT短语实现　　D) 使用WHERE短语实现

(16) 设有学生表S(学号,姓名,性别,年龄),查询所有年龄小于等于18岁的女同学,并按年龄进行降序排序生成新的表WS,正确的SQL命令是(　　)。【2007年4月】

A) SELECT * FROM S
WHERE 性别='女' AND 年龄<=18 ORDER BY 年龄 DESC INTO TABLE WS

B) SELECT * FROM S
WHERE 性别='女' AND 年龄<=18 ORDER BY 年龄 INTO TABLE WS

C) SELECT * FROM S
WHERE 性别='女' AND 年龄<=18 ORDER BY '年龄' DESC INTO TABLE WS

D）SELECT * FROM S

WHERE 性别 = '女' OR 年龄 <= 18 ORDER BY '年龄' ASC INTO TABLE WS

（17）设有学生选课表 SC(学号,课程号,成绩)，用 SQL 检索同时选修课程号为“C1”和“C5”的学生的学号的正确命令是（　　）。【2007 年 4 月】

A）SELECT 学号 FROM SC

WHERE 课程号 = 'C1' AND 课程号 = 'C5'

B）SELECT 学号 FROM SC

WHERE 课程号 = 'C1' AND 课程号 = (SELECT 课程号 FROM SC WHERE 课程号 = 'C5')

C）SELECT 学号 FROM SC

WHERE 课程号 = 'C1' AND 学号 = (SELECT 学号 FROM SC WHERE 课程号 = 'C5')

D）SELECT 学号 FROM SC

WHERE 课程号 = 'C1' AND 学号 IN(SELECT 学号 FROM SC WHERE 课程号 = 'C5')

（18）设有学生表 S(学号,姓名,性别,年龄)、课程表 C(课程号,课程名,学分)和学生选课表 SC(学号,课程号,成绩)，检索学号、姓名和学生所选课程的课程名和成绩，正确的 SQL 命令是（　　）。【2007 年 4 月】

A）SELECT 学号,姓名,课程名,成绩 FROM S,SC,C

WHERE S. 学号 = SC. 学号 AND SC. 学号 = C. 学号

B）SELECT 学号,姓名,课程名,成绩

FROM(S JOIN SC ON S. 学号 = SC. 学号)JOIN C ON SC. 课程号 = C. 课程号

C）SELECT S. 学号,姓名,课程名,成绩

FROM S JOIN SC JOIN C ON S. 学号 = SC. 学号 ON SC. 课程号 = C. 课程号

D）SELECT S. 学号,姓名,课程名,成绩

FROM S JOIN SC JOIN C ON SC. 课程号 = C. 课程号 ON S. 学号 = SC. 学号

第(19)～(25)题使用的数据表如下。

当前盘当前目录下有数据库：大奖赛. dbc，其中有数据库表“歌手. dbf”、“评分. dbf”。

“歌手”表：

歌　手　号	姓　　名
1001	王蓉
2001	许巍
3001	周杰伦
4001	林俊杰
…	

“评分”表：

歌　手　号	分　　数	评　委　号
1001	9.8	101
1001	9.6	102
1001	9.7	103
1001	9.8	104
…		

（19）为“歌手”表增加一个字段“最后得分”的 SQL 语句是（　　）。【2006 年 9 月】

A）ALTER TABLE 歌手 ADD 最后得分 F(6,2)　　B）ALTER DBF 歌手 ADD 最后得分 F6,2

C）CHANGE TABLE 歌手 ADD 最后得分 F(6,2)　D）CHANGE TABLE 学院 INSERT 最后得分 F6,2

（20）插入一条记录到“评分”表中，歌手号、分数和评委号分别是“1001”、9.9 和“105”，正确的 SQL 语句是（　　）。【2006 年 9 月】

A）INSERT VALUES("1001",9.9,"105")INTO 评分(歌手号,分数,评委号)

B）INSERT TO 评分(歌手号,分数,评委号)VALUES("1001",9.9,"105")

C）INSERT INTO 评分(歌手号,分数,评委号)VALUES("1001",9.9,"105")

D）INSERT VALUES("1001",9.9,"105")TO 评分(歌手号,分数,评委号)

（21）假设每个歌手的“最后得分”的计算方法是去掉一个最高分和一个最低分,取剩下分数的平均分。根据“评分”表求每个歌手的“最后得分”并存储于表 TEMP 中,表 TEMP 中有两个字段:“歌手号”和“最后得分”,并且按最后得分降序排列,生成表 TEMP 的 SQL 语句是（　　）。【2006 年 9 月】

A）SELECT 歌手号,(COUNT(分数) - MAX(分数) - MIN(分数))/(SUM(*) -2) AS 最后得分;
FROM 评分 INTO DBF TEMP GROUP BY 歌手号 ORDER BY 最后得分 DESC

B）SELECT 歌手号,(COUNT(分数) - MAX(分数) - MIN(分数))/(SUM(*) -2) AS 最后得分;
FROM 评分 INTO DBF TEMP GROUP BY 评委号 ORDER BY 最后得分 DESC

C）SELECT 歌手号,(SUM(分数) - MAX(分数) - MIN(分数))/(COUNT(*) -2) AS 最后得分;
FROM 评分 INTO DBF TEMP GROUP BY 评委号 ORDER BY 最后得分 DESC

D）SELECT 歌手号,(SUM(分数) - MAX(分数) - MIN(分数))/(COUNT(*) -2) AS 最后得分;
FROM 评分 INTO DBF TEMP GROUP BY 歌手号 ORDER BY 最后得分 DESC

（22）与“SELECT * FROM 歌手 WHERE NOT(最后得分 >9.00 OR 最后得分 <8.00)”等价的语句是（　　）。【2006 年 9 月】

A）SELECT * FROM 歌手 WHERE 最后得分 BETWEEN 9.00 AND 8.00

B）SELECT * FROM 歌手 WHERE 最后得分 >=8.00 AND 最后得分 <=9.00

C）SELECT * FROM 歌手 WHERE 最后得分 >9.00 OR 最后得分 <8.00

D）SELECT * FROM 歌手 WHERE 最后得分 <=8.00 AND 最后得分 >=9.00

（23）为“评分”表的“分数”字段添加有效性规则:“分数必须大于等于 0 并且小于等于 10”,正确的 SQL 语句是（　　）。【2006 年 9 月】

A）CHANGE TABLE 评分 ALTER 分数 SET CHECK 分数 >=0 AND 分数 <=10

B）ALTER TABLE 评分 ALTER 分数 SET CHECK 分数 >=0 AND 分数 <=10

C）ALTER TABLE 评分 ALTER 分数 CHECK 分数 >=0 AND 分数 <=10

D）CHANGE TABLE 评分 ALTER 分数 SET CHECK 分数 >=0 OR 分数 <=10

（24）假设 temp. dbf 数据表中有两个字段“歌手号”和“最后得分”。下面程序段的功能是:将 temp. dbf 中歌手的“最后得分”填入“歌手”表对应歌手的“最后得分”字段中(假设已增加了该字段)。在下画线处应该填写的 SQL 语句是（　　）。【2006 年 9 月】

```
USE 歌手
DO WHILE . NOT. EOF()
  ______________
  REPLACE 歌手. 最后得分 WITH a[2]
  SKIP
ENDDO
```

A）SELECT * FROM temp WHERE temp. 歌手号 = 歌手. 歌手号 TO ARRAY a

B）SELECT * FROM temp WHERE temp. 歌手号 = 歌手. 歌手号 INTO ARRAY a

C）SELECT * FROM temp WHERE temp. 歌手号 = 歌手. 歌手号 TO FILE a

D）SELECT * FROM temp WHERE temp. 歌手号 = 歌手. 歌手号 INTO FILE a

（25）与“SELECT DISTINCT 歌手号 FROM 歌手 WHERE 最后得分 >= ALL;
(SELECT 最后得分 FROM 歌手 WHERE SUBSTR(歌手号,1,1) = "2")”等价的 SQL 语句是（　　）。【2006 年 9 月】

A）SELECT DISTINCT 歌手号 FROM 歌手 WHERE 最后得分 >= ;
(SELECT MAX(最后得分)FROM 歌手 WHERE SUBSTR(歌手号,1,1) = " 2")

B）SELECT DISTINCT 歌手号 FROM 歌手 WHERE 最后得分 >= ;
(SELECT MIN(最后得分)FROM 歌手 WHERE SUBSTR(歌手号,1,1) = "2")

C）SELECT DISTINCT 歌手号 FROM 歌手 WHERE 最后得分 >= ANY;

(SELECT 最后得分 FROM 歌手 WHERE SUBSTR(歌手号,1,1) = "2")

D) SELECT DISTINCT 歌手号 FROM 歌手 WHERE 最后得分 >= SOME;

(SELECT 最后得分 FROM 歌手 WHERE SUBSTR(歌手号,1,1) = "2")

二、填空题

(1) SQL 的 SELECT 语句中,使用________子句可以消除结果中的重复记录。【2008 年 4 月】

(2) 在 SQL 的 WHERE 子句名的条件表达式中,字符串匹配(模糊查询)的运算符是________。【2008 年 4 月】

(3) 使用 SQL 的 CREATE TABLE 语句定义表结构时,用________短语说明主关键字(主索引)。【2008 年 4 月】

(4) 如下命令查询雇员表中"部门号"字段为空值的记录:【2007 年 9 月】

SELECT * FROM 雇员 WHERE 部门号________

(5) 在 SQL 的 SELECT 查询中,HAVING 子句不可以单独使用,总是跟在________子句之后一起使用。【2007 年 9 月】

(6) 在 SQL 的 SELECT 查询时,使用________子句实现消除查询结果中的重复记录。【2007 年 9 月】

(7) 在 SQL 中,插入、删除、更新命令依次是 INSERT、DELETE 和________。【2007 年 9 月】

(8) 在 SQL 语句中空值用________表示。【2006 年 9 月】

(9) 如下命令将"产品"表的"名称"字段名修改为"产品名称":【2006 年 9 月】

ALTER TABLE 产品 RENAME ________名称 TO 产品名称

全真试题训练

一、选择题

(1) SELECT - SQL 语句的作用是(　　)。

A) 选择工作区语句　B) 数据查询　C) 选择 SQL 标准语句　D) 数据修改

(2) 下列查询类型中,不属于 SQL 查询的是(　　)。

A) 简单查询　B) 嵌套查询　C) 连接查询　D) 视图查询

(3) SQL 的数据操作语言不包括(　　)。

A) INSERT　B) UPDATE　C) DELETE　D) CHANGE

(4) 在 SELECT - SQL 语句中,条件短语的关键字是(　　)。

A) FROM　B) WHERE　C) FOR　D) CONDITION

(5) 如果在 SQL SELECT 语句的 ORDER BY 字句中指定了 DESC,则表示(　　)。

A) 按升序排序　B) 按降序排序　C) 按索引字段排序　D) 错误语句

(6) 在 SQL 语句中,检查一个属性值是否属于一组值的运算符是(　　)。

A) =　B) IN　C) AND　D) IS

(7) 用于显示部分查询结果的 TOP 短语,必须与下列(　　)短语连用。

A) WHERE　B) ORDER BY　C) FROM　D) GROUP BY

(8) 在 SQL SELECT 中,用于对查询结果进行分组的短语是(　　)。

A) WHERE　B) FROM　C) ORDER BY　D) GROUP BY

(9) 在 SQL 中建立索引的命令为(　　)。

A) CREATE SCHEMA　B) CREATE TABLE　C) CREATE VIEW　D) CREATE INDEX

(10) 在 SQL 中实现数据检索功能的语句是(　　)。

A) INSERT　B) UPDATE　C) ALTER　D) SELECT

(11) 下列关于 SQL 嵌套查询的说法,正确的是(　　)。

A) 既能对外层查询排序,又能对内层查询排序　B) 只能对外层查询排序,不能对内层查询排序

C) 不能对外层查询排序,只能对内层查询排序　D) 既不能对外层查询排序,也不能对内层查询排序

(12) 若用如下命令创建一个数据表文件：

```
CREATE TABLE temp(SNO C(4) NOT NULL,;
SNAME C(8) NOT NULL,;
SEX C(2) ,;
AGE N(2) )
```

则下列记录中，可以插入到 temp 表中的是（　　）。

A) ('1031','张华',女,23)　　B) ('1031','张华',NULL,NULL)

C) (NULL,'张华','女','23')　　D) ('1031',NULL,'女',23)

(13) 在 SQL 中，用来修改表结构的命令是（　　）。

A) ALTER TABLE　　B) ALTER STRUCTURE

C) MODIFY TABLE　　D) MODIFY STRUCTURE

(14) 在 SQL 中，用来删除表的命令是（　　）。

A) DELETE TABLE　　B) DELETE DATABASE

C) ERASE TABLE　　D) DROP TABLE

(15) 如果要将由表派生出的视图中的字段重新命名，需要使用的短语是（　　）。

A) AS　　B) FOR　　C) WHERE　　D) TO

(16) 利用 SQL 的 CREATE 命令定义一个自由表，可以定义表的（　　）。

A) 字段名、字段类型、字段宽度　　B) 字段的主索引和域完整性的约束规则

C) 定义字段的有效性规则　　D) 以上内容均可定义

第(17)～(19)题中所基于的 3 个数据表：学生表 S、课程表 K 和选课表 SC 的结构如下：

S(S#,SN,SEX,AGE,DEPT)

K(C#,CN)

SC(S#,C#,GRADE)

其中：S#为学号，SN 为姓名，SEX 为性别，AGE 为年龄，DEPT 为系别，C#为课程号，CN 为课程名，GRADE 为成绩。

(17) 检索所有年龄比“刘清”大的学生姓名、年龄和性别，正确的语句是（　　）。

A)
```
SELECT SN,AGE,SEX FROM S;
WHERE AGE >(SELECT AGE FROM S;
    WHERE SN = "刘清")
```

B)
```
SELECT SN,AGE,SEX FROM S;
WHERE SN = "刘清"
```

C)
```
SELECT SN,AGE,SEX FROM S;
WHERE AGE >(SELECT AGE;
    WHERE SN = "刘清")
```

D)
```
SELECT SN,AGE,SEX FROM S;
WHERE AGE > "刘清"
```

(18) 检索选修课程“A2”的学生中，成绩最高的学生姓名，下列正确的是（　　）。

A)
```
SELECT SN FROM S;
WHERE C# = "A2" AND GRADE >= ;
(SELECT GRADE FROM SC;
WHERE C# = "A2")
```

B)
```
SELECT SN FROM SC;
WHERE C# = "A2" AND GRADE IN;
(SELECT GRADE FROM SC;
WHERE C# = "A2")
```

C)
```
SELECT SN FROM SC;
WHERE C# = "A2" AND GRADE NOT IN;
(SELECT GRADE FROM SC;
WHERE C# = "A2")
```

D) SELECT SN FROM S,SC;
   WHERE C# = "A2" AND S.S# = SC) S# AND GRADE >= ALL;
   (SELECT GRADE FROM SC;
   WHERE C# = "A2")

(19) 检索选修3门以上课程的学生总成绩(不统计不及格的课程),并要求按总成绩的降序排列。下列语句中不正确的是(　　)。

A) SELECT S#,SUM(GRADE) FROM SC;
   WHERE GRADE >= 60;
   GROUP BY S#;
   ORDER BY 2 DESC;
   HAVING COUNT(*) >= 3

B) SELECT S#,SUM(GRADE)FROM SC;
   WHERE GRADE >= 60;
   GROUP BY S#;
   HAVING COUNT(*) >= 3;
   ORDER BY 2 DESC

C) SELECT S#,SUM(GRADE)FROM SC;
   WHERE GRADE >= 60;
   HAVING COUNT(*) >= 3;
   GROUP BY S#;
   ORDER BY 2 DESC

D) SELECT S#,SUM(GRADE)FROM SC;
   WHERE GRADE >= 60;
   ORDER BY 2 DESC;
   GROUP BY S#;
   HAVING COUNT(*) >= 3

第(20)~(25)题所使用的数据如下:当前目录下有数据库db_stock,其中有数据表stock.dbf,该数据表内容如下。

股票代码	股票名称	单　价	交 易 所
600600	青岛啤酒	7.48	上海
600601	方正科技	15.20	上海
600602	广电电子	10.40	上海
600603	兴业房产	12.76	上海
600604	二纺机	9.96	上海
600605	轻工机械	14.59	上海
000001	深发展	7.48	深圳
000002	深万科	12.50	深圳

(20) 执行如下SQL语句:

SELECT * FROM stock INTO DBF stock ORDER BY 单价

将出现的结果是(　　)。

A) 系统会提示出错信息

B) 会生成一个按"单价"升序排序的表文件,将原来的stock.dbf文件覆盖

C) 会生成一个按"单价"降序排序的表文件,将原来的stock.dbf文件覆盖

D) 不会生成排序文件,只会在屏幕上显示一个按"单价"升序排序的结果

(21) 执行如下SQL语句后:

SELECT DISTINCT 单价 FROM stock;
WHERE 单价 = (SELECT MIN(单价)FROM stock);
INTO DBF stock_x

则表stock_x中的记录个数是(　　)。

A) 1　　B) 2　　C) 3　　D) 4

(22) 有如下SQL语句:

SELECT MAX(单价) INTO ARRAY a FROM stock

执行该语句后(　　)。

A) a[1]的内容为15.20　　B) a[1]的内容为6　　C) a[0]的内容为15.20　　D) a[0]的内容为6

(23) 有如下 SQL 语句：

SELECT 股票代码,AVG(单价) AS 均价 FROM stock;

GROUP BY 交易所 INTO DBF temp

执行该语句后,temp 表中的第二条记录的“均价”字段内容是(　　)。

A) 7.48　　B) 9.99　　C) 11.73　　D) 15.20

(24) 将 stock 表的股票名称字段的宽度由 8 改为 10,应使用 SQL 语句(　　)。

A) ALTER TABLE stock 股票名称 WITH C(10)

B) ALTER TABLE stock 股票名称 C(10)

C) ALTER TABLE stock ALTER 股票名称 C(10)

D) ALTER stock 股票名称 WITH C(10)

(25) 有如下 SQL 语句：

CREATE VIEW stock_view AS SELECT 股票名称 AS 名称,单价 FROM stock

执行该语句后产生的视图包含的字段名是(　　)。

A) 股票名称、单价　　B) 名称、单价

C) 名称、单价、交易所　　D) 股票名称、单价、交易所

(26) 在工资表中定义“工资”字段的有效性及错误信息的是(　　)。

A) ALTER TABLE 工资表 ALTER 工资;

SET CHECK 工资 >0 ERROR "工资只能为正数"

B) ALTER TABLE 工资表 ALTER 工资;

SET CHECK 工资 >0 ERROR 工资只能为正数

C) ALTER TABLE 工资表 ALTER 工资;

CHECK 工资 >0 ERROR "工资只能为正数"

D) ALTER TABLE 工资表 ALTER 工资;

CHECK 工资 >0 ERROR 工资只能为正数

(27) DELETE FROM S WHERE 年龄 >60 语句的功能是(　　)。

A) 从 S 表中彻底删除年龄大于 60 岁的记录　　B) S 表中年龄大于 60 岁的记录被加上删除标记

C) 删除 S 表　　D) 删除 S 表的年龄列

(28) 如下的数据库表中,若职工表的主关键字是职工号,部门表的主关键字是部门号,SQL 操作(　　)不能执行。

职工表

职工号	职工名	部门号	工资
001	李红	01	580
005	刘军	01	670
025	王芳	03	720
038	张强	02	650

部门表

部门号	部门名	主任
01	人事处	高平
02	财务处	蒋华
03	教务处	许红
04	学生处	杜琼

A) 从职工表中删除行('025','王芳','03',720)　　B) 将行('005','乔兴','04',750)插入到职工表中

C) 将职工号为'001'的工资改为 700　　D) 将职工号为'038'的部门改为'03'

二、填空题

(1) SQL 语句包含________、________、________和________等功能。

(2) 在 SELECT - SQL 语句中,字符串匹配运算符用________。通配符________表示多个任意字符,________表示一个任意字符。

(3) 在 SELECT - SQL 语句中可以包含一些简单的计算查询函数,这些函数包括________、________、________、MAX 和 MIN。

(4) 在 SQL 的 CREATE TABLE 命令建立表时,用子句________指定表的主索引。

下面第(5) ~ (7)题使用如下的“教师”表和“学院”表：

"教师"表：

职工号	姓　名	职　称	年　龄	工　资	系　号
1102001	肖天海	副教授	35	2000.00	01
1102002	王岩盐	教授	40	3000.00	02
1102003	刘星卫	讲师	25	1500.00	01
1102004	张月新	讲师	30	1500.00	03
1102005	李明玉	教授	34	2000.00	01
1102006	孙民山	教授	47	2100.00	02
1102007	钱无名	教授	49	2200.00	03

"学院"表：

系　号	系　名
01	英语
02	会计
03	工商管理

(5) 使用 SQL 语句将一条新的记录插入学院表。

INSERT ________学院(系号,系名)________("04","计算机")

(6) 使用 SQL 语句求工商管理系的所有职工的工资总和。

SELECT ________(工资) FROM 教师;

WHERE 系号 IN(SELECT 系号 FROM ________ WHERE 系名 = "工商管理")

(7) 使用 SQL 语句完成如下操作(将所有教授的工资提高 5%)：

________教师 SET 工资 = 工资 * 1.05 ________职称 = "教授"

第(8)~(11) 题所涉及的 3 个数据表结构如下：

学生表(学生号 N(4) ,姓名 C(8) ,性别 C(1) ,年龄 N(2))

课程表(课程号 C(3) ,课程名称 C(3) ,成绩 N(3))

选课表(学生号 N(4) ,课程号 C(3) ,成绩 N(3))

(8) 若要将性别字段的宽度由 1 改为 2,则语句为：

ALTER TABLE 学生表 ________

(9) 统计"选课表"中选修了课程的学生人数,则语句为：

SELECT ________ FROM 选课表

(10) 将选修课程号为"KC1"的同学均加上 5 分,则语句为：

UPDATE 成绩表________ WHERE 课程号 = "KC1"

(11) 查询学号为 001 的学生和所选课程的名称,则语句为：

SELECT 姓名,课程名称 FROM 学生表,课程表,选课表;

WHERE 学生表.学生号 = 001 AND;

____

____

历年真题参考答案及解析

一、选择题

(1)【解析】字段的有效性规则由以下部分组成：规则、信息、默认值。"规则"是逻辑表达式,"信息"是字符串表达式,"默认值"的类型是由字段的类型确定的。

【答案】A)

(2)【解析】Visual FoxPro 中的表包括数据库表和自由表,两者都可以通过表设计器来建立,并可以相互转化,但只有数据库表支持表间联系和参照完整性。

【答案】B）

（3）【解析】使用ZAP命令可以物理删除表中的全部记录，不管是否有删除标记。该命令只是删除全部记录，并没有删除表，执行完该命令后表结构依然存在。

【答案】C）

（4）【解析】查询主要是从表中检索或统计出所需数据，视图不仅具有查询的功能，而且可以改变视图中记录的值，并把更新结果送回到源表中。所以"更新条件"选项卡只在视图设计器中存在。

【答案】B）

（5）【解析】在SQL中，利用Create Table语句进行数据定义，利用Alter Table语句修改表结构，利用Drop Table语句删除表。

【答案】C）

（6）【解析】Update命令用于修改现有表中的数据，命令格式为：UPDATE 表名称 SET 字段1 = 赋值1 [，字段2 = 赋值2]…WHERE 查询条件。

【答案】D）

（7）【解析】MAX函数用于返回"得分"的最大值，WHERE子句用于限定查询范围。

【答案】A）

（8）【解析】题目中要求查询1982年3月20日以后（含）出生、性别为男的学生，要求两个条件同时成立，所以要用AND连接，而1982年3月20日以后出生，则出生日期 > = {^1982 - 03 - 20}。

【答案】A）

（9）【解析】根据题目的要求该查询为连接查询，要查询的数据源于两个表：学生和课程，因此FROM子句后要有两个表名，并以学生.学号 = 选课.学号 AND 姓名 = "刘明"为连接条件。

【答案】D）

（10）【解析】根据题目要求，要把不同专业的学生进行分组并求平均成绩，所以要用到短语GROUP BY，在SELECT语句中，目标字段放在AS之后，"1"表示第一个字段。

【答案】B）

（11）【解析】在所有选项中通过嵌套查询来实现题目的要求，ALL表示所有的结果，ANY表示其实的任何一种结果，最高分应该为成绩 > = ALL（…），要查询选课号为"101"的同学，所以内外查询中都要用到条件：课程号 = "101"。

【答案】D）

（12）【解析】在SQL的ALTER TABLE语句中，使用ADD [COLUMN]短语来增加一个新的字段，其中COLUMN可以省略。CREATE用来创建一个新的对象，APPEND用来向表中追加记录。

【答案】D）

（13）【解析】SELECT短语中除了包含表中的列及其构成的表达式外，还可以包括常量等其他元素，在SELECT短语中可以使用别名，并规定了结果集中的列顺序，如果FROM短语中引用的两个表有同名的列，则SELECT短语引用它们时必须使用表名前缀加以限定。

【答案】B）

（14）【解析】BETWEEN <数值表达式1> AND <数值表达式2>的意思是取两个数值表达式之间的数据，且包括两个数值表达式在内。

【答案】D）

（15）【解析】在SQL的SELECT查询结果中，可以通过DISTINCT短语消除重复记录。

【答案】C）

（16）【解析】按年龄的降序排列，所以要用短语DESC，排序的字段有两种表示方式，分别是按列号和字段名排序，因为字段名是变量，故不能加引号。

【答案】A）

（17）【解析】这个查询不能用简单的查询实现，所以要用到嵌套查询，在嵌套查询中内外层的嵌套用IN而不用" = "。

【答案】D）

(18)【解析】SQL 是顺序执行命令语句,在多表连接查询时,各条件短语的执行顺序会影响到最终的查询结果。

【答案】D)

(19)【解析】为表添加字段的 SQL 语句格式为:ALTER TableName AND FieldName FieldType(<FieldWidth>),其中 TableName 为表名,FieldName 为字段名,FieldType 为字段的类型,FieldWidth 为字段的宽度。

【答案】A)

(20)【解析】SQL 语句插入记录的格式为:INSERT INTO TableName[(FieldName1[FieldName2,...])]VALUES(eExpression1[,eExpression2,...])。

【答案】C)

(21)【解析】歌手平均分的计算除数应该是"评委总数 -2",即"COUNT(*) -2",而不是"SUM(*) -2",故排除 A)、B)选项,又因为计算的是歌手的平均分,应该按歌手号进行分组,即"GROUP BY 歌手号",故排除 C)选项。

【答案】D)

(22)【解析】题干中 SQL 语句的功能是检索出最后得分不大于 9.00 或者不小于 8.00,即小于或等于 9.00 和大于或等于 8.00 的歌手的记录,所以与之等价的 SQL 语句为选项 B)。

【答案】B)

(23)【解析】SQL 语句设置字段有效性规则的格式为:ALTER TABLE TableName ALTER[COLUMN]FieldName SET CHECK lExpression,所以为字段添加有效性规则的正确选项是 B)。

【答案】B)

(24)【解析】由 REPLACE 歌手.最后得分 WITH a[2]可知,数据通过数组进行传递,所以排除选项 C)、D)。表示查询去向用 INTO 短语,排除选项 A)。

【答案】B)

(25)【解析】题干是检索出大于"歌手号"的第一个数字为"2"的所有歌手"最后得分"的"歌手号",要大于所有的第一个数字为"2"的所有歌手的"最后得分",只要满足大于其中的最高得分就可以了,用 MXA(最后得分)表示,所以与之等价的 SQL 语句为选项 A)。

【答案】A)

二、填空题

(1)【解析】DISTINCT 关键字可从 SELECT 语句的结果中消除重复的行。如果没有指定 DISTINCT,将返回所有行,包括重复的行。

【答案】DISTINCT

(2)【解析】在 SQL 中,LIKE 是字符串匹配运算符,它和"%"结合使用可以实现模糊查询。

【答案】LIKE

(3)【解析】用 CREATE TABLE 命令建立表可以完成表设计器所能完成的功能。除了建立表的基本功能外,它还包括满足实体完整性的主关键字(主索引)PRIMARY KEY、定义域完整性的 CHECK 约束及出错提示信息的 ERROR、定义默认值的 DEFAULT。另外还有描述表之间联系的 FOREIGN KEY 和 REFERENCES。

【答案】PRMARY KEY

(4)【解析】查询空值时要使用 IS NULL,而 = NULL 是无效的,因为空值是一个不确实的值,所以不能用"="进行比较。

【答案】IS NULL

(5)【解析】HAVING 子句总是跟在 GROUP BY 子句之后,不可以单独使用。HAVING 子句和 WHERE 子句不矛盾,在查询中是先使用 WHERE 子句限定元组,然后使用 GROUP BY 进行分组,最后再用 HAVING 子句限定分组。

【答案】GROUP BY

(6)【解析】在 SQL 的 SELECT 查询中,使用 DISTINCT 短语实现消除查询结果中的重复记录,在查询设计器中则通过"杂项"选项卡进行设定。

【答案】DISTINCT

(7)【解析】SQL 除了可以实现对数据的查询之外,还可以实现插入、删除和更新(修改),分别通过 INSERT、DELETE 和 UPDATE 来实现。

【答案】UPDATE

(8)【解析】在 SQL 语句中,用 NULL 表示空值,查询空值时要使用“IS NULL”,“=NULL”是无效的。

【答案】NULL

(9)【解析】SQL 语句中修改表结构的格式为:ALTER TABLE TableName RENAME [COLUMN] FieldName1 TO FieldName2,其中 COLUMN 为可选项。

【答案】COLUMN

全真试题参考答案

一、选择题

(1) B)	(2) D)	(3) D)	(4) B)	(5) B)
(6) B)	(7) B)	(8) D)	(9) D)	(10) D)
(11) B)	(12) B)	(13) A)	(14) D)	(15) A)
(16) D)	(17) A)	(18) D)	(19) C)	(20) A)
(21) A)	(22) A)	(23) B)	(24) C)	(25) B)
(26) A)	(27) B)	(28) B)		

二、填空题

(1) 数据查询　数据定义　数据操作　数据控制

(2) LIKE　*　?

(3) COUNT　SUM　AVG

(4) PRIMARY KEY

(5) INTO　VALUES

(6) SUM　学院

(7) UPDATE　WHERE

(8) ALTER　性别　C(2)

(9) COUNT(DISTINCT 学生号)

(10) SET 成绩=成绩+5

(11) 学生表.学生号=选课表.学生号 AND;　课程表.课程号=选课表.课程号

第 9 章　查询与视图

考查知识点		考核几率	分值
考点 1	查询	90%	2 ~4 分
考点 2	视图	80%	2 ~4 分

考点 1　查　　询

1. 查询的概念

查询是从指定的表或视图中提取满足条件的记录,然后按照想得到的输出类型定向输出查询结果。查询以扩展名为 QBR 的文本文件保存在磁盘上,实际上查询就是预先定义好的一个 SQL SELECT 语句。

2. 查询设计器

查询设计器包含的选项卡有:字段、连接、筛选、排序依据、分组依据和杂项。查询设计器界面上的各个选项卡分别对应于相应的 SQL SELECT 语句,对应关系见表 9.1。

表 9.1　选项卡对应的 SQL SELECT 及功能

选　项　卡	与 SQL SELECT 的关系	功　　能
“字段”选项卡	对应于 SELECT 短语	指定所要查询的数据
“连接”选项卡	对应于 JOIN ON 短语	用于编辑连接条件
“筛选”选项卡	对应于 WHERE 短语	用于指定查询条件
“排序依据”选项卡	对应于 ORDER BY 短语	用于指定排序的字段和排序方式
“分组依据”选项卡	对于 GROUP BY 短语	HAVING,用于分组
“杂项”选项卡	DISTINCT 短语	指定是否要重复记录 指定列在前面的记录

3. 查询设计器创建查询

可通过以下 4 种方法建立查询:

- 用 CREATE OUERY 命令打开查询设计器建立查询。
- 执行“文件”→“新建”菜单命令打开“新建”对话框,然后选择“查询”并单击“新建文件”按钮,打开查询设计器建立查询,如图 9.1 所示。

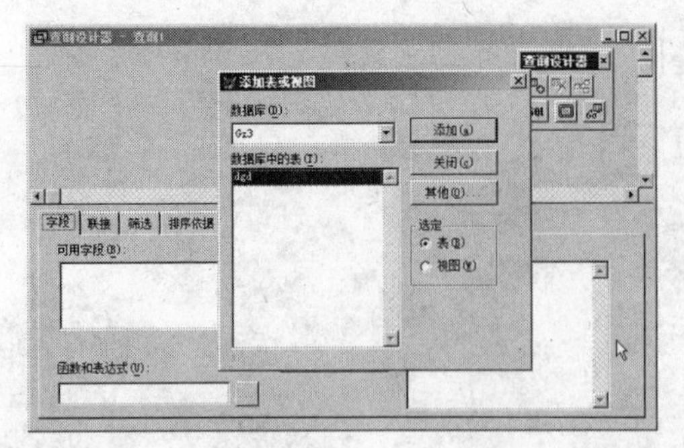
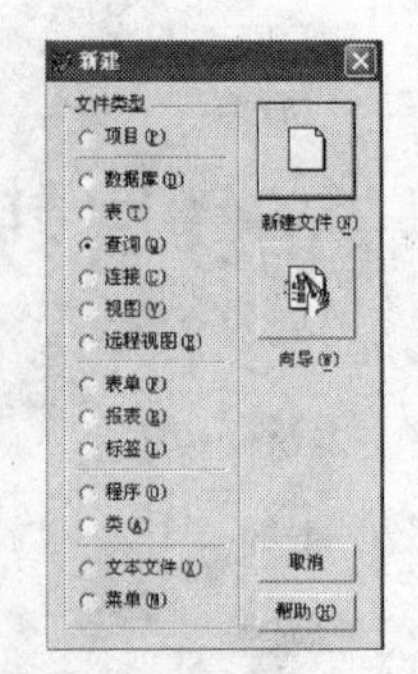

图 9.1　通过“新建”对话框打开查询设计器

- 选择“文件”菜单下的“新建”命令，或单击“常用”工具栏上的“新建”按钮，打开“新建”对话框，然后选择“查询”并单击“新建文件”按扭，打开查询设计器建立查询。
- 直接编辑“.qpr”文件建立查询。

4. 查询的运行

运行查询的方法有以下 6 种。

- 在“查询设计器”窗口中，选择“查询”→“运行查询”命令。
- 在“查询设计器”窗口中单击鼠标右键，选择“运行查询”命令。
- 选择“程序”→“运行”命令。
- 在项目管理器窗口中选中“查询”单选按钮，单击右边的“运行”按钮。
- 在查询设计器中单击“常用”工具栏中的“运行”按钮运行查询。
- 在“命令”窗口中，输入 DO <查询文件名>。

  其中，命令方式建立查询的格式如下：

```
DO <查询文件名.QPR>
```

说明：

运行查询文件时，必须给出查询文件的扩展名.qpr。

5. 查询去向

执行“查询”→“查询去向”菜单命令打开“查询去向”对话框，可指定查询结果的输出去向，可以选择的查询去向有浏览、临时表、表、图形、屏幕、报表、标签。

经典题解

【真题 1】 在使用查询设计器创建查询时，为了指定在查询结果中是否包含重复记录（对应于 DISTINCT），应该使用的选项卡是（　　）。【2007 年 9 月】

A）排序依据　　B）连接　　C）筛选　　D）杂项

解析： 在查询设计器中，“杂项”选项卡可以指定是否要重复记录（对应于 DISTINCT）及在前面的记录（对应于 TOP 短语）等。

答案： D）

【真题 2】 以下关于“查询”的描述正确的是（　　）。【2006 年 4 月】

A）查询保存在项目文件中　　B）查询保存在数据库文件中

C）查询保存在表文件中　　D）查询保存在查询文件中

解析： 查询是以扩展名为.qpr 的文件保存在磁盘上的，这是一个文本文件，它的主体是 SQL SELECT 语句，另外还包含与输出定向有关的语句。

答案： D）

【真题3】在 Visual FoxPro 中,要运行查询文件 query1.qpr,可以使用命令(　　)。　　【2005年9月】

A) DO query1　　B) DO query1.qpr　　C) DO QUERY query1　　D) RUN query1

解析: 运行查询的命令是 DO QueryFile, QueryFile 是查询文件名,注意此时必须给出查询文件的扩展名.qpr。

答案: B)

考点2 视　　图

考点速记

1. 视图的概念

视图是从基本表的基础上导出来的虚拟表,兼有“表”和“查询”的特点,视图是根据表定义的,视图是数据库中的一个特有功能,视图可以用来从一个或多个相关联的表中提取有用信息,可以用来更新其中的信息,并将更新结果永久保存在磁盘上;使用视图可以从表中提取一组记录,改变这些记录的值,并把更新结果送回到基本表中。

Visual FoxPro 的视图又分为本地视图和远程视图。

- 本地视图:使用当前数据库中 Visual FoxPro 表建立的视图。
- 远程视图:使用当前数据库之外的数据源(如 SQL Server)表中建立的视图。

2. 建立视图

建立视图的方法有以下4种,不管以哪种方法建立视图,都必须先打开用来保存视图的数据库文件。

- 命令方式:用 CREATE VIEW 命令打开视图设计器建立视图。
- 菜单方式:执行“文件”→“新建”菜单命令打开“新建”对话框,然后选择“视图”并单击“新建文件”按钮,打开视图设计器建立视图。
- 使用项目管理器:在项目管理器的“数据”选项卡下将要建立视图的数据库分支展开,并选择“本地视图”或“远程视图”,然后单击“新建”命令按钮打开视图设计器建立视图。
- 直接通过 SQL 命令语句 CREATE VIEW…AS…建立视图。

3. 使用视图

对视图的操作及视图的作用主要有以下几个方面。

使用 USE 命令打开或关闭视图(在数据库中):

```
OPEN DATABASE <数据库名>
        USE <视图名>
        BROWSE
```

- 在“浏览”窗口中显示或修改视图中的记录。
- 使用 SQL 语句操作视图。
- 在文本框、表格控件、表单或报表中使用视图作为数据源。

4. 使用视图的有关操作

(1) ***更新数据***

为了使用视图更新基本表中的数据,需要在视图设计器的“更新条件”选项卡中选择“SQL UPDATE”。更新有关的4个属性如下:

- 指定可更新的表。
- 指定可更新的字段。

- 检查更新的合法性。
- 使用更新方式。

（2）修改视图

（3）删除视图

视图的删除命令为：

```
DROP VIEW <视图名>
```

（4）浏览或运行视图

5. 视图设计器与查询设计器的区别

视图设计器中包含字段、连接、筛选、排序依据、分组依据、更新条件和杂项7个选项卡。

查询设计器和视图设计器主要有3点不同：

- 视图是可以用于更新的，所以在视图设计器中多了一个"更新条件"选项卡。
- 查询设计器的结果是将查询以.qpr为扩展名的文件形式保存在磁盘中；而视图设计完后，在磁盘上找不到相应的文件，视图的结果保存在数据库中。
- 在视图设计器中没有"查询去向"的问题。

经典题解

【真题1】 在视图设计器中有而在查询设计器中没有的选项卡是（　　）。　【2007年9月】

A）排序依据　　B）更新条件　　C）分组依据　　D）杂项

解析： 查询主要是从表中检索或统计出所需数据，视图不仅具有查询的功能，而且可以改变视图中记录的值，并把更新结果送回到源表中。所以"更新条件"选项卡只在视图设计器中存在。

答案： B）

【真题2】 在Visual FoxPro中视图可以分为本地视图和________视图。　【2006年9月】

解析： 按照视图的数据来源可以把视图分为本地视图和远程视图，使用当前数据库中的表建立的视图为本地视图，使用当前数据库之外的数据源建立的视图是远程视图。

答案： 远程

【真题3】 在Visual FoxPro中为了通过视图修改基本表中的数据，需要在视图设计器的________选项卡下设置有关属性。　【2006年9月】

解析： 由于视图可以用于更新基本表中的数据，所以它有更新属性需要设置，为此在视图设计器中设置了"更新条件"选项卡，为了通过视图能够更新基本表中的数据，需要在"更新条件"选项卡中选中"发送SQL更新"复选框。

答案： 更新条件

历年真题汇编

一、选择题

（1）可以运行查询文件的命令是（　　）。　【2008年4月】

A）DO　　B）BROWSE　　C）DO QUERY　　D）CREATE QUERY

（2）在查询设计器环境中，"查询"菜单下的"查询去向"命令指定了查询结果的输出去向，输出去向不包括（　　）。　【2008年4月】

A）临时表　　B）表　　C）文本文件　　D）屏幕

（3）在Visual FoxPro中，以下关于查询的描述正确的是（　　）。　【2007年4月】

A）不能用自由表建立查询　　B）只能用自由表建立查询

C）不能用数据库表建立查询　　D）可以用数据库表和自由表建立查询

（4）删除视图 myview 的命令是（　　）。【2006 年 9 月】

A）DELETE myview VIEW　　B）DELETE myview

C）DROP myview VIEW　　D）DROP VIEW myview

（5）以下关于"视图"的描述正确的是（　　）。【2006 年 9 月】

A）视图保存在项目文件中　　B）视图保存在数据库中

C）视图保存在表文件中　　D）视图保存在视图文件中

（6）在 Visual FoxPro 中以下叙述正确的是（　　）。【2006 年 4 月】

A）利用视图可以修改数据　　B）利用查询可以修改数据

C）查询和视图具有相同的作用　　D）视图可以定义输出去向

二、填空题

（1）查询设计器的"排序依据"选项卡对应于 SQL SELECT 语句的________短语。【2006 年 4 月】

（2）在 Visual FoxPro 的查询设计器中________选项卡对应的 SQL 短语是 WHERE。【2004 年 9 月】

全真试题训练

一、选择题

（1）在 Visual FoxPro 中查询的数据源可以来自（　　）。

A）自由表　　B）视图　　C）数据库表　　D）以上均可

（2）建立查询的命令是（　　）。

A）CREATE QUERY　　B）CREATE VIEW　　C）CREATE FORM　　D）CREATE DATABASE

（3）查询设计器中包含的选项卡个数为（　　）。

A）5 个　　B）6 个　　C）7 个　　D）8 个

（4）在查询设计器中，"字段"选项卡相当于 SQL SELECT 语句中的（　　）。

A）SELECT 子句部分　　B）FROM 子句部分　　C）WHERE 子句部分　　D）INTO 子句部分

（5）SQL SELCET 语句中的 GROUP BY 子句对应于查询设计器中的（　　）。

A）"筛选"选项卡　　B）"连接"选项卡　　C）"排序依据"选项卡　　D）"分组依据"选项卡

（6）关于查询设计器的说法正确的是（　　）。

A）查询设计器只能建立一些比较规范的查询，而对复杂查询就无能为力了

B）查询设计器可以建立一些比较规范的查询，同时也可进行复杂查询

C）利用查询设计器的目的就是要帮助用户建立复杂的查询

D）利用查询设计器可以更新数据表中的记录

（7）下列运行查询的命令正确的是（　　）。

A）DO QUERY 查询文件名. qpr　　B）RUN QUERY 查询文件名. qpr

C）DO 查询文件名. qpr　　D）RUN 查询文件名. qpr

（8）以下关于视图的描述正确的是（　　）。

A）视图与数据表相同，用来存储数据　　B）视图不能同数据库表进行连接操作

C）在视图上不能进行更新操作　　D）视图是从一个或多个数据库表中导出的虚拟表

（9）关于查询设计器和视图设计器说法不正确的是（　　）。

A）查询设计器的结果是将查询以 QPR 为扩展名的文件保存在磁盘中，而视图设计完后，在磁盘上找不到相应的文件，结果保存在数据库中

B）视图可用于更新，所以它有更新属性的设置，在设计器中比查询多了"更新条件"选项卡

C）查询和视图的功能是一样的，都只是用来存放查询和显示表中的记录

D）在视图中不存在查询去向的问题

(10) 在数据库中，打开视图的命令是(　　)。

A）OPEN　　B）USE　　C）CREATE　　D）SET

(11) 视图可以重命名，其命令动词为(　　)。

A）MODIFY　　B）RENAME　　C）OPEN　　D）CREATE

(12) 利用视图更新表中的是数据，可以是(　　)。

A）全部表的数据　　B）指定表中的数据　　C）表中字段的数据　　D）以上答案均可

(13) 以下关于视图的描述不正确的是(　　)。

A）可以根据自由表建立视图　　B）可以根据查询建立视图

C）可以根据数据库表建立视图　　D）可以根据数据库表和自由表建立视图

二、填空题

(1) 在 Visual FoxPro 中，查询是指从指定的________和________中提取满足条件的记录。

(2) 查询设计器有________个选项卡供使用，其中________选项卡可以设置多表连接。

(3) 查询________修改查询记录，视图________更新基本表的数据。（填可以或不可以）

(4) 与查询设计器相比，视图设计器中不存在________的问题。

(5) 在 Visual FoxPro 中，视图与________有很多相似之处，视图是一个定制的________。

(6) 在视图设计器中，“更新条件”选项卡中“使用更新”框的选项决定向基本表发送 SQL 更新时的更新方式，包括________和________两种。

历年真题参考答案及解析

一、选择题

(1)【解析】BROWSE 命令是用来浏览数据表中的记录，选项 C）的命令格式错误，选项 D）是创建新查询的命令。

【答案】A）

(2)【解析】查询去向共有 7 个，分别是浏览、临时表、表、图形、屏幕、报表和标签。

【答案】C）

(3)【解析】查询是为了提高数据处理速度而引用的一种数据库对象，可以认为是一个事先定义好的 SQL SELECT 语句，可以用数据库表和自由表来建立查询。

【答案】D）

(4)【解析】SQL 语句删除视图的格式为：DROP VIEW <视图名>。

【答案】D）

(5)【解析】查询文件以.qpr 为扩展名保存在磁盘中；而视图不以独立的文件存在，而是存放在数据库文件中。

【答案】B）

(6)【解析】查询和视图的区别是：查询可以定义输出去向，但是利用查询不可以修改数据；利用视图修改数据，可以利用 SQL 将对视图的修改发送到基本表。

【答案】A）

二、填空题

(1)【解析】查询设计器的“排序依据”选项卡对应于 SQL SELECT 语句的 ORDER BY 短语，用于指定排序的字段和排序方式。

【答案】ORDER BY

(2)【解析】SQL SELECT 语句中的 WHERE 子句对应查询设计器中的“筛选”选项卡，ORDEY BY 子句对应查询设计器中的“排序依据”选项卡，GROUP BY 子句对应查询设计器中的“分组依据”选项卡。

【答案】筛选

全真试题参考答案

一、选择题

(1) D)　(2) A)　(3) B)　(4) A)　(5) D)　(6) A)　(7) C)

(8) D)　(9) C)　(10) B)　(11) B)　(12) D)　(13) B)

二、填空题

(1) 表　视图

(2) 6　连接

(3) 不可以　可以

(4) 查询去向

(5) 查询　虚拟表

(6) SQL DELETE 然后 INSERT　SQL UPDATE

第 10 章　表单的设计与应用

考查知识点		考核几率	分值
考点 1	面向对象的概念	10%	2 分
考点 2	Visual FoxPro 中的类	10%	2 分
考点 3	事件、方法和属性	80%	2～4 分
考点 4	创建和运行表单	30%	2 分
考点 5	表单设计器	20%	2 分
考点 6	表单数据环境	20%	2 分
考点 7	基本型控件	95%	2～4 分
考点 8	容器型控件	95%	2～4 分

考点 1　面向对象的概念

1. 对象

客观世界里的任何实体都可以被看做是对象。对象可以是具体的物，也可以指某些概念。每个对象具有一定的状态，也有自己的行为。在面向对象的方法里，对象被定义为由属性和相关方法组成的包。

属性：用来表示对象的状态。

方法：用来描述对象的行为。

2. 类

类是对一类相似对象的性质描述，这些对象具有相同的性质、相同种类的属性及方法。

在“项目管理器”对话框中，选择“类”选项卡，然后单击“新建”按钮，可以新建一个类。

【真题】 下面关于类、对象、属性和方法的叙述中，错误的是（　　）。　　　　**【2005 年 9 月】**

A）类是对一类相似对象的描述，这些对象具有相同种类的属性和方法

B）属性用于描述对象的状态，方法用于表示对象的行为

C）基于同一类产生的两个对象可以分别设置自己的属性值

D）通过执行不同对象的同名方法，其结果必然是相同的

解析： 此题可用排除法，A）、B）、C）所述都是正确的，答案为 D）。

答案： D）

考点 2　Visual FoxPro 中的类

1. 使用类设计器创建类

用类设计器创建、定义的类保存在类库文件中，便于管理与维护。类库以文件形式存放，其默认扩展名是.vcx。

调用类设计器的 3 种方法是：

- 在命令窗口中输入 CREATE　CLASS。
- 在“项目管理器”对话框中，选择“类”选项卡，然后单击“新建”按钮。
- 执行“文件”→“新建”菜单命令，打开“新建”对话框，然后选择“类”单选按钮，并单击“新建文件”命令按钮。

2. 容器与控件

在 Visual FoxPro 中的类可以分成两种类型：容器类和控件类。

控件是一个可以以图形化表现出来，并能与用户进行交互的对象；而容器是一种特殊的控件，能够包含其他的控件或容器。

在 Visual FoxPro 中常用的容器类有表单集、表单、表格、列、页框、页、命令按钮组、选项按钮组等。

在容器层次中的对象引用的属性或关键字见表 10.1。

表 10.1　容器层次中的对象引用属性或关键字

属性或关键	引　　用
Parent	当前对象的直接容器对象
This	当前对象
ThisFrom	当前对象所在的表单
ThisFromSet	当前对象所在的表单集

提示　ThisForm 和 Parent 不能同时出现在一条命令语句中，Parent 只能在引用当前对象所在容器和它所包含的下层容器中出现，不能在引用比当前对象所在容器层次高的容器对象中出现。

【真题】 表单名为 myForm 的表单中有一个页框 myPageFrame，将该页框的第 3 页（Page3）的标题设置为“修改”，可以使用代码（　　）。　【2008 年 4 月】

A）myForm. Page3. myPageFrame. Caption = "修改"

B）myForm. myPageFrame. Caption. Page3 = "修改"

C）Thisform. myPageFrame. Page3. Caption = "修改"

D）Thisform. myPageFrame. Caption. Page3 = "修改"

解析： ThisForm 可以实现对当前表单的访问，而不能直接使用表单名称。修改控件的标题应使用其 Caption 属性。

答案： C）

考点3　事件、方法和属性

考点速记

1. 事件

（1）概念

事件是一种由系统预先定义而由用户或系统发出的动作。事件作用于对象，对象识别事件并做出相应的反应。事件可以由系统引发，也可以由用户引发。与方法集可以无限扩展不同，事件集是固定的。用户不能定义新的事件。

（2）最小事件集

Visual FoxPro 基类的最小事件见表 10.2。

表 10.2　Visual FoxPro 最小事件集及说明

事　件	说　明
Init	当对象生成时引发
Destroy	当对象从内存中释放时引发
Error	当方法或事件代码出现运行错误时引发

（3）表单常用事件

Visual FoxPro 中的表单常用事件见表 10.3。

表 10.3　表单常用事件及说明

事　件	说　明
Load 事件	在表单对象建立之前引发，即运行表单时
Init 事件	在对象建立时引发。表单和控件对象同时包含 Init 事件时，将先引发控件对象的 Init 事件。先引发表单的 Load 事件，再引发表单的 Init 事件
Destroy 事件	在对象释放时引发
Unload 事件	在表单对象释放时引发，是表单对象释放时最后一个要引发的事件
GotFocus 事件	当对象获得焦时引发
Click 事件	单击对象时引发
DbClick 事件	双击对象时引发
RightClick 事件	用鼠标右键单击对象时引发
InteractiveChange 事件	当通过鼠标或键盘交互式改变一个控件的值时引发
Error 事件	当对象方法或事件代码在运行过程中产生错误时引发

提示　单击表单的空白处，引发表单的 Click 事件，但单击表单的标题栏或窗口边框不会引发 Click 事件。

2. 方法

方法的过程代码由 Visual FoxPro 定义，用户是不可见的。Visual FoxPro 中，表单常用方法见表 10.4。

表 10.4　表单常用方法及说明

方　法	说　明
Show	显示表单。该方法将表单的 Visible 属性设置为 .T. 使表单成为活动对象

续表

方　法	说　明
Hide	隐藏表单。该方法将表单的 Visible 属性设置为.F.
Relese	将表单内存中释放(清除)
Refresh	重新绘制表单或控件,并刷新它的所有值

3. 属性

在表单属性中,经常用到的属性见表 10.5。

表 10.5　表单常用属性及说明

属　性	说　明	默 认 值
AlwaysOnTop	指定表单是否总是位于其他打开窗口之上	.F.
AutoCenter	指定表单初始化时是否自动显示	.F.
BackColor	指定表单窗口的颜色	212,208,200
BorderStyle	指定表单边框的风格,取默认值(3)时,采用系统边框,用户可以改变表单大小	3
Caption	指明显示于表单标题栏上的文本	Form1
Closable	指定表单是否可以通过单击关闭按钮或双击控制菜单框来关闭	.T.
MaxButton	确定表单是否有最大化按钮	.T.
MinButton	确定表单是否有最小化按钮	.T.
Movable	确定表单是否能移动	.T.
Scrollbars	指定表单的滚动条类型(0-无;1-水平;2-垂直;3-既水平又垂直)	0
WindowState	指明表单的状态:0(正常)、1(最小化)、2(最大化)	0
WindowType	指定表单是模式表单(值为 1)还是非模式表单(值为 0)	0

4. MessageBox( )函数

通过 Visual FoxPro 提供的函数 MessageBox( )可以设计信息对话框中的提示信息。

格式:

```
MessageBox(信息文本[,对话框类型][,标题文本])
```

说明如下。

- 信息文本:是指对话框中显示的信息。
- 对话框类型:3 个整数之和,用于指定对话框的样式,包括对话框中的按钮及其数目、图标样式,以及默认按钮。
- 标题文本:指定对话框标题栏的文本。

提示　"信息文本"和"标题文本"都为字符型数据,必须加字符串定界符。

经典题解

【例题 1】 一般情况下,当运行表单时,如果要重新绘制表单或控件,将调用表单对象的(　　)。

A) Release 方法　　B) Refresh 方法　　C) Show 方法　　D) Hide 方法

解析: 当运行表单时,如果要重新绘制表单或控件时,可调用 Refresh 方法,刷新它的所有值,Release 方法是将表单从内存中释放,Show 方法用于显示表单,Hide 方法用于隐藏表单。

答案: B)

【例题 2】 Show 方法用来将(　　)。

A) 表单的 Enabled 属性设置为.T.　　B) 表单的 Enabled 属性设置为.F.

C) 表单的 Visible 属性设置为.T.　　D) 表单的 Visible 属性设置为.F.

解析：在 Visual FoxPro 中，Show 方法用来显示表单，它将表单的 Visible 属性设置为.T.，使之成为活动对象。

答案：C）

【**真题1**】在 Visual FoxPro 中，UnLoad 事件的触发时机是（　　）。【2007 年 9 月】

A）释放表单　B）打开表单　C）创建表单　D）运行表单

解析：在 Visual FoxPro 中，不同的事件会在不同的时期被触发，其中 UnLoad 事件在释放表单时被触发，Load 事件在创建表单时触发，Init 在打开表单时触发。

答案：A）

【**真题2**】在表单设计中，经常会用到一些特定的关键字、属性和事件。下列各项中属于属性的是（　　）。【2007 年 9 月】

A）This　B）ThisForm　C）Caption　D）Click

解析：在表单设计中，This 用来表示当前操作的对象，ThisForm 用来表示当前的表单对象，Click 用来表示鼠标的单击事件，只有 Caption 用来表示控件或容器的标题属性。

答案：C）

【**真题3**】在 Visual FoxPro 中，在运行表单时最先引发的表单事件是________事件。【2007 年 9 月】

解析：Load 事件发生在表单创建对象之前，Init 事件在创建表单对象时发生，Activate 事件在表单被激活时发生，GotFocus 事件发生在表单对象接收到焦点时。

答案：Load

【**真题4**】在 Visual FoxPro 表单中，当用户单击命令按钮时，会触发命令按钮的________事件。【2007 年 9 月】

解析：当用户单击命令按钮时，会触发该按钮的 Click 事件，执行该按钮的 Click 事件代码。

答案：Click

考点4　创建和运行表单

1. 创建表单

创建表单一般有两种方法。

- 使用表单向导创建表单。

Visual FoxPro 提供了两种表单向导来帮助用户创建表单。

表单向导：适合于创建基于一个表的表单。

一对多表单向导：适合创建基于两个具有一对多关系的表的表单。

- 使用表单设计器创建表单。

调用表单设计器创建表单有下面 3 种方法。

① 命令方式调用，格式：

```
CREATE　FORM(报表文件名)
```

② 菜单方式调用：单击“文件”菜单中的“新建”命令，打开“新建”对话框。选择“表单”文件类型。

③ 在项目管理器环境下调用：在“项目管理器”窗口中选择“文档”选项卡，然后选择其中的“表单”图标。单击“新建”按钮，系统弹出“新建表单”对话框。

2. 运行表单

运行表单文件有下列 4 种方法。

① 在命令窗口输入命令：

```
DO FORM <表单文件名>
```

② 在表单设计器环境下，选择“表单”菜单中的“执行表单”命令，或单击标准工具栏上的“运行”按钮。

③ 在项目管理器窗口中，选择要运行的表单，然后单击窗口里的“运行”按钮。

④ 选择“程序”菜单中的“运行”命令，打开“运行”对话框，然后在对话框中指定要运行的表单文件并单击“运行”按钮。

经典题解

【例题 1】下面关于命令 DO FORM A NAME B 的叙述中，正确的是（　　）。

A）产生表单对象引用变量 A，在释放变量 A 时自动关闭表单

B）产生表单对象引用变量 A，在释放变量 A 时并不关闭表单

C）产生表单对象引用变量 B，在释放变量 B 时自动关闭表单

D）产生表单对象引用变量 B，在释放变量 B 时并不关闭表单

解析： 在 Visual FoxPro 命令窗口中执行命令 DO FORM <表单文件名> [NAME <文件名>] WITH <实参 1>[,<实参 2>,…][LINKED][NOSHOW]，可运行表单文件。其中，利用 NAME 短语建立指定名字的变量，并指向表单对象。当使用 LINKED 短语时，表单对象将随指向它的变量的清除而关闭，否则，即使变量已经清除，表单对象依然存在。

答案： C)

【例题 2】在命令窗口中，可以通过________命令打开表单设计器，通过________命令可以运行表单。表单的扩展名为________。

解析： 在 Visual FoxPro 的命令窗口中，利用 Create Form <表单名> 命令可以打开表单设计器，新建一个表单。可以通过命令 Do Form <表单名> 运行一个已存在的表单，当运行表单时，表单名可以不带扩展名.scx。

答案： Create Form <表单名>　Do Form <表单名>.scx

【真题 1】下面关于命令 DO FORM XX NAME YY LINKED 的陈述中，正确的是（　　）。【2008 年 4 月】

A）产生表单对象引用变量 XX，在释放变量 XX 时自动关闭表单

B）产生表单对象引用变量 XX，在释放变量 XX 时并不关闭表单

C）产生表单对象引用变量 YY，在释放变量 YY 时自动关闭表单

D）产生表单对象引用变量 YY，在释放变量 YY 时并不关闭表单

解析： Do Form 命令中包含 Name 子句，系统将建立指定名字的变量，并使它指向表单对象，如果包含 Linked 关键字，表单对象将随指向它的变量的清除而关闭（释放），否则，即使变量已经清除，表单对象也依然存在。

答案： C)

【真题 2】在 Visual FoxPro 中调用表单文件 mf1 的正确命令是（　　）。【2007 年 4 月】

A）DO mf1　　B）DO FROM mf1　　C）DO FORM mf1　　D）RUN mf1

解析： 调用表单的命令格式为：DO FORM <表单文件名>。

答案： C)

考点 5　表单设计器

考点速记

1. 表单设计器环境

表单设计器中包括：

(1)“表单设计器”窗口

“表单设计器”窗口包含正在设计的表单窗口。用户可以在表单窗口上可视化地添加和修改控件。表单窗口只能在“表单设计器”窗口内移动。

（2）“属性”窗口

“属性”窗口包括对象框、属性设置框和属性、方法、事件列表框。对象框显示当前被选定对象的名称。列表框列出当前被定对象的所有属性、方法和事件，用户可以从中选择一个需要编辑修改的对象或表单。对于表单和控件的绝大多数属性，其数据类型通常是固定的。

（3）“表单控件”工具栏

除了控件按钮，“表单控件”工具栏还包含“选定对象”按钮、“按钮锁定”按钮、“生成器锁定”按钮、“查看类”按钮4个辅助按钮。

（4）“表单设计器”工具栏

“表单设计器”工具栏含“设置Tab键次序”、“数据环境”、“属性窗口”、“代码窗口”、“表单控件工具栏”、“调色板工具栏”、“布局工具栏”、“表单生成器”和“自动格式”等按钮。

2. 控件的操作与布局

（1）控件的基本操作

- 选定控件；
- 移动控件；
- 调整控件大小；
- 复制控件；
- 删除控件。

（2）控件的布局

“布局工具栏”可以通过单击“表单设计器”工具栏上的“布局工具栏”按钮打开或关闭。利用“布局”工具栏中的按钮，可以方便地调整表单窗口中被选控件的相对大小或位置。

【真题】为使表单运行时在主窗口中居中显示，应设置表单的AutoCenter属性值为________。【2007年4月】

解析：AutoCenter属性用于设置表单是否在主窗口中居中显示，当其值为.T.时，表单居中。

答案：.T.

考点6　表单数据环境

1. 数据环境

在数据环境中能够包含与表单有联系的表和视图，以及表之间的关系。在数据环境中的表或视图会随着表单的打开或运行而打开，并随着表单的关闭或释放而关闭。数据环境的常用属性是AutoOpenTables和AutoCloseTables。

数据环境是一个对象，有自己的属性、方法和事件。

在表单设计器环境下，单击“表单设计器”工具栏上的“数据环境”按钮，或选择“显示”菜单中的“数据环境”命令，即可打开“数据环境设计器”窗口，进入表单数据设计器环境，如图10.1所示。

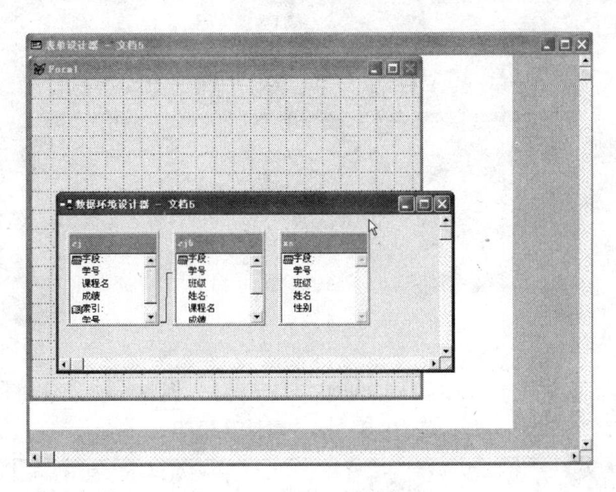

图 10.1　表单数据环境

2. 数据环境的基本操作

按下列方法可以向数据环境添加表或视图：

- 选择“数据环境”→“添加”命令，打开“添加表或视图”对话框。
- 选择要添加的表或视图并单击“添加”按钮。

3. 向表单添加字段

表单控件用来显示或修改表中的数据。一般有以下两种设置方法：

- 先用“表单控件”工具栏将一个控件放置到表单里，然后通过设置其 ControlSource 属性将控件和相应的字段绑定在一起。
- 从“数据环境设计器”窗口直接将字段拖入表单。默认情况下，如果拖动的是字符型字段，那么系统将在表单内产生一个文本框；如果拖动的是逻辑型字段，那么将产生复选框控件；如果拖动的是备注型字段，那么将产生编辑框控件；如果拖动的是表或视图，那么将产生表格控件。

经典题解

【真题 1】 以下关于表单数据环境叙述错误的是(　　)。　　【2004 年 4 月】

A）可以向表单数据环境设计器中添加表或视图　　B）可以从表单数据环境设计器中移出表或视图

C）可以在表单数据环境设计器中设置表之间的联系 D）不可以在表单数据环境设计器中设置表之间的联系

解析： 数据环境是一个对象，有自己的属性、方法和事件。在数据环境中可以添加和移去表或视图，如果添加到数据环境中的表之间具有在数据库中设置的永久关系，这些关系也会自动添加到数据环境中。如果表之间没有永久关系，可以根据需要在数据环境设计器下为这些表设置关系。

答案： D）

【真题 2】 以下叙述与表单数据环境有关，其中正确的是(　　)。　　【2003 年 9 月】

A）当表单运行时，在数据环境中的表处于只读状态，只能显示，不能修改

B）当表单关闭时，不能自动关闭数据环境中的表

C）当表单运行时，自动打开数据环境中的表

D）当表单运行时，与数据环境中的表无关

解析： 在表单中需要操作表中的数据时，打开表单时需要自动打开数据环境中的表（默认状态下，表是可读写的），当表单关闭时，自动关闭数据环境中的表。如果使表单数据环境中的表处于只读状态，则需要单独进行设置。

答案： C）

考点7　基本型控件

考点速记

1. 标签控件

标签控件(Label)用以显示文本,被显示的文本在 Caption 属性中指定,称为标题文本。常用的标签属性见表 10.6。

表 10.6　标签属性及说明

属　性	说　明
Caption	指定标签的标题文本
Alignment	指定标题文本在控件中显示的对齐方式

对 Alignment 属性的设置值如下:

- 0(默认值)左对齐,文本显示在区域的左边。
- 1 右对齐,文本显示在区域的右边。
- 2 中央对齐,将文本居中排放,使左右两边的空白相等。

2. 命令按钮控件

命令按钮(CommandButton)一般用来完成某个特定功能,如关闭表单、移动记录指针、打印报表等,其常用属性及说明见表 10.7。

表 10.7　命令按钮属性及说明

属　性	说　明
Default	命令按钮的 Default 属性默认值为.F.,如果该属性设置为.T.,在该按钮所在的表单激活情况下,按“Enter”键,可以激活该按钮,并执行该按钮的 Click 事件代码
Cancel	命令按钮的 Cancel 属性默认值为.F.,如果设置为.T.,在该按钮所在的表单激活的情况下,按“Esc”键可以激活该按钮
Enable	确定按钮是否有效,如果按钮的属性 Enable 为.F.,单击该按钮不会引发该按钮的单击事件
Visible	指定对象是可见还是隐藏。在表单设计器环境下创建的对象,该属性的默认值为.T.,即对象是可见的

3. 文本框控件

文本框(TextBox)是一种常用控件,可用于输入数据或编辑内存变量、数组元素和非备注型字段内的数据。文本框一般只包含一行数据。文本框可以编辑任何类型的数据,如字符型、数值型、逻辑型、日期型或日期时间型等。常用的文本框属性见表 10.8。

表 10.8　文本框属性及说明

属　性	说　明
ControlSource	该属性为文本框指定一个字段或内存变量
Value	返回文本框的当前内容
PasswordChar	指定文本框控件内是显示用户输入的字符还是显示占位符;当为该属性指定一个字符(即占位符,通常为*)后,文本框内将只显示占位符,而不会显示用户输入的实际内容
InputMask	指定在一个文本框中如何输入和显示数据

4. 编辑框控件

编辑框是一个完整的字处理器,其处理的数据可以包含回车符。编辑只能输入、编辑字符型数据,包括字符型内存变量、数组元素、字段及备注字段里的内容。常用的编辑框属性见表 10.9。

表 10.9　编辑框属性及说明

属　性	说　明
ControlSource	设置编辑框的数据源,一般为数据表的备注字段
Value	保存编辑框中的内容,可以通过该属性来访问编辑框中的内容
SelText	返回用户在编辑区内选定的文本,如果没有选定任何文本,则返回空串
SelLength	返回用户在文本输入区中所选定字符的数目
ReadOnly	确定用户是否能修改编辑框中的内容
ScrollBars	指定编辑框是否具有滚动条,当属性值为 0 时,编辑框没有滚动条,当属性值为 2(默认值)时,编辑框包含垂直滚动条

5. 复选框控件

一个复选框(CheckBox)用于标记一个两值状态,如真(.T.)或假(.F.)。当处于选中状态时,复选框显示一个对勾(√);否则,复选框内为空白。常用的复选框属性见表 10.10。

表 10.10　复选框属性及说明

属　性	说　明
Value	用来指明复选框的当前状态
ControlSource	用于指定复选框的数据源
ControlSource	指明复选框绑定的数据源。作为数据源的字段变量或内存变量,其类型可以是数值型或逻辑型

6. 列表框控件

列表框(ListBox)提供了一组条目,用户可以从中选择一个或多个条目。常用的列表框属性见表 10.11。

表 10.11　列表框属性及说明

属　性	说　明
RowSourceType	属性指明列表框中条目数据源的类型
RowSource	指定列表框的条目数据源
List	用以存取表框中数据条目的字符串数组
ListCount	指明列表框中数据条目的数目
ColumnCount	指定列表框的列数
Value	返回列表框中被选中的条目
ControlSource	该属性在列表框中的用法与在其他控件中的用法有所不同
Selected	指定列表框内的某个条目是否处于选定状态
MultiSelect	指定用户能否在列表框控件内进行多重选定

7. 组合框控件

组合框也是用于提供一组条目供用户从中选择,组合框和列表框的主要区别在于以下几个方面:

- 对于组合框来说,通常只有一个条目是可见的。可以单击组合框右端的下拉箭头按钮打开条目列表,以便从中选择。

- 组合框不提供多重选择的功能，没有 MultiSelect 属性。
- 组合框有两种形式，下拉组合框（Style 属性为 0）和下拉列表框（Style 属性为 2）。对下拉组合框，用户既可以从列表中选择，也可以在编辑区输入。对于下拉列表框，用户只可从列表中选择。

经典题解

【例题 1】将文本框的 PasswordChar 属性值设置为星号（*），那么，当在文本框中输入"计算机"时，文本框中显示的是（　　）。

A）计算机　　B）***　　C）******　　D）错误设置，无法输入

解析：PasswordChar 属性指定文本框控件内是显示用户输入的字符还是显示占位符。该属性的默认值是空串，此时没有占位符。当为属性指定一个占位符（例如本题中的星号"*"）时，文本框中只显示占位符。由于一个汉字占两个字符位，因此本题在文本框中将显示 6 个星号。

答案：C）

【例题 2】在表单中有两个命令按钮 Command1 和 Command2，编写 Command1 的 Click 事件代码：ThisForm. Parent. Command2. Enabled = . F. ，单击命令按钮 Command1 的结果是（　　）。

A）Command1 命令按钮不可用　　B）Command2 命令按钮不可见

C）Command2 命令按钮不可用　　D）事件代码错误，无法执行

解析：当控件的 Enabled 属性为. F. 时，控件将以浅色显示，表示此控件当前无效，本题中的代码因为对于 Command2 命令按钮的引用和描述不正确，将导致无法执行，正确的应该为：This. Parent. Command2. Enabled = . F. 。

答案：D）

【例题 3】决定选项组中单选按钮个数的属性是（　　）。

A）ButtonCount　　B）Buttons　　C）Value　　D）ControlSource

解析：选项组控件中 ButtonCount 属性指定选项组中选项按钮的数目，其默认值为 2；Value 属性用于指定选项组中哪个选项按钮被选中；Buttons 属性用于存取选项组中每个按钮的数组；ControlSource 属性指明与选项组建立联系的数据源。

答案：A）

【真题 1】在 Visual FoxPro 表单中，用来确定复选框是否被选中的属性是________。　　【2007 年 9 月】

解析：Value 属性用来指明复选框的当前状态，0 或者. F. 表示未被选中；1 或者. T. 表示被选中；2 或者. null. 表示不确定。

答案：Value

【真题 2】以下所列各项属于命令按钮事件的是（　　）。　　【2006 年 4 月】

A）Parent　　B）This　　C）ThisForm　　D）Click

解析：事件可以由用户引发，用户单击程序界面上的一个命令按钮就引发了一个 Click 事件，命令按钮识别该事件并执行相应的 Click 事件代码。

答案：D）

【真题 3】如果想在运行表单时向 Text2 中输入字符，回显字符显示的是"*"号，则可以在 Form1 的 Init 事件中加入语句（　　）。　　【2004 年 9 月】

A）FORM1. TEXT2. PASSWORDCHAR = "*"　　B）FORM1. TEXT2. PASSWORD = "*"

C）THISFORM. TEXT2. PASSWORD = "*"　　D）THISFORM. TEXT2. PASSWORDCHAR = "*"

解析：PasswordChar 属性指定文本框控件内是显示用户输入的字符还是显示占位符。当为属性指定一个占位符（例如本题中的星号"*"），文本框中只显示占位符。当前对象所在的表单的关键字为 THISFORM。

答案：D）

【真题 4】如果文本框的 InputMask 属性值是#99999，允许在文本框中输入的是（　　）。　　【2004 年 9 月】

A）+12345　　B）abc123　　C）$ 12345　　D）abcdef

解析：InputMask 属性指定在一个文本框中如何输入和显示数据，"#99999"表示输入的字符为数值型数据，选项 B）、C）、D）中都包含非数值型字符。

答案：A）

考点 8　容器型控件

考点速记

1. 命令按钮组控件

命令按钮组(CommandGroup)是包含一组命令按钮的容器控件,命令按钮组及其中的每个按钮都有自己的属性、方法和事件。命令按钮组控件的常用属性见表 10.12。

表 10.12　命令组控件属性及说明

属　性	说　明
ButtonCount	指定命令组中命令按钮的数目
Buttons	用于存取命令组中各按钮的数组
Value	指定命令组当前的状态

2. 选项组控件

选项组(OptionGroup)又称为选项按钮组,是包含选项按钮的一种容器。一个选项组包含若干个选项按钮,用户只能从中选择一个按钮,当用户选择某个选项按钮时,该按钮即成为被选中状态,而选项组中的其他选项按钮,不管原来是什么状态,都变为未选中状态,处于选中状态的选项按钮中会出现一个圆点。选项组控件的常用属性见表 10.13。

表 10.13　选项组控件属性及说明

属　性	说　明
ButtonCount	指定选项组中选项按钮的数目
Value	用于指定选项组中哪个选项按钮被选中
ControlSource	指明与选项组建立联系的数据源。作为选项组数据源的字段变量或内存变量,其类型可以是数值型或字符型
Buttons	用于存取选项组中每个按钮的数组

3. 表格控件

表格是一种容器对象,由若干列对象(Column)组成,每个列对象包含一个标头对象(Header)和若干控件。表格、列、标头和控件都有自己的属性、事件和方法。

常用的表格属性见表 10.14。

表 10.14　常用表格属性及说明表

属　性	说　明
RecordSourceType	指明表格数据源的类型
RecordSource	指定表格数据源
ColumnCount	指定表格的列数
LinkMaster	用于指定表格控件中所显示的子表的父表名称
ChildOrader	指定子表的索引
RelationalExpr	确定基于主表字段的关联表达式
AllowAddNew	为真,运行时允许添加新记录,否则不能添加新记录
AllowRowSizing	为真,运行时用户可改变行高
AllowHeaderSizing	为真,运行时用户可改变列宽

RecordSourceType 属性的取值范围及含义，见表 10.15。

表 10.15 RecordSourceType 属性的取值范围及含义

属 性	说 明
0	表。数据来源于由 RecorDSource 属性指定的表，该表能被自动打开
1	（默认值）别名。数据来源于已打开的表，由 RecordSource 属性指定该表的别名
2	提示。运行时，由用户根据提示选择表格数据源
3	查询数据来源于查询，由 RecordSource 属性指定一个查询文件（.qpr 文件）
4	SQL 语句。数据来源于 SQL 语句

常用的列属性见表 10.16。

表 10.16 常用的列属性

属 性	说 明
Contro1Source	指定要在列中显示的数据源，常见的是表中的一个字段
CurrentControl	指定列对象中的一个控件，该控件用来显示和接收列中活动单元格的数据
Sparse	用来确定 CurrentControl 属性是影响列中的所有单元格还是只影响活动单元格

常用的标头属性见表 10.17。

表 10.17 常用的标头属性

属 性	说 明
Caption	指定标头对象的标题文本，显示于列顶部
Alignment	指定标题文本在对象中显示的对齐方式

4. 页框控件

页框是包含页面（Page）的容器对象，而页面本身也是一种容器，其中可以包含所需要的控件。常用的页框属性见表 10.18。

表 10.18 常用的页框属性

属 性	说 明
PageCount	用于指明一个页框对象所包含的页对象的数量。最小值为 0，最大值为 99
Pages	Pages 属性是一个数组，用于存取页框中的某个页对象
Tabs	指定页框中是否显示页面标签栏
TabStretch	当页面标题（标签）文本太长，可通过设置该属性利用多行显示
ActivePage	返回页框中活动页的页号，或使页框中的指定页成为活动的

经典题解

【真题 1】在 Visual FoxPro 中，假设表单上有一选项组：○男 ○女，该选项组的 Value 属性值赋为 0。当其中的第一个选项按钮“男”被选中时，该选项组的 Value 属性值为________。 【2007 年 9 月】

解析：Value 属性用于指定选项组中哪个选项按钮被选中。该属性值的类型可以是数值型的，也可以是字符型的。若为数值型 N，表示选项组中第 n 个选项按钮被选中。

答案：1

【真题 2】在 Visual FoxPro 中，如果要改变表单上表格对象中当前显示的列数，应设置表格的________属性值。 【2005 年 9 月】

解析：表格控件的 ColumnCount 属性指定表格的列数，该属性在设计时可用，在运行时可读写。

答案：ColumnCount

历年真题汇编

一、选择题

(1) 下面属于表单方法名(非事件名)的是( )。【2008年4月】

A) Init B) Release C) Destroy D) Caption

(2) 下列表单的哪个属性设置为真时,表单运行时将自动居中( )。【2008年4月】

A) AutoCenter B) AlwaysOnTop C) ShowCenter D) FormCenter

(3) 表单里有一个选项按钮组,包含两个选项按钮 Option1 和 Option2。假设 Option2 没有设置 Click 事件代码,而 Option1 及选项按钮组和表单都设置了 Click 事件代码。那么当表单运行时,如果用户单击 Option2,系统将( )。【2008年4月】

A) 执行表单的 Click 事件代码 B) 执行选项按钮组的 Click 事件代码

C) 执行 Option1 的 Click 事件代码 D) 不会有反应

(4) 假设在表单设计器环境下,表单中有一个文本框且已经被选定为当前对象。现在从属性窗口中选择 Value 属性,然后在设置框中输入:={^2001-9-10}-{^2001-8-20}。请问以上操作后,文本框 Value 属性值的数据类型为( )。【2007年9月】

A) 日期型 B) 数值型

C) 字符型 D) 以上操作出错

(5) 在 Visual FoxPro 中,释放表单时会引发的事件是( )。【2007年4月】

A) UnLoad 事件 B) Init 事件

C) Load 事件 D) Release 事件

(6) 如果运行一个表单,以下事件首先被触发的是( )。【2006年9月】

A) Load B) Error C) Init D) Click

(7) 假设表单上有一选项组:⊙男 ○女,如果选择第2个按钮"女",则该选项组 Value 属性的值为( )。【2006年9月】

A) .F. B) 女 C) 2 D) 女 或 2

(8) 假设表单 MyForm 隐藏着,让该表单在屏幕上显示的命令是( )。【2006年9月】

A) MyForm. List B) MyForm. Display

C) MyForm. Show D) MyForm. ShowForm

(9) 关闭表单的程序代码是 ThisForm. Release,Release 是( )。【2006年9月】

A) 表单对象的标题 B) 表单对象的属性

C) 表单对象的事件 D) 表单对象的方法

(10) 扩展名为.scx 的文件是( )。【2006年4月】

A) 备注文件 B) 项目文件 C) 表单文件 D) 菜单文件

(11) 表格控件的数据源可以是( )。【2006年4月】

A) 视图 B) 表

C) SQL SELECT 语句 D) 以上三种都可以

(12) 假设表单上有一选项组:⊙男 ○女,其中第一个选项按钮"男"被选中。请问该选项组的 Value 属性值为( )。【2006年4月】

A) .T. B) "男" C) 1 D) "男"或1

二、填空题

(1) 为使表单运行时在主窗口中居中显示,应设置表单的 AutoCenter 属性值为________。【2007年4月】

(2) 在表单设计器中可以通过________工具栏中的工具快速对齐表单中的控件。【2006年9月】

全真试题训练

一、选择题

(1) 类是一组具有相同属性和相同操作的对象的集合,类之间共享属性和操作的机制称为(　　)。

A）多态性　　B）动态绑定　　C）静态绑定　　D）继承

(2) Visual FoxPro 中的容器类生成(　　)。

A）容器　　B）对象　　C）控件　　D）属性

(3) 下列关于运行表单的方法中,不正确的一项是(　　)。

A）单击“程序”菜单中的“运行”命令

B）在表单设计器环境下,单击“表单”菜单下的“执行表单”命令

C）单击常用工具栏中的“运行”按钮

D）执行 RUN FORM 命令运行表单

(4) 下列关于“事件”的叙述中,错误的是(　　)。

A）Visual FoxPro 中基类的事件可以由用户创建

B）Visual FoxPro 中基类的事件是由系统预先定义好的,不可由用户创建

C）事件是一种事先定义好的特定的动作,可由用户或系统激活

D）单击、双击、移动和键盘按键均可激活某个事件

(5) 在运行某个表单时,下列有关表单事件的引发次序的叙述正确的是(　　)。

A）Activate → Init → Load　　B）Load → Activate → Init

C）Activate → Load → Init　　D）Load → Init → Activate

(6) 下列关于属性、方法和事件的叙述,错误的是(　　)。

A）事件代码也可以像方法一样被显示调用

B）属性用语描述对象的状态,方法用语描述对象的行为

C）在新建一个表单时,可以添加新的属性、方法和事件

D）基于同一个类产生的两个对象可以分别设置自己的属性值

(7) 在 Visual FoxPro 中,为了将表单从内存中释放(清除),可将表单中退出命令按钮的 Click 事件代码设置为(　　)。

A）ThisForm. Refresh　　B）ThisForm. Delete　　C）ThisForm. Hide　　D）ThisForm. Release

(8) 假定一个表单里有一个文本框 Text1 和一个命令按钮组 CommandGroup1,命令按钮组是一个容器对象,其中包含 Command1 和 Command2 两个命令按钮。如果要在 Command1 命令按钮的某个方法中访问文本框的 Value 属性值,下面正确的式子是(　　)。

A）ThisForm. Text1. Value　　B）ThisForm. Parent. Value

C）Parent. Text1. Value　　D）This. Parent. Text1. Value

(9) 下面关于命令 DO FORM XX NAME YY LINKED 的叙述中,正确的是(　　)。

A）产生表单对象引用变量 XX,在释放变量 XX 时自动关闭表单

B）产生表单对象引用变量 XX,在释放变量 XX 时并不关闭表单

C）产生表单对象引用变量 YY,在释放变量 YY 时自动关闭表单

D）产生表单对象引用变量 YY,在释放变量 YY 时并不关闭表单

(10) 下列关于数据环境和环境中表之间关系的说法,正确的是(　　)。

A）数据环境是对象,关系不是对象　　B）数据环境不是对象,关系是对象

C）数据环境是对象,关系是数据环境中的对象　　D）数据环境和关系都不是对象

(11) 在设计代码时,应该通过下列(　　)属性值来引用对象。

A）Caption　　B）Name　　C）Label　　D）Alignment

(12) 在表单 Myform 中通过事件代码，将标签 Lbl1 的 Caption 属性值设置为“计算机等级考试”，下列程序代码正确的是(　　)。

A) Myform. Lbl1. Caption = "计算机等级考试"　　B) This. Lbl1. Caption = "计算机等级考试"

C) ThisForm . Lbl1. Caption = "计算机等级考试"　　D) ThisForm. Lbl1. Caption = 计算机等级考试

(13) 如果文本框的 SelStart 属性值为 -1，表示的含义为(　　)。

A) 表示光标定位在文本框的第一个字符位置上　　B) 表示从当前光标处向前选定一个字符

C) 表示从当前光标处向后选定一个字符　　D) 错误属性值，该属性值不能为负数

(14) 下列控件中，可使用 PasswordChar 属性的是(　　)。

A) 文本框、组合框　　B) 文本框、列表框　　C) 文本框、编辑框　　D) 仅适用于文本框

(15) 能够将表单的 Visible 属性设置为. T.，并使表单成为活动对象的方法是(　　)。

A) Hide　　B) Show　　C) Release　　D) SetFocus

(16) 下面对编辑框(EditBox)控件属性的描述正确的是(　　)。

A) SelLength 属性的设置可以小于 0

B) 当 ScrollBars 的属性值为 0 时，编辑框内包含水平滚动条

C) SelText 属性在做界面设计时不可用，在运行时可读写

D) ReadOnly 属性值为. T. 时，用户能使用编辑框中的内容

(17) 复选框的 Value 属性值如果等于 1，则表示该复选框的当前状态为(　　)。

A) 未被选中　　B) 被选中　　C) 不确定　　D) 错误设置

(18) 确定列表框内的某个条目是否被选定，应使用的属性是(　　)。

A) Value　　B) ColumnCount　　C) ListCount　　D) Selected

(19) 列表框控件的 RowSource 属性用来(　　)。

A) 指定列表框中的条目数据源　　B) 指定列表框的条目数据源的类型

C) 指定列表框的条目数据的取值范围　　D) 指定一个字段或变量用于保存用户从列表中选择的结果

(20) 下列关于组合框的说法正确的是(　　)。

A) 组合框中，只有一个条目是可见的　　B) 组合框不提供多重选定的功能

C) 组合框没有 MultiSelect 属性的设置　　D) 以上说法均正确

(21) 假设当前表单中的页框共包括 3 个页面，下列语句中，能正确设置第 2 个页标题为“第二页”的代码是(　　)。

A) ThisForm. PageFrame. Page(2) . Caption = "第二页"

B) ThisForm. PageFrame. Pages(2) . Caption = "第二页"

C) ThisForm. PageFrame1. Page(2) . Caption = "第二页"

D) ThisForm. PageFrame1. Pages(2) . Caption = "第二页"

二、填空题

(1) 类是一组具有相同________和相同________的对象集合，类中的每个对象都是这个类的一个________。

(2) 在 Visual FoxPro 中，可以有两种方式来引用一个对象，下列命令中，第一条命令的引用方式属于________，第二条命令的引用方式为________。

① ThisForm. Container1. Text1. Value = "计算机"

② This. Value = "计算机"

(3) 在 Init、Load、Destroy 和 Activate 四个事件中，系统最先执行的是________事件，最后执行的是________事件。

(4) Visual FoxPro 提供了 3 种方式来创建表单，分别是使用________创建表单；使用________创建一个新的表单或修改已有的表单；使用“表单”菜单中的________命令创建一个简单的表单。

(5) 在表单中确定控件是否可见的属性是________。

(6) 在命令按钮中，当________属性值为. T. 时，称为“取消”按钮。

(7) 编辑框与文本框最大的区别是：在编辑框中可以输入或编辑________文本，而在文本框中只能输入或编辑________文本。

(8) 在列表框中，用以存取列表中数据条目的字符串数组的属性是________。

（9）表格对象由若干个________组成，且每个________包含一个标头对象和若干控件。

（10）表单中的________控件可用来创建多页面表单，该控件的________属性可用来设置页面数。

历年真题参考答案及解析

一、选择题

（1）【解析】Caption 属性表示表单的标题。Init 事件表示创建表单时触发该事件，从而执行为该事件编写的代码。Release 方法是从内存中释放表单。注意 Release 方法与 Destroy 方法的区别，Destroy 方法是由表单释放事件而触发的方法，而 Release 方法则是主动释放表单，可以说 Release 是 Destroy 的触发器，由于 Release 方法的执行而导致表单的释放，从而引发表单释放事件，并因此触发 Destroy 方法的运行。

【答案】B）

（2）【解析】题中选项 A）是指表单初始化时是否自动在 Visual FoxPro 主窗口内居中显示。选项 B）是指表单是否总是位于其他打开窗口之上。选项 C）和选项 D）在表单命令中没有意义。

【答案】A）

（3）【解析】由于 Option2 没有定义自己的 Click 事件处理函数，因此将执行其容器的事件处理函数。

【答案】B）

（4）【解析】两个严格的日期格式数据相减得到两个日期相差的天数，为数值型数据。

【答案】B）

（5）【解析】在表单的常用事件中，Init 事件在表单建立时引发，Load 事件在表单建立之前引发，Unload 事件在表单释放时引发，Release 属于释放表单时要引用的方法而不属于事件。

【答案】A）

（6）【解析】Load 在表单对象建立之前触发，即运行表单时，先触发 Load 事件，接着触发 Init 事件。而 Error 事件和 Click 事件是在表单运行中所发生的事件，也在 Load 事件之后。

【答案】A）

（7）【解析】Value 属性用于表示单选按钮组中哪个单选按钮被选中。该属性值的类型可以是数值型的，也可以是字符型的。当为数值型时，表示单选按钮组中第几个单选按钮被选中；当为字符型时，其值为被选中的单选按钮的 Caption 属性值。依据题意得，该选项组 Value 属性值为“女”或 2。

【答案】D）

（8）【解析】一般情况下，在运行表单时，在产生表单对象后，将调用表单对象的 Show 方法显示表单。Show 方法将表单的 Visible 属性设置为 .T.，并使表单成为活动对象。

【答案】C）

（9）【解析】表单常用的事件有 Init 事件、Destroy 事件、Error 事件、Load 事件、Unload 事件、GotFocus 事件、Click 事件、DbClick 事件、RightClick 事件和 InteractiveChange 事件。常用的方法有 Release 方法、Refresh 方法、Show 方法、Hide 方法和 SetFocus 方法。

【答案】D）

（10）【解析】表单文件的扩展名是 .scx，菜单文件的扩展名是 .mpr，项目文件的扩展名是 .pjx，备注文件有多种，不同备注文件，扩展名不同，如数据库备注文件的扩展名是 .dct，表备注文件的扩展名是 .fpt。

【答案】C）

（11）【解析】表格控件的数据源类型由 RecordSourceType 属性指定，表格控件的数据源可以是视图或者表，也可以是一条 SQL 语句。此外，还可以是查询文件，或者运行时由用户根据提示选择表格数据源。

【答案】D）

（12）【解析】选项组控件的 Value 属性值的类型可以是数值型的，也可以是字符型的。若为数值型 N，则表示选项组中第 N 个选项按钮被选中，若为字符型 C，则表示选项组中 Caption 属性值为 C 的选项按钮被选中。

【答案】D)

二、填空题

(1)【解析】AutoCenter属性用于设置表单是否在主窗口中居中显示,当其值为.T.时,表单居中。

【答案】.T.

(2)【解析】利用"布局"工具栏中的按钮,可以方便地调整表单窗口中控件的相对大小或位置。"布局"工具栏可以通过单击表单设计器工具栏上的"布局工具栏"按钮或选择"显示"菜单中的"布局工具栏"菜单命令打开或关闭。

【答案】布局

全真试题参考答案

一、选择题

(1) D)　(2) C)　(3) D)　(4) A)　(5) D)
(6) C)　(7) D)　(8) A)　(9) C)　(10) C)
(11) B)　(12) C)　(13) D)　(14) C)　(15) B)
(16) C)　(17) B)　(18) D)　(19) A)　(20) D)
(21) D)

二、填空题

(1) 属性　操作　实例
(2) 绝对引用　相对引用
(3) Load Destroy
(4) 表单向导　表单设计器　快捷表单
(5) Visible
(6) Cancel
(7) 多行　单行
(8) List
(9) 列对象　列对象
(10) 页框　PageCount

第 11 章　菜单的设计与应用

考查知识点		考核几率	分值
考点 1	Visual FoxPro 系统菜单	10%	2 分
考点 2	菜单设计	60%	2 ~ 4 分

考点 1　Visual FoxPro 系统菜单

考点速记

1. 菜单结构

Visual FoxPro 支持条形和弹出式两种菜单，每个条形菜单都有一个内部名称和一组菜单选项，每个菜单选项都有一个名称和内部名称。每个弹出式菜单也有一个内部名字和一组菜单选项，每个菜单选项则有一个名称和内部序号。

每一个菜单选项都有选择地设置一个热键和一个快捷键。热键通常是一个字符。当菜单激活时，可以按菜单项的热键快速选择该菜单项。快捷键通常是 Ctrl 键和另一个字符键组成的组合键。

2. 系统菜单

Visual FoxPro 系统菜单是一个典型的菜单系统，用 SET SYSMENU 命令方式可以允许或者禁止在程序执行时访问系统菜单，最常用的命令参数如下。

格式：

```
SET SYSMENU ON | OFF | TO [DEFAULT]
```

说明：

- ON 允许程序执行时访问系统文件。
- OFF 禁止程序执行时访问系统菜单。
- TO[DEFAULT]是将系统菜单恢复为默认配置。

提示　不带参数的 SET SYSMENU TO 命令将屏蔽系统菜单，使系统菜单不可用。

经典题解

【例题】 Visual FoxPro 支持的两种类型的菜单，分别为________和________。

解析： Visual FoxPro 支持两种类型的菜单：条形菜单和弹出式菜单。条形菜单和弹出式菜单都有一个内部名字和一组菜单选项，每个菜单项都有一个名称（标题）和内部名字，但弹出式菜单的每个菜单项还有一个选项序号。

答案： 条形菜单　弹出式菜单

【真题】 以下是与设置系统菜单有关的命令，其中错误的是（　　）。　【2006 年 4 月】

A）SET SYSMENU DEFAULT　　B）SET SYSMENU TO DEFAULT

C）SET SYSMENU NOSAVE　　D）SET SYSMENU SAVE

解析： 通过 SET SYSMENU 命令可以允许或者禁止在程序执行时访问系统菜单，也可以重新配置系统菜单：

SET SYSMENU ON|OFF|AUTOMATIC
| TO [弹出式菜单名表]
| TO [条形菜单项名表]
| TO [DEFAULT] | SAVE | NOSAVE

由此可知,选项 A) 是错误的命令。

答案: A)

考点2　菜单设计

考点速记

1. 下拉式菜单设计

下拉式菜单是一种最常见的菜单,用 Visual FoxPro 提供的菜单设计器可以方便地进行下拉式菜单的设计。

(1) 调用菜单设计器

调用菜单设计可以建立菜单文件,可以通过以下方法调用菜单设计器。

- 通过命令的方式,格式如下。

格式:

MODIFY MENU <文件名>

- 选择"文件"→"新建"→"新建文件"命令,单击"新建菜单"对话框中的"菜单"按钮。这样会出现"菜单设计器"窗口。

(2) 定义菜单

菜单设计器窗口左边是一个列表框,包括"菜单名称"、"结果"、"选项"3 列,每一行定义一个菜单项。

- "菜单名称"列。指定菜单项的名称,也称为标题,用于显示,并非内部名字。另外,在还可以定义访问键和分隔线。

访问键:在访问键的字符前加上"\>"两个字符。

分隔线:在相应行的"菜单名称"列上输入"\-"两个字符。

- "结果"列。该列用于指定当用户选择该菜单项时的动作。

单击该列将出现一个下拉列表框,有命令、过程、子菜单和填充名称或菜单项 4 种选择,选项命令及说明见表 11.1。

表 11.1　"结果"列选项命令及说明

命　　令	说　　明
命令	执行一条命令
过程	将在右侧出现一个"创建"按钮,单击它可以打开一个文本编辑器,与"命令"不同的是,在文本编辑器中可以一次输入多条命令
子菜单	将在右侧出现一个"创建"按钮,单击它可以打开子菜单设计界面
填充名称(或菜单项#)	将在右侧出现一个文本框,用户可以在这个文本框中输入菜单项的内部名字、字或序号。如果是条形菜单将出现"填充名称";如果是弹出式子菜单,则出现"菜单项#"

- "选项"列。有一个无符号按钮,单击该按钮就会出现"提示选项"对话框,供用户定义菜单项的其他属性。

(3) 生成菜单程序

在菜单设计器中定义的菜单定义文件是一个表文件,保存着菜单各项的定义,不能直接运行。必须生成可执行的菜单文件,扩展名为.mpr。

(4) 运行菜单程序

可以使用命令 DO <文件名.mpr> 运行菜单程序,但文件名的扩展名.mpr 不能省略。

（5）为顶层表单添加菜单

为顶层表添加下拉式菜单的方法和过程如下。

- 在“菜单设计器”窗口中，单击“显示”菜单中的“常规选项”命令，在“常规选项”对话框中勾选“顶层表单”复选框，并生成可执行菜单文件，如图 11.1(a)所示。
- 将表单的 ShowWindow 属性值设置为“2－作为顶层表单”，使其成为顶层表单。如图 11.1(b)所示。

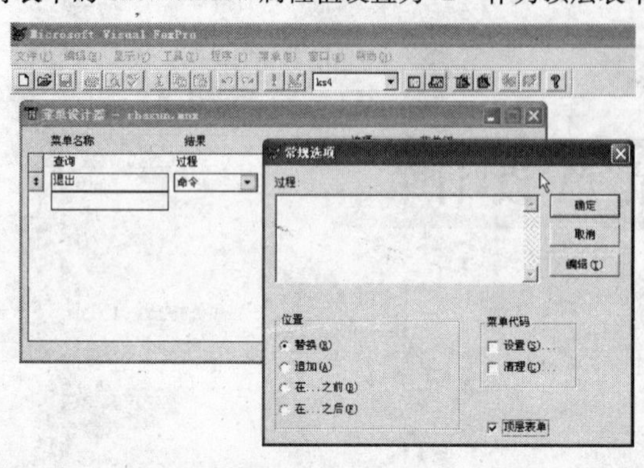

（a）

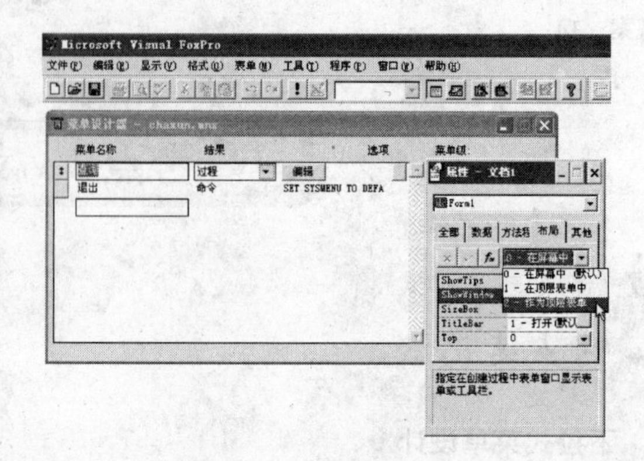

（b）

图 11.1　下拉菜单在顶层表单中的应用

- 在表单的 Init 事件代码中添加调用菜单程序的命令，其格式如下：

  DO <文件名> WITH This[,"<菜单名>"]

其中，<文件名>指定被调用的菜单程序文件，其中的扩展名.mpr 不能省略。This 表示当前表单对象的引用。

- 在表单的 Destroy 事件代码中添加清除菜单的命令，使得在关闭表单时能同时清除菜单，释放其所占用的内存空间。命令格式如下：

  RELEASE MENU <菜单名>[EXTENDED]

其中的 EXTENDED 表示在清除条形菜单时一起清除其下属的所有子菜单。

2. 快捷菜单设计

快捷菜单一般从属于某个界面对象，当用鼠标右键单击该对象时，就会在单击处弹出快捷菜单。建立快捷菜单的方法和过程步骤如下。

① 利用快捷菜单设计器建立一个快捷菜单，生成菜单程序文件。

② 在快捷菜单的“清理”代码中添加清除菜单的命令，命令格式如下：

RELEASE POPUPS <快捷菜单名>[EXTENDED]

③ 在表单设计器中选定要添加快捷菜单的对象，在对象的 RightClick 事件代码中添加调用快捷菜单程序的命令：

DO <快捷菜单程序文件名>

文件名的扩展名.mpr 不能省略。

经典题解

【真题】 在 Visual FoxPro 中，假设当前文件夹中有菜单程序文件 mymenu.mpr，运行该菜单程序的命令是________。

【2008 年 4 月】

解析： 生成的菜单程序文件也是一个程序文件，可以和程序文件“.prg”一样被运行。方法为选择“程序”菜单中的“运行”菜单选项，然后选择相应的文件名，即可运行菜单程序文件。或者在命令窗口中输入命令“DO（菜单程序文件名）”也可以运行菜单程序，但菜单程序扩展名.mpr 不可缺省，例如 DO mppl.mpr。

答案： DO mymenu.mpr

历年真题汇编

一、选择题

(1) 在 Visual FoxPro 中，扩展名为. mnx 的文件是(　　)。【2008 年 4 月】

A) 备注文件　　B) 项目文件　　C) 表单文件　　D) 菜单文件

(2) 在 Visual FoxPro 中，菜单程序文件的默认扩展名是(　　)。【2007 年 9 月】

A) . mnx　　B) . mnt　　C) . mpr　　D) . prg

二、填空题

(1) 要将一个弹出式菜单作为某个控件的快捷菜单，通常是在该控件的________事件代码中添加调用弹出式菜单程序的命令。【2006 年 4 月】

(2) 为了从用户菜单返回到默认的系统菜单应该使用命令 SET ________ TO DEFAULT。【2004 年 9 月】

全真试题训练

一、选择题

(1) 在 Visual FoxPro 中，使用菜单生成器定义的菜单，最后生成的菜单程序文件的扩展名是(　　)。

A) MNX　　B) PRG　　C) MPR　　D) SPR

(2) 下列关于各种命令的功能说法中，不正确的是(　　)。

A) SET SYSMENU 命令可以允许或禁止在程序执行时访问菜单

B) 可在表单的 DESTROY 事件代码中添加清除菜单的命令，格式为 RELEASE MENU <菜单名>[EXTENDED]

C) 命令 ACTIVATE POPUP 可以用来激活一个条形菜单

D) 在表单的 Init 事件代码中添加调用菜单程序命令的格式为 DO <文件名> WITH This[,"<菜单名>"]

(3) 在命令窗口中，可通过下列(　　)命令直接启动菜单设计器。

A) SET SYSMENU TO DEFAULT　　B) MODIFY MENU <菜单文件名>

C) DEFINE MENU <条形菜单名>　　D) DEFINE POPUP <弹出式菜单名>

(4) 在 Visual FoxPro 中，访问键通常是由下列(　　)键与其访问字母的组合。

A) Ctrl　　B) Alt　　C) Shift　　D) Tab

(5) 在菜单设计器环境下，系统“显示”菜单会出现的两条命令是(　　)。

A) 添加和删除　　B) 常规选项和菜单选项

C) 常规选项和菜单设计　　D) 条形菜单和弹出式菜单

(6) 用于设置菜单访问键的是(　　)。

A) 菜单名称　　B) “提示选项”对话框

C) “菜单级”下拉框　　D) “菜单选项”对话框

(7) 在定义一个菜单项时，若使选项后面无文本框出现，菜单项的“结果”应选择(　　)。

A) 命令　　B) 过程

C) 填充名字　　D) 菜单项

(8) 下列关于“菜单设计器”中“选项”列的说法，正确的是(　　)。

A) 在菜单设计器中，每个子菜单项的“选项”列都有一个无符号按钮

B) 单击“选项”按钮会出现“提示选项”对话框，且设置过属性后，按钮上会出现符号√

C) 在“提示选项”对话框中，可以为菜单项指定快捷键

D）以上说法均正确

(9) 在“菜单设计器”中，“插入”按钮的作用是（ ）。

A）可在当前菜单项之前插入一个新的菜单项

B）可在当前菜单项之后插入一个新的菜单项

C）在当前菜单项之前插入一个 Visual FoxPro 系统菜单命令

D）在当前菜单项之后插入一个 Visual FoxPro 系统菜单命令

(10) 向顶层表单添加菜单的命令是 DO <文件名> WITH This[," <菜单名> "]，其中的<菜单名>指的是（ ）。

A）调用的条形菜单名称

B）调用的弹出式菜单名称

C）为被调用的弹出式菜单指定的一个内部名字

D）为被调用的条形菜单指定的一个内部名字

二、填空题

(1) Visual FoxPro 的系统菜单是一个典型的菜单系统，其主菜单是一个________菜单，子菜单是________菜单。

(2) 利用命令方式调用“菜单设计器”窗口，进行菜单的建立或修改，其命令格式为________。

(3) 要为菜单项设置访问键时，应在________中进行设置，其作为访问键的字符前，要加上________两个字符。

(4) 如果当前设计的是弹出式菜单，在菜单设计器的“结果”下拉框中将出现________、________、________和________4 个选项。

(5) 在调用菜单设计器后，系统的“显示”菜单会出现两条命令：________和________，其中在________命令的对话框中可定义整个下拉式菜单系统的总体属性。

(6) 在表单的________事件中，设置清除菜单的命令，如果要清除条形菜单的同时一起清除其下属的所有子菜单，必须利用短语________。

(7) 快捷菜单实质上是一个弹出式菜单，要将某个弹出式菜单作为一个对象的快捷菜单，通常是在对象的________事件代码中添加调用该弹出式菜单的程序代码。

历年真题参考答案及解析

一、选择题

(1)【解析】在 Visual FoxPro 中，项目文件的后缀为.pjx；表单文件的后缀为.scx；菜单文件的后缀为.mnx；不同类型的备注文件后缀不同，例如.dct 表示数据库备注文件，.fpt 表示数据表备注文件。

【答案】D)

(2)【解析】菜单定义文件的默认扩展名是.mnx；菜单备注文件的默认扩展名是.mnt；菜单程序文件的默认扩展名是.mpr；执行程序文件的默认扩展名是.prg。

【答案】C)

二、填空题

(1)【解析】快捷式菜单一般是一个弹出式菜单，通常在选定对象的 RightClick 事件代码中添加调用快捷菜单程序的命令。

【答案】RightClick

(2)【解析】不带参数的 SET SYSMENU TO 命令，将屏蔽系统菜单，使菜单不可用。其中 TO DEFAULT 将系统菜单恢复为默认的配置；SAVE 参数将当前的系统菜单配置指定为默认配置；NOSAVE 参数将默认配置恢复成 Visual FoxPro 系统菜单的标准配置。

【答案】SYSMENU

全真试题参考答案

一、选择题

(1) C)　(2) C)　(3) B)　(4) B)　(5) B)

(6) A)　(7) B)　(8) D)　(9) A)　(10) D)

二、填空题

(1) 条形　弹出式

(2) MODIFY MENU <文件名>

(3) 菜单名称　\<

(4) 命令　过程　子菜单　菜单项

(5) 常规选项　菜单选项　常规选项

(6) Release EXTENED

(7) RightClick

第12章 报表的设计与应用

考查知识点		考核几率	分值
考点1	创建报表	30%	2分
考点2	设计报表	20%	2分
考点3	输出报表	20%	2分

考点1 创建报表

报表主要包括两部分内容:数据源和布局。数据源是报表的数据来源,报表的数据源通常是数据库中的表或自由表,也可以是视图、查询或临时表。常规的报表布局类型有列报表、行报表、一对多报表和多栏报表,不同的布局类型适应于不同的报表。

Visual FoxPro 提供了3种创建报表的方法。

1. 使用报表向导创建报表

启动报表向导前可先打开报表数据源。启动报表有以下4种途径:

① 打开“项目管理器”,选择“文档”选项卡,从中选择“报表”。然后单击“新建”按钮。在弹出的“新建报表”对话框中单击“报表向导”按钮。

② 从“文件”菜单中选择“新建”命令,或者单击工具栏上的“新建”按钮,打开“新建”对话框,在文件类型栏中选择报表。然后单击“向导”按钮。

③ 在“工具”菜单中选择“向导”子菜单,选择“报表”。

④ 直接单击工具栏上的“报表向导”图标按钮。

报表向导启动时,首先弹出“向导选取”对话框。如果数据源只来自一个表,应选取“报表向导”,如果数据源包括父表和子表,则应选取“一对多报表向导”,如图12.1所示。之后,按照“报表向导”对话框的提示进行操作即可。

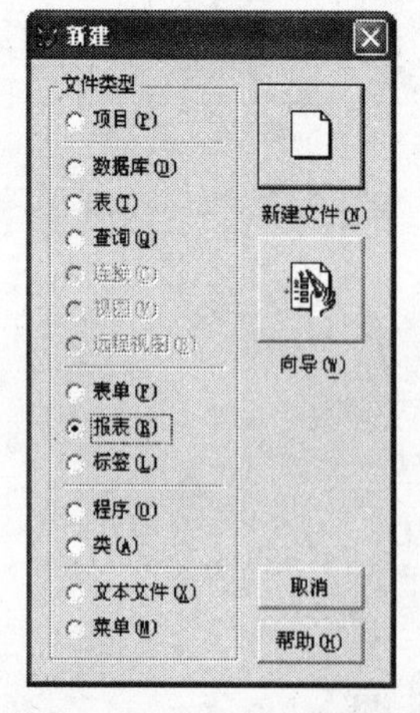

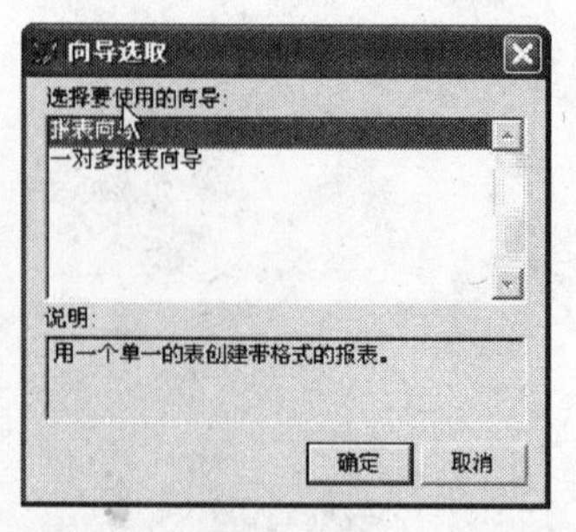

图12.1 启动报表向导

2. 使用报表设计器创建报表

Visual FoxPro 提供的报表设计器允许用户通过直观的操作来直接设计报表或者修改报表。直接调用报表设计器所创建的报表是一个空白报表。

调用报表设计器的方法有以下 3 种。

① 使用命令方式。格式如下：

```
CREATE REPORT[ <报表文件名> ]
```

② 菜单方式调用。从“文件”菜单中选择“新建”，或者单击工具栏上的“新建”按钮，打开“新建”对话框。选择报表文件类型，然后单击“新建文件”按钮。系统将打开报表设计器。

③ 在项目管理器环境下调用。在“项目管理器”窗口中选择“文档”选项卡，选中“报表”，然后单击“新建”按钮，从“新建报表”对话框中单击“新建报表”按钮。

3. 创建快速报表

除了使用报表向导之外，使用系统的“快速报表”功能也可以创建一个格式简单的报表。

经典题解

【**例题**】下列方法中，不能启动报表向导的是(　　)。

A) 在命令窗口中输入 CREATE REPORT 命令

B) 在“新建”对话框中启动报表向导

C) 在“工具”菜单中选择“向导”子菜单，选择“报表”命令

D) 直接单击工具栏上的“报表向导”按钮

解析：在 Visual FoxPro 中启动报表向导有以下几种方法。在项目管理器的“文档”选项卡中选择“报表”命令，然后单击“新建”按钮；从“文件”菜单中选择“新建”命令，在弹出的“新建报表”对话框中单击“报表向导”按钮；在“工具”菜单中选择“向导”子菜单，选择“报表”命令；在“工具”菜单中选择“向导”命令子菜单，选择“报表”命令。利用 CREATE REPORT 命令将直接打开表设计器，不显示报表向导。

答案：A)

考点 2　设 计 报 表

考点速记

生成报表文件之后，需要进一步设计报表。当打开文件时，报表类型文件.frx 将在报表设计器中打开。也可使用 MODIFY REPORT <报表文件名>命令打开报表。

1. 报表设计器

打开“报表设计器”，主窗口中会自动出现“报表设计器”工具栏。工具栏上从左到右的按钮依次是：“数据分组”按钮、“数据环境”按钮、“报表控件工具栏”按钮、“调色板工具栏”按钮和“布局工具栏”按钮。

2. 报表控件

“报表控件”工具栏中从左到右的按钮依次是：“选定对象”按钮、“标签”按钮、“域控件”按钮、“线条”按钮、“矩形”按钮、“圆角矩形”按钮、“图片/ActiveX 绑定控件”按钮和“按钮锁定”按钮。“报表控件”工具栏中各图标按钮的说明见表 12.1。

表 12.1 “报表控件”工具栏图标按钮的说明

图标按钮	说　明
“选定对象”按钮	移动或更改控件的大小
“标签”按钮	在报表上创建一个标签控件，用于输入数据记录之外的信息
“域控件”按钮	在报表上创建一个字段控件，用于显示字段、内存变量或其他表达式的内容
“线条”按钮、“矩形”按钮和“圆角矩形”按钮	分别用于绘制相应的图形
“图片/ActiveX 绑定控件”按钮	用于显示图片或通用型字段的内容
“按钮锁定” 按钮	允许添加多个相同类型的控件而不需要多次选中该控件按钮

3. 设计单级分组报表

一个单组报表可以根据所选择的表达式进行一级数据分组。分组的操作方法如下。

(1)设置分组报表的索引

对数据分组时，必须对数据源进行适当的索引或排序。为数据环境设置索引的操作步骤如下。

① 从“显示”菜单中选择“数据环境”，或者单击“报表设计器”工具栏上的“数据环境”按钮，也可以用鼠标右键单击报表设计器，从弹出的快捷菜单上选择“数据环境”命令。

② 在数据环境设计器中右键单击鼠标，从快捷菜单中选择“属性”命令，打开“属性”窗口。

③ 在“属性”窗口中选择对象框中的“Cursor1”表。

④ 选择“数据”选项卡，选择“Order”属性，输入索引名，或者在索引列表中选定一个索引。

(2) 设计单级分组报表

一个单级分组报表可以基于选择的表达式进行一级数据分组。设计单级分组报表的操作步骤如下。

① 从“报表”菜单中选择“数据分组”，打开“数据分组”对话框；另外还可以从“报表设计器”工具栏中，或用鼠标右键单击报表设计器都可选择打开“数据分组”对话框。

② 在第一个“分组表达式”框内输入分组表达式，或单击对话框按钮，在“表达式生成器”对话框中创建表达式。

③ 在“属性组”区域选定想要的属性。

④ 单击“确定”按钮。

4. 设计多级分组报表

在 Visual FoxPro 中允许在报表内最多可以有 20 级数据分组，实际应用中一般只用到 3 级。在设计多级分组报表时，需要注意的是分组的级与多重索引的关系，多个数据分组基于多重索引，而且一个数据分组对应一组“组标头”和“组注脚”带区。

5. 设计多栏报表

多栏报表是一种分为多个栏目打印输出的报表。

(1) 设置“列标头”和“列注脚”带区

列标头和列注脚带区主要用于分栏报表，单击“文件”→“页面设置”命令，打开“页面设置”对话框，将“列数”设置成 >1 的值，“间隔”稍作调整，单击“确定”按钮，则列标头和列注脚会在报表设计器中出现。

(2) 添加控件

在向多栏报表添加控件时，不要超过报表设计器中带区的宽度，否则可能使打印的内容相互重叠。

(3) 设置页面

为了在页面上真正打印出多个栏目来，需要把打印顺序设置为“自左向右”。

经典题解

【例题1】如果要打印会计报表,报表的布局类型一般设置为(　　)。

A）列报表　　B）行报表

C）一对多报表　　D）多栏报表

解析：在报表的4种布局类型中,一般来说,打印财务报表、销售总结等报表,应使用列报表布局类型。打印列表就采用行报表布局类型。打印的是发票、会计报表等就使用一对多报表布局类型。打印电话簿、名片等就采用多栏报表布局类型。

答案：C）

【例题2】设计多级数据分组报表时,Visual FoxPro 允许报表内最多可以有________级数据分组。

解析：Visual FoxPro 中允许在报表内最多可以有20级数据分组,嵌套分组有助于组织不同层次的是数据和总计表达式,实际应用中往往只用到3级分组。在设计多级分组报表时,需要注意分组的级与多重索引的关系。

答案：20

考点3　输出报表

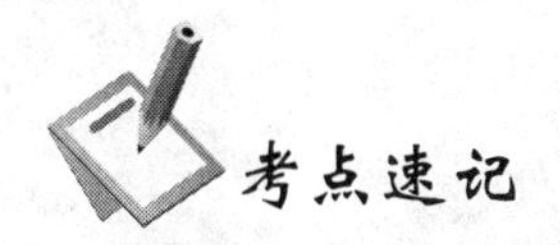

考点速记

1. 报表预览

执行"显示"→"预览"菜单命令,或直接单击"常用"工具栏中的"打印预览"按钮,可随时预览报表的设计效果,查看页面设计是否符合设计要求,以确保报表正确输出。

2. 报表输出

可以通过以下方法输出报表。

① 在命令窗口或程序中使用命令。

格式:

```
REPORT FORM <报表文件名>[PREVIEW]
```

说明:

参数 PREVIEW 表示预览报表文件。

② 打开要打印的报表文件,执行"文件"→"打印"菜单命令,或单击"常用"工具栏中的"运行"按钮打印报表。

经典题解

【真题】在 Visual FoxPro 中,在屏幕上预览报表的命令是(　　)。　　【2007年4月】

A）PREVIEW REPORT　　B）REPORT FORM …PREVIEW

C）DO REPORT…PREVIEW　　D）RUN REPORT…PREVIEW

解析：在屏幕上预览报表的命令是 REPORT FORM …PREVIEW。

答案：B）

历年真题汇编

一、选择题

(1) 在“项目管理器”下为项目建立一个新报表，应该使用的选项卡是(　　)。【2006 年 9 月】

A) 数据　　B) 文档　　C) 类　　D) 代码

(2) “项目管理器”的“运行”按钮用于执行选定的文件，这些文件可以是(　　)。【2005 年 9 月】

A) 查询、视图或表单　　B) 表单、报表和标签　　C) 查询、表单或程序　　D) 以上文件都可以

(3) 报表的数据源可以是(　　)。【2005 年 9 月】

A) 表或视图　　B) 表或查询　　C) 表、查询或视图　　D) 表或其他报表

二、填空题

在 SQL 的 SELECT 语句进行分组计算查询时，可以使用________子句来去掉不满足条件的分组。【2005 年 9 月】

全真试题训练

一、选择题

(1) Visual FoxPro 的报表文件. fpx 中保存的是(　　)。

A) 打印报表的预览格式　　B) 已经生成的完整报表　　C) 报表的格式和数据　　D) 报表设计的详细说明

(2) 调用报表格式文件 PP1 预览报表的命令是(　　)。

A) DO FROM PP1 PRINTER　　B) REPORT FROM PP1 PRINTER

C) DO FORM PP1 PREVIEW　　D) REPORT FORM PP1 PREVIEW

(3) 分组报表的布局类型属于(　　)。

A) 列报表　　B) 行报表　　C) 分栏报表　　D) 一对多报表

(4) 使用报表向导定义报表时，定义报表布局的选项是(　　)。

A) 列数、方向和字段布局　　B) 列数、行数和字段布局　　C) 行数、方向和字段布局　　D) 列数、行数和方向

(5) 从面向对象的角度来看，报表主要是对(　　)。

A) 数据源及其布局的设计　　B) 控件及其布局的设计　　C) 控件及其数据源的设计　　D) 控件和方法的设计

(6) 在报表设计器中，打印数据表中每条记录的带区，主要是(　　)。

A) “标题”带区　　B) “细节”带区　　C) “页标头”带区　　D) “总结”带区

(7) 下列不属于报表控件工具栏中按钮的是(　　)。

A) 标签按钮　　B) 文本框控件　　C) 域控件　　D) 线条控件

(8) 下列(　　)属于报表控件工具栏中的按钮。

A) “选定对象”按钮　　B) “数据环境”按钮　　C) “数据分组”按钮　　D) “调色板工具栏”按钮

(9) 如果要创建一个数据 3 级分组报表：第 1 个分组表达式是“部门”，第 2 个分组表达式是“性别”，第 3 个分组表达式是“基本工资”，则当前索引表达式应为(　　)。

A) 部门 + 性别 + 基本工资　　B) 部门 + 性别 + STR(基本工资)

C) STR(基本工资) + 部门 + 性别　　D) 性别 + 部门 + STR(基本工资)

二、填空题

(1) 报表是由________和________两个部分组成的。

(2) 从面向对象的角度来看，报表可看成是由各种________构成的，因此报表的设置主要是对________及其________的设计。

(3) 第一次启动报表设计器时,其默认包含的 3 个带区是________、________和________。

(4) 在 Visual FoxPro 中,多级数据分组报表基于________。Visual FoxPro 允许在报表内最多可以有________级数据分组。

(5) 利用报表的________功能,可随时查看报表的打印效果。

(6) 在命令窗口中使用________命令,可以打印或预览指定的报表。

历年真题参考答案及解析

一、选择题

(1)【解析】在“项目管理器”窗口建立报表文件的步骤是:选择“文档”选项卡,选中“报表”,然后单击“新建”按钮,从弹出的“新建报表”对话框中单击“新建报表”按钮。

【答案】B)

(2)【解析】项目管理器的“运行”按钮:执行选定的查询、表单或程序。当选定项目管理器的一个查询、表单或程序时才可使用。此按钮与“项目”菜单的“运行文件”命令作用相同。

【答案】C)

(3)【解析】报表主要包括两部分内容:数据源和布局。数据源是报表的数据来源,报表的数据源通常是数据库中的表或自由表,也可以是视图、查询或临时表。视图和查询对数据库中的数据进行筛选、排序、分组,在定义了一个表、一个视图或查询之后,便可以创建报表。

【答案】C)

二、填空题

【解析】在 SQL 中,使用 GROUP BY 子句进行分组计算查询,使用 HAVING 子句限定分组。

【答案】HAVING

全真试题参考答案

一、选择题

(1) D)　(2) D)　(3) A)　(4) A)　(5) B)

(6) B)　(7) B)　(8) A)　(9) B)

二、填空题

(1) 数据源　布局

(2) 控件　控件　布局

(3) 页标头　细节　页注脚

(4) 分组表达式　20

(5) 预览

(6) REPORT FORM <报表文件名> [PREVIEW]

第13章 应用程序的开发和生成

考查知识点		考核几率	分值
考点1	连编应用程序	30%	2分
考点2	主程序设计	25%	2分

考点1 连编应用程序

考点速记

1. 设置文件的“排除”与“包含”

包含了项目管理器中的所有文件。标记为“包含”的文件在项目连编后，变为只读文件；标记为“排除”的文件，在项目连编后，用户能够进行修改。

2. 设置主程序

主程序是整个应用程序的入口点，主程序的任务包括设置应用程序的起始点、初始化环境、显示初始的用户界面、控制事件循环。

系统的主文件只能有一个，并且是唯一的。被标记为主文件的文件不能被设置为“排除”。

3. 连编应用程序

连编应用程序的步骤如下：

① 在“项目管理器”中，单击“连编”按钮。

② 如果在“连编选项”对话框中，选择“连编应用程序”复选框，则生成一个.app文件；如果选择“连编可执行文件”，则会生成一个.exe文件。

③ 选择所需的其他选项，单击“确定”按钮。

连编应用程序的命令为：

```
BUILD APP <应用程序名> FROM <项目文件名>
```

或

```
BUILD EXE <可执行程序名> FROM <项目文件名>
```

提示　应用程序文件(.app)需要在Visual FoxPro中运行；可执行文件(.exe)可以在Windows下运行。

经典题解

【例题1】下列有关“排除”与“包含”的说法，不正确的是(　　)。

A) 在项目连编之后，项目中标记为“包含”的文件变为只读文件

B) 若一个文件需要供用户进行修改，则必须将此文件标记为“排除”

C) 可根据应用程序的需要包含或排除文件

D）在项目管理器中，要将标记为“排除”的文件设置为“包含”，只需要双击要修改的文件即可

解析：“排除”与“包含”是相对的。在项目连编之后，标记为“包含”的文件将变为只读文件，而“排除”文件可供用户修改。在项目管理器中，要将标记为“排除”的文件设置为“包含”，只要在选定文件之后，单击鼠标右键，在快捷菜单中选择“包含”即可，反之同理。

答案：D)

【**例题 2**】下面关于主程序的说法，错误的是(　　)。

A）主程序是整个应用程序的入口点

B）主程序的任务是设置应用程序的起始点、初始化环境等

C）在 Visual FoxPro 中，只要是项目中的文件都可以作为主文件

D）一个项目管理器中只能设置一个主文件

解析：主程序是整个应用程序的入口点，主程序的任务是设置应用程序的起始点、初始化环境、显示初始的用户界面、控制事件循环，当退出应用程序时，恢复原始的开发环境。在 Visual FoxPro 中的一个项目管理器中，只能设置一个主文件，设置为主文件的文件名将以黑体显示。作为主文件的文件类型可以是程序文件、菜单、表单或查询等，但数据库或数据表文件不能设置为主文件。

答案：C)

【**例题 3**】下列关于连编应用程序的说法，错误的是(　　)。

A）连编项目成功后，再进一步进行连编应用程序，可保证连编的正确性

B）连编应用程序的结果有两种文件形式：应用程序文件和可执行文件

C）应用程序文件和可执行文件需要在 Visual FoxPro 中才可以运行

D）连编应用程序必须在项目管理器中设置主文件，才可进行连编

解析：连编项目获得成功后，运行该项目，在程序运行正确后，可最终连编成一个应用程序文件。应用程序结果有两种文件形式：应用程序文件(APP)，需要在 Visual FoxPro 中运行；可执行文件(EXE)，可在 Windows 下运行。连编应用程序必须在项目管理器中设置好主文件，才可进行连编。

答案：C)

考点 2　主程序设计

考点速记

(1) 初始化环境

在打开 Visual FoxPro 时，开发者设置的环境体现在建立 SET 命令和设置系统变量的值。对于应用程序来说，初始化环境的方法是将开发系统的初始环境设置保存起来。在启动代码中为程序建立特定的环境设置。

(2) 显示初始的用户界面

控制事件循环。控制事件循环的方法是执行 READ EVENTS 命令，该命令使 Viaual FoxPro 开始处理如单击鼠标、输入等用户事件。

在启动了事件循环之后，应用程序将处于最后显示的用户界面元素控制下。

经典题解

【**例题 1**】在主程序中，建立事件循环来等待用户的交互动作的语句是(　　)。

A) LOOP　　B) RETURN　　C) READ EVENTS　　D) 以上均可

解析：应用程序的环境建立之后，将显示出初始的用户界面，这时，需要建立一个事件循环来等待用户的交互动作。控制事件循环的方法是执行 READ EVENTS 命令，该命令使 Visual FoxPro 开始处理如鼠标单击等用户事件。

答案：C）

【例题 2】从执行 READ EVENTS 命令开始，到相应的 CLEAR EVENTS 命令执行期间，主文件中所有的处理过程全部________。

解析：控制事件循环的方法是执行 READ EVENTS 命令，从执行 READ EVENTS 命令开始，到相应的 CLEAR EVENTS 命令执行期间，主文件中所有的处理过程全部挂起。利用 CLEAR EVENTS 命令将挂起 Visual FoxPro 的事件处理过程，同时将控制权返回给执行 READ EVENTS 命令并开始循环的程序。

答案：挂起

历年真题汇编

一、选择题

（1）如果添加到项目中的文件标识为“排除”，表示（　　）。【2005 年 9 月】

A）此类文件不是应用程序的一部分
B）生成应用程序时不包括此类文件
C）生成应用程序时包括此类文件，用户可以修改
D）生成应用程序时包括此类文件，用户不能修改

（2）连编应用程序不能生成的文件是（　　）。【2004 年 9 月】

A）.app 文件　B）.exe 文件　C）.dll 文件　D）.prg 文件

（3）根据“职工”项目文件生成 emp_sys. exe 应用程序的命令是（　　）。【2004 年 4 月】

A）BUILD EXE emp_sys FROM 职工
B）BUILD APP emp_sys. exe FROM 职工
C）LINK EXE emp_sys FROM 职工
D）LINK APP emp_sys. exe FROM 职工

二、填空题

（1）在 Visual FoxPro 中，BUILD ________命令连编生成的程序可以脱离开 Visual FoxPro 在 Windows 环境下运行。【2004 年 9 月】

（2）根据项目文件 mysub 连编成 APP 应用程序的命令是 BUILD APP mycom ________ mysub.【2003 年 9 月】

全真试题训练

一、选择题

（1）如果添加到项目中的文件标识为“排除”，表示（　　）。

A）此类文件不是应用程序的一部分
B）生成应用程序时不包括此类文件
C）生成应用程序时包括此类文件，用户可以修改
D）生成应用程序时包括此类文件，用户不能修改

（2）如果将一个数据表文件设置为“包含”状态，那么在系统连编之后，该数据表（　　）。

A）成为自由表　B）不可用　C）可随时编辑修改　D）不能修改，但可用于查询

（3）主程序作为整个程序的入口点，应该具备的最基本的功能是（　　）。

A）初始化环境
B）初始化环境、显示初始用户界面
C）初始化环境、显示初始用户界面、控制事件循环
D）初始化环境、显示初始用户界面、控制事件循环、退出时恢复环境

（4）把一个项目编译成一个应用程序时，下列叙述正确的是（　　）。

A）所有的项目文件将组合为一个单一的应用程序文件
B）所有项目“排除”的文件将组合为一个单一的应用程序文件
C）所有项目“包含”的文件将组合为一个单一的应用程序文件

D）所有用户选定的项目文件将组合为一个单一的应用程序文件

（5）下列关于运行应用程序的说法正确的是（　　）。

A）APP 应用程序可以在 Visual FoxPro 和 Windows 环境下运行

B）EXE 文件只能在 Windows 环境下运行

C）EXE 文件可以在 Visual FoxPro 和 Windows 环境下运行

D）APP 文件只能在 Windows 环境下运行

（6）在主程序中，用于控制事件循环的命令是（　　）。

A）READ EVENTS　　B）LOOP　　C）RETURN　　D）以上命令均可

二、填空题

（1）在 Visual FoxPro 中，文件的______和______是相对的，由于数据表一般是可以修改的，因此，数据表一般都默认为______。

（2）控制事件循环的方法是执行________命令，________命令将挂起 Visual FoxPro 的事件处理过程，同时将控制权返回给执行 READ EVENTS 命令并开始事件循环程序。

（3）要从项目"学生项目"连编得到一个名为"学生档案管理"的可执行文件，可以在命令窗口输入命令：BUILD ________ FROM ________。

历年真题参考答案及解析

一、选择题

（1）**【解析】**将一个项目编译成一个应用程序时，所有项目包含的文件将组合为一个单一的应用程序文件。在项目连编之后，那些在项目中标记为"包含"的文件将成为只读文件。如果应用程序中包含需要用户修改的文件，必须将该文件标为"排除"。

【答案】C）

（2）**【解析】**.prg 文件为命令文件或程序文件，在命令窗口输入 MODIFY COMMAND 命令可以建立该类型文件，不能通过连编建立。

【答案】D）

（3）**【解析】**连编应用程序命令可以是 BUILD APP <新的应用程序名> FROM <项目名>或 BUILD EXE <新的可执行程序名> FROM <项目名>。本题要求生成的文件类型为可执行文件（.exe），应使用 BUILD EXE 命令。

【答案】A）

二、填空题

（1）**【解析】**应用程序结果有两种文件形式：应用程序文件（.app），需要在 Visual FoxPro 中运行；可执行文件（.exe），需要在 Windows 下运行。

【答案】EXE

（2）**【解析】**生成 APP 应用程序的命令格式为：BUILD APP 应用程序名 FROM 项目名

【答案】FROM

全真试题参考答案

一、选择题

（1）C）　（2）D）　（3）D）　（4）D）　（5）C）　（6）A）

二、填空题

（1）排除　包含　排除　　（2）READ EVENTS　CLEAR EVENTS　　（3）EXE 学生档案管理　学生项目

第 14 章 笔试全真模拟试卷

笔试分值

笔试:90 分钟,满分 100 分

- 选择题:35 小题,每小题 2 分,共 70 分
- 填空题:15 空,每空 2 分,共 30 分

笔试注意事项

- 凭准考证和身份证(或军人身份证件)参加考试。
- 笔试时,只能带铅笔、橡皮、钢笔、签字笔等必备工具,不得携带计算器等辅助工具。
- 笔试考生迟到 15 分钟不得进入考场,开考 30 分钟内不得离开考场。
- 在答题卡上答题及填写相关信息、填空题用黑色钢笔或黑色签字笔填写,选择题及准考证号信息用 2B 铅笔填涂。
- 考生考试过程中须遵守《笔试考场规则》,具体内容由监考员考前宣读。
- 按照准考证背面的提示,在指定时间(一般为考后一个月左右)查询成绩。

笔试全真模拟试卷(1)

一、选择题((1)~(35)题每题 2 分,共 70 分)

在下列各题的 A)、B)、C)、D) 四个选项中,只有一个选项是正确的。请将正确选项涂写在答题卡相应位置上,答在试卷上不得分。

(1)为了避免流程图在描述程序逻辑时的灵活性,提出了用方框图来代替传统的程序流程图,通常也把这种图称为

A)PAD 图　　B)N－S 图

C)结构图　　D)数据流图

(2)下面不属于软件设计原则的是

A)抽象　　B)模块化

C)自底向上　　D)信息隐蔽

(3)为了使模块尽可能独立,要求

A)模块的内聚程度要尽量高,且各模块间的耦合程度要尽量强

B)模块的内聚程度要尽量高,且各模块间的耦合程度要尽量弱

C)模块的内聚程度要尽量低,且各模块间的耦合程度要尽量弱

D)模块的内聚程度要尽量低,且各模块间的耦合程度要尽量强

(4)下列叙述中,不属于软件需求规格说明书的作用的是

A)便于用户、开发人员进行理解和交流

B)反映出用户问题的结构,可以作为软件开发工作的基础和依据

C)作为确认测试和验收的依据

D)便于开发人员进行需求分析

(5)算法的有穷性是指

A)算法程序的运行时间是有限的

B)算法程序所处理的数据量是有限的

C)算法程序的长度是有限的

D)算法只能被有限的用户使用

(6)已知数据表 A 中每个元素距其最终位置不远,为节省时间,应采用的算法是

A)堆排序　　B)直接插入排序

C)快速排序　　D)B)和 C)

(7)如果进栈序列为 e1,e2,e3,e4,则可能的出栈序列是

A)e3,e1,e4,e2　　B)e2,e4,e3,e1

C)e3,e4,e1,e2　　D) 任意顺序

(8)数据库设计包括两个方面的设计内容,它们是

A)概念设计和逻辑设计　　B)模式设计和内模式设计

C)内模式设计和物理设计　　D)结构特性设计和行为特性设计

(9)有 3 个关系 R、S 和 T 如下:

R

B	C	D
a	0	k1
b	1	n1

S

B	C	D
f	3	h2
a	0	k1
n	2	x1

T

B	C	D
a	0	k1

由关系 R 和 S 通过运算得到关系 T,则所使用的运算为

A)并　　B)自然连接

C)笛卡尔积　　D)交

(10)设有表示学生选课的三张表,学生 S(学号,姓名,性别,年龄,身份证号),课程 C(课号,课名),选课 SC(学号,课号,成绩),则表 SC 的关键字(键或码)为

A)课号,成绩　　B)学号,成绩

C)学号,课号　　D)学号,姓名,成绩

(11)连编应用程序不能生成的文件是

A).app 文件　　B).exe 文件

C).dll 文件　　D).prg 文件

(12)下列表达式中,结果为数值型的是

A)CTOD([04/06/03])-10　B)100+100=300　C)"505"-"50"　D)LEN(SPACE(3))+1

(13)在 Visual FoxPro 中,下列各项的数据类型所占字符的字节数相等的是

A)日期型和逻辑型　　B)日期型和通用型

C)逻辑型和备注型　　D)备注型和通用型

(14)在命令窗口中输入下列命令:

```
x=3
STORE x*2 TO a,b,c
? a,b,c
```

屏幕上显示的结果是

A)3　　B)2 2

C)6 6 6　　D)3 3 3

(15)下列关于变量的叙述中,不正确的一项是

A)变量值可以随时改变

B)在 Visual FoxPro 中,变量分为字段变量和内存变量

C)内存变量的类型决定变量值的类型

D)在 Visual FoxPro 中,可以将不同类型的数据赋给同一个内存变量

(16) ABC. DBF 是一个具有两个备注型字段的数据表文件，若使用 COPY TO TEMP 命令进行复制操作，其结果是

A) 得到一个新的数据表文件　　B) 得到一个新的数据表文件和一个新的备注文件

C) 得到一个新的数据表文件和两个新的备注文件　　D) 错误信息，不能复制带有备注型字段的数据表文件

(17) 在 Visual FoxPro 中，用于建立或修改过程文件的命令是

A) MODIFY < 文件名 >　　B) MODIFY COMMAND < 文件名 >

C) MODIFY PROCEDURE < 文件名 >　　D) 选项 B) 和 C) 都对

(18) 在当前表中，查找第 2 个男同学的记录，应使用命令

A) LOCATE FOR 性别 = "男" NEXT 2

B) LOCATE FOR 性别 = "男"

C) LOCATE FOR 性别 = "男"
　CONTINUE

D) LIST FOR 性别 = "男" NEXT 2

(19) 在查询设计器的"添加表或视图"对话框中，"其他"按钮的作用是让用户选择

A) 数据库表　　B) 视图

C) 不属于当前环境的数据表　　D) 查询

(20) 在当前目录下有数据表文件 student. dbf，执行如下 SQL 语句后

SELECT * FORM student INTO DBF student ORDER BY 学号/D

A) 生成一个按"学号"升序的表文件，将原来的 student. dbf 文件覆盖

B) 生成一个按"学号"降序的表文件，将原来的 student. dbf 文件覆盖

C) 不会生成新的排序文件，保持原数据表内容不变

D) 系统提示出错信息

(21) 删除仓库关系中仓库号值为 WH2 的元组，应使用命令

A) DELETE FROM 仓库 WHERE 仓库号 = "WH2"

B) DROP FROM 仓库 WHERE 仓库号 = "WH2"

C) DELETE 仓库 WHERE 仓库号 = "WH2"

D) DROP FROM 仓库 WHERE 仓库号 = WH2

(22) 在命令按钮 Command1 的 Click 事件中，改变该表单的标题 Caption 属性为"学生管理"，下面正确的命令为

A) Myform. Caption = "学生管理"

B) This. Parent. Caption = "学生管理"

C) Thisform. Caption = "学生管理"

D) This. Caption = "学生管理"

(23) 用来描述表单内部名称的属性是

A) Caption　　B) Name

C) WindowType　　D) Label

(24) 下列叙述中，不属于表单数据环境常用操作的是

A) 向数据环境添加表或视图　　B) 向数据环境中添加控件

C) 从数据环境中删除表或视图　　D) 在数据环境中编辑关系

(25) 有关控件对象的 Click 事件的正确叙述是

A) 用鼠标双击对象时引发　　B) 用鼠标单击对象时引发

C) 用鼠标右键单击对象时引发　　D) 用鼠标右键双击对象时引发

(26) 执行下列程序后，屏幕上显示的结果是

```
X = 2
Y = 3
? X, Y
DO SUB1
```

```
??X,Y
PROCEDURE SUB1
PRIVATE Y
X=4
Y=5
RETURN
```

A)2 3 4 5　　B)2 3 4 3

C)4 5 4 5　　D)2 3 2 3

(27)设 CJ. DBF 数据库有 2 条记录,内容如下:

Record #	XM	EF
1	李四	550.00
2	张三	750.00

程序如下:

```
SET TALK OFF
USE CJ
M->EF=0
DO WHILE.NOT.EOF()
  M->EF=M->EF+EF
  SKIP
ENDDO
? M->EF
RETURN
```

该程序执行的结果是

A)1300.00　　B)1000.00

C)1600.00　　D)1200.00

(28)执行下列命令,输出结果是

```
STORE -3.1561 TO X
?"X="+STR(X,6,2)
```

A)3.16　　B)X=-3.16

C)-3.16　　D)X=3.16

(29)Visual FoxPro 的"参照完整性"中"插入规则"包括

A)级联和忽略　　B)级联和删除

C)级联和限制　　D)限制和忽略

(30)检索职工表中工资大于 800 元的职工号,正确的命令是

A)SELECT 职工号 WHERE 工资>800　　B)SELECT 职工号 FROM 职工 SET 工资>800

C)SELECT 职工号 FROM 职工 WHERE 工资>800　　D)SELECT 职工号 FROM 职工 FOR 工资>800

(31)Show 方法用来将表单的

A)Enabled 属性设置为.F　　B)Visible 属性设置为.F.

C)Visible 属性设置为.T.　　D)Enabled 属性设置为.T.

(32)通过项目管理器窗口的命令按钮,不能完成的操作是

A)添加文件　　B)运行文件

C)重命名文件　　D)连编文件

(33)为"运动员"表增加一个字段"得分"的 SQL 语句是

A)CHANGE TABLE 运动员 ADD 得分 I　　B)ALTER DATA 运动员 ADD 得分 I

C)ALTER TABLE 运动员 ADD 得分 I　　D)CHANGE TABLE 运动员 IN 得分 I

(34)SQL查询语句中,用来实现关系的投影运算的短语是

A)WHERE　　B)FROM

C)SELECT　　D)GROUP BY

(35)查找教师表中教师最高的工资值,下列SQL语句正确的是

A)SELECT MAX(工资) FROM 教师表　　B)SELECT MIN(工资) FROM 教师表

C)SELECT AVG(工资) FROM 教师表　　D)SELECT SUM(工资) FROM 教师表

二、填空题(每空2分,共30分)

请将每空的正确答案写在答题卡【1】~【15】序号的横线上,答在试卷上不得分。

(1)测试的目的是暴露错误,评价程序的可靠性;而__【1】__的目的是发现错误的位置并改正错误。

(2)在树形结构中,树根结点没有__【2】__。

(3)当循环队列非空且队尾指针等于队头指针时,说明循环队列已满,不能进行入队运算。这种情况称为__【3】__。

(4)一个项目具有一个项目主管,一个项目主管可管理多个项目,则实体"项目主管"与实体"项目"的联系属于__【4】__的联系。

(5)在计算机软件系统的体系结构中,数据库管理系统位于用户和__【5】__之间。

(6)数据库系统阶段的数据具有较高独立性,数据独立性包括物理独立性和__【6】__两个含义。

(7)在SELECT-SQL语句中,消除重复出现的记录行的子句是__【7】__。

(8)在SQL-SELECT语句中,检查一个属性值是否属于一组给定的值中的特殊运算符是__【8】__。

(9)数据库系统中实现各种数据管理功能的核心软件称为__【9】__。

(10)参照完整性规则包括更新规则、__【10】__和插入规则。

(11)利用SQL语句的定义功能,建立一个职工表文件,其中为职工号建立主索引,工资的默认值为1200,语句格式为:

CREATE TABLE 职工(仓库号 C(5)__【11】__,职工号 C(5),工资 I DEFAULT 1200)

(12)打开数据库表文件后,当前记录指针指向80,要使指针指向记录号为70的记录,应使用命令__【12】__。

(13)建立快捷菜单时,在选定对象的RightClick事件代码中添加调用快捷菜单程序的命令是__【13】__。

(14)当内存变量与当前表中的字段名同名时,系统则访问字段变量而放弃内存变量。若要访问内存变量学号,则必须将其写成__【14】__形式。

(15)从图书表中删除总编号为"0001"的元组,应使用命令

__【15】__ 图书 WHERE 总编号="0001"

笔试全真模拟试卷(2)

一、选择题((1)~(35)题每题2分,共70分)

在下列各题的A)、B)、C)、D)四个选项中,只有一个选项是正确的。请将正确选项涂写在答题卡相应位置上,答在试卷上不得分。

(1)程序流程图中带有箭头的线段表示的是

A)图元关系　　B)数据流

C)控制流　　D)调用关系

(2)结构化程序设计主要强调的是

A)程序的规模　　B)程序的效率

C)程序设计语言的先进性　　D)程序易读性

(3)下列选项中,不属于模块间耦合的是

A)数据耦合　　B)标记耦合

C)异构耦合　　D)公共耦合

(4)需求分析阶段的任务是确定

A)软件开发方法　　B)软件开发工具

C)软件开发费用　　D)软件系统功能

(5)算法的时间复杂度是指

A)执行算法程序所需要的时间　　B)算法程序的长度

C)算法执行过程中所需要的基本运算次数　　D)算法程序中的指令条数

(6)对长度为 n 的线性表排序,在最坏情况下,比较次数不是 $n(n-1)/2$ 的排序方法是

A)快速排序　　B)冒泡排序

C)直接插入排序　　D)堆排序

(7)栈底至栈顶依次存放元素 A、B、C、D,在第五个元素 E 入栈前,栈中元素可以出栈,则出栈序列可能是

A)ABCED　　B)DCBEA

C)DBCEA　　D)CDABE

(8)将 E-R 图转换到关系模式时,实体与联系都可以表示成

A)属性　　B)关系

C)键　　D)域

(9)关系表中的每一行称为一个

A)元组　　B)字段

C)属性　　D)码

(10)下列有关数据库的描述,正确的是

A)数据处理是将信息转化为数据的过程

B)数据的物理独立性是指当数据的逻辑结构改变时,数据的存储结构不变

C)关系中的每一列称为元组,一个元组就是一个字段

D)如果一个关系中的属性或属性组并非该关系的关键字,但它是另一个关系的关键字,则称其为本关系的外关键字

(11)在连编对话框中,下列不能生成的文件类型是

A).dll　　B).app

C).prg　　D).exe

(12)运算结果是字符串"book"的表达式是

A)LEFT("mybook",4)

B)RIGHT("bookgood",4)

C)SUBSTR("mybookgood",4,4)

D)SUBSTR("mybookgood",3,4)

(13)在一个 Visual FoxPro 数据表文件中有 2 个通用字段和 3 个备注字段,该数据表的备注文件数目是

A)1　　B)2

C)3　　D)5

(14)若内存变量名与当前的数据表中的一个字段"student"同名,则执行命令"?student"后显示的是

A)字段变量的值　　B)内存变量的值

C)随机显示　　D)错误信息

(15)下列叙述中,正确的是

A)在命令窗口中被赋值的变量均为局部变量

B)在命令窗口中用 PRIVATE 命令说明的变量均为局部变量

C)在被调用的下级程序中用 PUBLC 命令说明的变量都是全局变量

D)在程序中用 PRIVATE 命令说明的变量均为全局变量

(16)要为当前表中所有学生的总分加 5,应该使用的命令是

A)CHANGE 总分 WITH 总分+5　　B)REPLACE 总分 WITH 总分+5

C)CHANGE ALL 总分 WITH 总分+5　　D)REPLACE ALL 总分 WITH 总分+5

(17)表设计器中的“有效性规则”框中不包括的规则是

A)规则　　B)信息

C)默认值　　D)格式

(18)Visual FoxPro 中,要结束 SCAN…ENDSCAN 循环体本次执行,不再执行其后面的语句,而是转回 SCAN 处重新判断条件的语句是

A)LOOP 语句　　B)EXIT 语句

C)BREAK 语句　　D)RETURN 语句

(19)以下关于视图的描述中,正确的是

A)视图结构可以使用 MODIFY STRUCTURE 命令来修改

B)视图不能同数据库表进行连接操作

C)视图不能进行更新操作

D)视图是从一个或多个数据库表中导出的虚拟表

(20)将表 GP 中“股票名称”字段的宽度由 8 改为 10,应使用 SQL 语句

A)ALTER TABLE GP 股票名称 WITH C(10)

B)ALTER TABLE GP 股票名称 C(10)

C)ALTER TABLE GP ALTER 股票名称 C(10)

D)ALTER GP ALTER 股票名称 C(10)

(21)语句“DELETE FROM 成绩表 WHERE 计算机 <60”的功能是

A)物理删除成绩表中计算机成绩在 60 分以下的学生记录

B)物理删除成绩表中计算机成绩在 60 分以上的学生记录

C)逻辑删除成绩表中计算机成绩在 60 分以下的学生记录

D)将计算机成绩低于 60 分的字段值删除,但保留记录中其他字段值

(22)表单有自己的属性、事件和

A)对象　　B)状态

C)方法　　D)行为

(23)利用数据环境,将表中备注型字段拖到表单中,将产生一个

A)文本框控件　　B)列表框控件

C)编辑框控件　　D)容器控件

(24)在 Visual FoxPro 中,运行表单 T1.SCX 的命令是

A)DO T1　　B)RUN FORM T1

C)DO FORM T1　　D)DO FROM T1

(25)用于指明表格列中显示的数据源的属性是

A)RecordSourceType　　B)RecordSource

C)ColumnCount　　D)ControlSource

(26)下列关于过程调用的叙述中,正确的是

A)被传递的参数是变量,则为引用方式

B)被传递的参数是常量,则为传值方式

C)被传递的参数是表达式,则为传值方式

D)传值方式中形参变量值的改变不会影响实参变量的取值,引用方式则刚好相反

(27)执行如下程序,最后 S 的显示值为

```
SET TALK OFF
s =0
i =5
x =11
DO WHILE s <= x
```

```
        s=s+i
        i=i+1
    ENDDO
    ?s
    SET TALK ON
```

A)5　　　　B)11

C)18　　　　D)26

(28)如果要查询所藏图书中,各个出版社图书的最高单价、平均单价和册数,所用的 SQL 语句是

A)SELECT 出版单位,MAX(单价),AVG(单价),COUNT(*);
　FROM 图书;
　GROUP BY 出版单位

B)SELECT 出版单位,MAX(单价),AVG(单价),COUNT(*);
　FROM 图书;
　HAVING 出版单位

C)SELECT 出版单位,MAX(单价),AVG(单价),COUNT(*);
　FROM 图书
　GROUP BY 出版单位

D)SELECT 出版单位,MIN(单价), AVG(单价),COUNT(*);
　FROM 图书;
　HAVING 出版单位

(29)Visual FoxPro 参照完整性规则不包括

A)更新规则　　　　B)删除规则

C)查询规则　　　　D)插入规则

(30)下列关于查询的说法中,不正确的是

A)查询是预先定义好的一个 SQL SELECT 语句

B)查询是 Visual FoxPro 支持的一种数据库对象

C)通过查询设计器,可完成任何查询

D)查询是从指定的表或视图中提取满足条件的记录,可将结果定向输出

(31)在表单控件中,要保存多行文本,可创建

A)列表框　　　　B)文本框

C)标签　　　　D)编辑框

(32)在“项目管理器”窗口中可以完成的操作是

A)新建文件　　　　B)删除文件

C)修改文件　　　　D)以上操作均可以

(33)下列选项中,不属于 SQL 数据定义功能的是

A)SELECT　　　　B)CREATE

C)ALTER　　　　D)DROP

(34)利用 SQL 数据更新功能,自动计算更新每个“设备总金额”字段的字段值,该字段值等于“单价*设备数量”的值,正确命令为

A)UPDATE 设备表 SET 设备总金额=单价*设备数量

B)UPDATE 设备表 FOR 设备总金额=单价*设备数量

C)UPDATE 设备表 WITH 设备总金额=单价*设备数量

D)UPDATE 设备表 WHERE 设备总金额=单价*设备数量

(35)有“工资”表和“职工”表,结构如下:

职工.dbf:部门号 C(8),职工号 C(10),姓名 C(8),性别 C(2),出生日期 D

工资.dbf:职工号 C(10),基本工资 N(8,2),津贴 N(8,2),奖金 N(8,2),扣除 N(8,2)

查询职工实发工资的正确命令是

A)SELECT 姓名,(基本工资+津贴+资金-扣除)AS 实发工资 FROM 工资

B)SELECT 姓名,(基本工资+津贴+资金-扣除)AS 实发工资 FROM 工资;

WHERE 职工.职工号=工资.职工号

C)SELECT 姓名,(基本工资+津贴+资金-扣除)AS 实发工资;

FROM 工资,职工 WHERE 职工.职工号=工资.职工号

D)SELECT 姓名,(基本工资+津贴+资金-扣除)AS 实发工资;

FROM 工资 JOIN 职工 WHERE 职工.职工号=工资.职工号

二、填空题(每空2分,共30分)

请将每空的正确答案写在答题卡【1】~【15】序号的横线上,答在试卷上不得分。

(1)测试用例包括输入值集和__【1】__值集。

(2)某二叉树中度为2的结点有18个,则该二叉树中有__【2】__个叶子结点。

(3)数据结构分为逻辑结构与存储结构,线性链表属于__【3】__。

(4)在关系模型中,把数据看成一个二维表,每一个二维表称为一个__【4】__。

(5)在数据库管理系统提供的数据定义语言,数据操纵语言和数据控制语言中,__【5】__负责数据的模式定义与数据的物理存取构建。

(6)在 Visual FoxPro 的字段类型中,系统默认的日期型数据占__【6】__个字节,逻辑型字段占1个字节。

(7)求每个仓库中职工的平均工资;SELECT 仓库号,AVG(工资) FROM 职工__【7】__仓库号。

(8)SQL 查询语句中,用于记录分组查询的子句是__【8】__。

(9)DBMS 是指__【9】__。

(10)实体完整性保证了表中记录的__【10】__,即在一个表中不能出现重复记录。

(11)查询"学生成绩"表中,所有姓"张"的学生记录,完成下列 SQL 语句:

SELECT * FROM 学生成绩 WHERE 姓名__【11】__"张%"

(12)在不使用索引的情况下,为了定位满足某个逻辑条件的记录应该使用命令__【12】__。

(13)菜单文件的扩展名是__【13】__。

(14)在 Visual FoxPro 中,将只能在建立它的模块中使用的内存变量称为__【14】__。

(15)物理删除表中所有记录的命令是__【15】__。

笔试全真模拟试卷(3)

一、选择题((1)~(35)题每题2分,共70分)

在下列各题的A)、B)、C)、D)四个选项中,只有一个选项是正确的。请将正确选项涂写在答题卡相应位置上,答在试卷上不得分。

(1)软件是指

A)程序　　B)程序和文档

C)算法加数据结构　　D)程序、数据与相关文档的完整集合

(2)为了提高测试的效率,应该

A)随机选取测试数据　　B)取一切可能的输入数据作为测试数据

C)在完成编码以后制定软件的测试计划　　D)集中对付那些错误群集的程序

(3)以下不属于对象的基本特点的是

A)分类性　　B)多态性

C)继承性　　D)封装性

(4) 下列叙述中,不符合良好程序设计风格要求的是

A)程序的效率第一,清晰第二
B)程序的可读性好
C)程序中要有必要的注释
D)输入数据前要有提示信息

(5)下列叙述中正确的是

A)程序执行的效率与数据的存储结构密切相关
B)程序执行的效率只取决于程序的控制结构
C)程序执行的效率只取决于所处理的数据量
D)以上三种说法都不对

(6)数据处理的最小单位是

A)数据
B)数据元素
C)数据项
D)数据结构

(7)线性表的顺序存储结构和线性表的链式存储结构分别是

A)顺序存取的存储结构、顺序存取的存储结构
B)随机存取的存储结构、顺序存取的存储结构
C)随机存取的存储结构、随机存取的存储结构
D)任意存取的存储结构、任意存取的存储结构

(8)在深度为 5 的满二叉树中,叶子结点的个数为

A)32
B)31
C)16
D)15

(9)下列有关数据库的描述,正确的是

A)数据库是一个 DBF 文件
B)数据库是一个关系
C)数据库是一个结构化的数据集合
D)数据库是一组文件

(10)一个关系中属性个数为 1 时,称此关系为

A)对应关系
B)单一关系
C)一元关系
D)二元关系

(11)向项目中添加表单,可以使用项目管理器的

A)"代码"选项卡
B)"类"选项卡
C)"数据"选项卡
D)"文档"选项卡

(12)在下列函数中,函数值为数值的是

A)AT('人民','中华人民共和国')
B)CTOD('01/01/96')
C)BOF()
D)SUBSTR(DTOC(DATE()),7)

(13)函数 IIF(LEN(SPACE(5))<>5,1,-1)的值为

A).T.
B).F.
C)1
D)-1

(14)表单文件的扩展名中,表单信息的数据库表文件是

A).scx
B).sct
C).frx
D).dbt

(15)下列叙述中,正确的是

A)INPUT 命令只能接受字符串
B)ACCEPT 命令只能接受字符串
C)ACCEPT 命令可以接收任意类型的 Visual FoxPro 表达式
D)WAIT 只能接收一个字符,且必须按"Enter"键

(16)下列关于索引的叙述中,不正确的是

A)Visual FoxPro 支持两种索引文件:单一索引文件和复合索引文件
B)打开和关闭索引文件均使用 SET INDEX TO 命令
C)索引的类型有主索引、候选索引、惟一索引和普通索引
D)索引文件不随库文件的关闭而关闭

(17)对象的相对引用中,要引用当前操作的对象,可以使用的关键字是

A)Parent
B)ThisForm

C）ThisformSet　　D）This

（18）有“部门表”和“商品表”的内容如下：

部门.dbf：部门号 C(8)，部门名 C(12)，负责人 C(6)，电话 C(16)

职工.dbf：部门号 C(8)，职工号 C(10)，姓名 C(8)，性别 C(2)，出生日期 D

查询有10名以上（含10名）职工的部门信息（部门名和职工人数），并按职工人数降序排列。正确的命令是

A）SELECT 部门名，COUNT(职工号) AS 职工人数；
　FROM 部门，职工 WHERE 部门.部门号=职工.部门号；
　GROUP BY 部门名 HAVING COUNT(*)>=10；
　ORDER BY COUNT(职工号) ASC

B）SELECT 部门名，COUNT(职工号) AS 职工人数；
　FROM 部门，职工 WHERE 部门.部门号=职工.部门号；
　GROUP BY 部门名 HAVING COUNT(*)>=10；
　ORDER BY COUNT(职工号) DESC

C）SELECT 部门名，COUNT(职工号) AS 职工人数；
　FROM 部门，职工 WHERE 部门.部门号=职工.部门号；
　GROUP BY 部门名 HAVING COUNT(*)>=10
　ORDER BY 职工人数 ASC

D）SELECT 部门名，COUNT(职工号) AS 职工人数；
　FROM 部门，职工 WHERE 部门.部门号=职工.部门号；
　GROUP BY 部门名 HAVING COUNT(*)>=10
　ORDER BY 职工人数 DESC

（19）下列关于自由表的说法中，错误的是

A）在没有打开数据库的情况下所建立的数据表，就是自由表

B）自由表不属于任何一个数据库

C）自由表不能转换为数据库表

D）数据库表可以转换为自由表

（20）语句“DELETE FROM 成绩表 WHERE 计算机<60”功能是

A）物理删除成绩表中计算机成绩在60分以下的学生记录

B）物理删除成绩表中计算机成绩在60分以上的学生记录

C）逻辑删除成绩表中计算机成绩在60分以下的学生记录

D）将计算机成绩低于60分的字段值删除，但保留记录中其他字段值

（21）在 Visual FoxPro 中，视图基于

A）表　　B）视图

C）查询　　D）报表

（22）查询设计器中的“筛选”选项卡的作用是

A）增加或删除查询表　　B）查看生成的 SQL 代码

C）指定查询记录的条件　　D）选择查询结果的字段输出

（23）在 Visual FoxPro 中有如下程序文件 TEST：

```
*程序名：TEST.PRG
*调用方法：DO TEST
SET TALK OFF
CLOSE ALL
mX="Visual FoxPro"
mY="二级"
DO SUB1 WITH mY
```

```
? mY + mX
RETURN
*子程序:SUB1. PRG
PROCEDURE SUB1
PARAMETERS mY
mY = "计算机等级" + mY
RETURN
```

执行命令 DO TEST 后,屏幕的显示结果为

A)二级 Visual FoxPro　　B)计算机等级二级 Visual FoxPro

C)计算机等级 Visual FoxPro　　D)计算机等级二级

(24)使用 SQL 语句增加字段的有效性规则,是为了能保证数据的

A)实体完整性　　B)表完整性

C)参照完整性　　D)域完整性

(25)表达式 4 * 3^2 - 1/2 + 3^2 的值为

A)26.5　　B)45.5

C)44.5　　D)20.5

(26)为设备表增加一个“设备总金额 N(10,2)”字段,正确的命令是

A)ALTER TABLE 设备表 ADD FIELDS 设备总金额 N(10,2)

B)ALTER TABLE 设备表 ADD 设备总金额 N(10,2)

C)ALTER TABLE 设备表 ALTER FIELDS 设备总金额 N(10,2)

D)ALTER TABLE 设备表 ALTER 设备总金额 N(10,2)

(27)选项组控件的 ButtonCount 属性用于

A)指定选项组中哪个选项按钮被选中　　B)指明与选项组建立联系的数据源

C)指定选项组中选项按钮的数目　　D)存取选项组中每个按钮的数组

(28)运行下面的程序

```
I = 0
DO WHILE I < 10
   IF INT(I/2) = I/2
     ?"偶数"
   ELSE   ?"奇数"
   ENDIF
   I = I + 1
ENDDO
```

问语句?"奇数"被执行的次数是

A)5　　B)6

C)10　　D)11

(29)下列命令动词中,不具有数据操纵功能的 SQL 语句是

A)DELETE　　B)UPDATE

C)INSERT　　D)DROP

(30)有如下 SQL 语句:

```
SELECT * FROM 仓库 WHERE 仓库号 = "H1";
UNION;
SELECT * FROM 仓库 WHERE 仓库号 = "H2"
```

该语句的功能是

A) 查询在 H1 或者 H2 仓库中的职工信息

B）查询仓库号 H1 或者 H2 的仓库信息

C）查询既在仓库号 H1，又在仓库号 H2 工作的职工信息

D）语句错误，不能执行

（31）有“部门表”和“职工表”，内容如下：

部门.dbf：部门号 C(8)，部门名 C(12)，负责人 C(6)，电话 C(16)

职工.dbf：部门号 C(8)，职工号 C(10)，姓名 C(8)，性别 C(2)，出生日期 D

查询每个部门年龄最长者的信息，要求得到的信息包括部门名和最长者的出生日期。正确的命令是

A）SELECT 部门名，MIN(出生日期) FROM 部门 JOIN 职工；
　ON 部门.部门号 = 职工.部门号 GROUP BY 部门号

B）SELECT 部门名，MAX（出生日期）FROM 部门 JOIN 职工；
　ON 部门.部门号 = 职工.部门号 GROUP BY 部门号

C）SELECT 部门名，MIN（出生日期）FROM 部门 JOIN 职工；
　WHERE 部门.部门号 = 职工.部门号 GROUP BY 部门号

D）SELECT 部门名，MAX（出生日期）FROM 部门 JOIN 职工；
　WHERE 部门.部门号 = 职工.部门号 GROUP BY 部门号

（32）SELECT - SQL 语句中，条件短语的关键字是

A）FOR　　B）FROM

C）WHERE　　D）WITH

（33）嵌套查询命令中的 IN，相当于

A）等号 =　　B）集合运算符 ∈

C）加号 +　　D）减号 -

（34）有职工表如下：

职工表（部门号 N(4)、职工号 C(4)、姓名 C(8)、工资 N(7,2)）

向职工表中插入一条记录，正确的命令是

A）APPEND BLANK 职工表 VALUES("1111","1101","王明","1500.00")

B）APPEND INTO 职工表 VALUES("1111","1101","王明",1500.00)

C）INSERT INTO 职工表 VALUES("1111","1101","王明","1500.00")

D）INSERT INTO 职工表 VALUES("1111","1101","王明",1500.00)

（35）在 Visual FoxPro 中，关于查询的正确叙述是

A）查询与数据库表相同，用来存储数据

B）可以从数据库表、视图和自由表中查询数据

C）查询中的数据是可以更新的

D）查询是从一个或多个数据库表中导出来为用户定制的虚拟表

二、填空题（每空 2 分，共 30 分）

请将每空的正确答案写在答题卡【1】~【15】序号的横线上，答在试卷上不得分。

（1）需求分析最终结果是产生 __【1】__ 。

（2）软件维护活动包括以下几类：改正性维护、适应性维护、__【2】__ 维护和预防性维护。

（3）数据结构分为逻辑结构与存储结构，线性链表属于 __【3】__ 。

（4）某二叉树中度为 2 的结点有 n 个，则该二叉树中有 __【4】__ 个叶子结点。

（5）__【5】__ 是数据库设计的核心。

（6）在 SQL - SELECT 语句中，检查一个属性值是否属于一组给定的值中的特殊运算符是 __【6】__ 。

（7）查询图书表中每类图书中多于 1 册的图书的分类号、册数和平均单价。请对下面的 SQL 语句填空：

　　SELECT 分类号，COUNT(*)，AVG(单价) FROM 图书；
　　　　GROUP BY 分类号 HAVING __【7】__

（8）当前目录下有 student 和 coure 两个表文件，要求查找同时选修了课程号为“0001”和“0002”的学生姓名，语句为：

```
SELECT 姓名 FROM student,coure;
    WHERE student.学号=coure.学号;
    AND 课程号="0001";
    AND 姓名 【8】;
    (SELECT 姓名 FROM student, coure;
    WHERE student.学号=coure.学号;
    AND 课程号="0002")
```

(9)删除 COURSE 表中字段"学时数",使用 SQL 语句:

【9】 TABLE COURSE DROP 学时数

(10)在表设计器的"表"选项卡的"显示"框内,包含的选项有输入掩码、格式和 【10】 。

(11)打开数据库表文件后,当前记录指针指向 80,要使指针指向记录号为 70 的记录,应使用命令 【11】 。

(12)在 Visual FoxPro 中,运行当前文件夹下的表单 T1.SCX 的命令是 【12】

(13)在 Visual FoxPro 中,如果要改变表单上表格对象中当前显示的列数,应设置表格的 【13】 属性值。

(14)在表单中确定控件是否可见的属性是 【14】 。

(15)在 SQL 的 SELECT 语句进行分组计算查询时,可以使用 【15】 子句来去掉不满足条件的分组。

笔试全真模拟试卷(4)

一、选择题((1)~(35)题每题 2 分,共 70 分)

在下列各题的 A)、B)、C)、D) 四个选项中,只有一个选项是正确的。请将正确选项涂写在答题卡相应位置上,答在试卷上不得分。

(1)软件生命周期中所花费用最多的阶段是

A)详细设计　　B)软件编码

C)软件测试　　D)软件维护

(2)检查软件产品是否符合需求定义的过程称为

A)确认测试　　B)集成测试

C)验证测试　　D)验收测试

(3)以下不是面向对象思想中的主要特征的是

A)多态　　B)继承

C)封装　　D)垃圾回收

(4)在设计程序时,应采纳的原则之一是

A)不限制 goto 语句的使用　　B)减少或取消注解行

C)程序越短越好　　D)程序结构应有助于读者理解

(5)软件设计包括软件的结构、数据接口和过程设计,其中软件的过程设计是指

A)模块间的关系

B)系统结构部件转换成软件的过程描述

C)软件层次结构

D)软件开发过程

(6)数据结构中,与所使用的计算机无关的是数据的

A)存储结构　　B)物理结构

C)逻辑结构　　D)物理和存储结构

(7)假设线性表的长度为 n,则在最坏情况下,冒泡排序需要的比较次数为

A)$\log_2 n$　　B)n^2

C) $O(n^{1.5})$ D) $n(n-1)/2$

(8)树是结点的集合,它的根结点数目是

A)有且只有1 B)1或多于1

C)0或1 D)至少2

(9)数据库系统的核心是

A)数据库 B)数据库管理系统

C)模拟模型 D)软件工程

(10)数据库、数据库系统和数据库管理系统之间的关系是

A)数据库包括数据库系统和数据库管理系统 B)数据库系统包括数据库和数据库管理系统

C)数据库管理系统包括数据库和数据库系统 D)三者没有明显的包含关系

(11)“项目管理器”的“运行”按钮用于执行选定的文件,这些文件可以是

A)查询、视图或表单 B)表单、报表和标签

C)查询、表单或程序 D)以上文件都可以

(12)下列函数中,函数值为数值型的是

A)AT("中国","中国计算机") B)CTOD("04/30/2004")

C)BOF() D)SUBSTR(DTOC(DATE()),7)

(13)在 Visual FoxPro 中,? ABS(-7*8)的输出是

A) -56 B) 56

C) 15 D) -15

(14)扩展名为 mnx 的文件是

A)备注文件 B)项目文件

C)表单文件 D)菜单文件

(15)用 CREATE TABLE 建立表时,用来定义主关键字的短语是

A)PRIMARY KEY B)CHECK

C)ERROR D)DEFAULT

(16)在指定字段或表达式中不允许出现重复值的索引是

A)唯一索引 B)唯一索引和候选索引

C)唯一索引和主索引 D)主索引和候选索引

(17)在表单设计阶段,以下说法不正确的是

A)拖动表单上的对象,可以改变该对象在表单上的位置

B)拖动表单上对象的边框,可以改变该对象的大小

C)通过设置表单上对象的属性,可以改变对象的大小和位置

D)表单上的对象一旦建立,其位置和大小均不能改变

(18)从设备表中查询单价大于100000元的设备,并显示设备名称,正确的命令是

A)SELECT 单价 >100000 FROM 设备表 FOR 设备名称

B)SELECT 设备名称 FROM 设备表 FOR 单价 >100000

C)SELECT 单价 >100000 FROM 设备表 WHERE 设备名称

D)SELECT 设备名称 FROM 设备表 WHERE 单价 >100000

(19)如果将一个数据库表设置为“包含”状态,那么系统连编后,该数据库表将

A)成为自由表 B)包含在数据库中

C)可以随时编辑修改 D)不能编辑修改

(20)SQL 的 DELETE 命令是指

A)从视图中删除行 B)从视图中删除列

C)从基本表中删除行 D)从基本表中删除列

(21)在查询设计器中可以根据需要为查询输出“查询去向”的有

A)浏览、临时表、表、图形、屏幕、标签

B)浏览、临时表、表、图形、屏幕、报表、视图

C)浏览、临时表、表、图形、屏幕、报表、标签

D)浏览、临时表、表、图形、报表、标签

(22)查询设计器中包含的选项卡有

A)字段、连接、筛选、排序依据、分组依据、杂项

B)字段、连接、筛选、分组依据、排序依据、更新条件

C)字段、连接、筛选条件、排序依据、分组依据、杂项

D)字段、连接、筛选依据、分组依据、排序依据、更新条件

(23)如果在一个过程中不包括 RETURN 语句,或只有一条 RETURN 语句,但没有指定表达式,那么该过程返回

A)逻辑.T.　　B)逻辑.F.

C)空值　　D)没有返回值

(24)下列字段名中不合法的是

A)当前　　B)7 个考生

C)dDc_111　　D)DDD

(25)已知 X = 8,Y = 5,Z = 28,表达式 X^2/5 + 6 * Y - 7 * 2 + (4 + Z/7)^2 的值为

A)26.8　　B)45.8

C)44.8　　D)92.8

(26)在 SQL 查询语句中,将查询结果存放在永久表中应使用短语

A)TOP　　B)INTO ARRAY

C)INTO CURSOR　　D)INTO TABLE

(27)新创建的表单默认标题为 Form1,需修改表单的标题,应设置表单的

A)Name 属性　　B)Caption 属性

C)Show 属性　　D)Hide 属性

(28)下列程序的运行结果是

```
SET TALK OFF
STORE 0 TO S
N = 20
DO WHILE N > S
    S = S + N
    N = N - 2
ENDDO
? S
RETURN
```

A)0　　B)2

C)20　　D)18

(29)下列关于 SQL 对表的定义的说法中,错误的是

A)利用 CREATE TABLE 语句可以定义一个新的数据表结构

B)利用 SQL 的表定义语句可以定义表中的主索引

C)利用 SQL 的表定义语句可以定义表的域完整性、字段有效性规则等

D)对于自由表的定义,SQL 同样可以实现其完整性、有效性规则等信息的设置

(30)显示 2005 年 1 月 1 日后签订的订单,显示订单的订单号、客户名以及签订日期。正确的 SQL 语句是

A)SELECT 订单号,客户名,签订日期 FROM 订单 JOIN 客户 ON 订单.客户号 = 客户.客户号 WHERE 签订日期 > {^2005 -1 -1}

B)SELECT 订单号,客户名,签订日期 FROM 订单 JOIN 客户 WHERE 订单.客户号=客户.客户号 AND 签订日期>{^2005-1-1}

C)SELECT 订单号,客户名,签订日期 FROM 订单,客户 WHERE 订单.客户号=客户.客户号 AND 签订日期<{^2005-1-1}

D)SELECT 订单号,客户名,签订日期 FROM 订单,客户 ON 订单.客户号=客户.客户号 AND 签订日期<{^2005-1-1}

(31)有关查询设计器,正确的描述是

A)“联接”选项卡与 SQL 语句的 GROUP BY 短语对应

B)“筛选”选项卡与 SQL 语句的 HAVING 短语对应

C)“排序依据”选项卡与 SQL 语句的 ORDER BY 短语对应

D)“分组依据”选项卡与 SQL 语句的 JOIN ON 短语对应

(32)查询借阅了两本和两本以上图书的读者姓名和单位,应使用 SQL 语句

A)SELECT 姓名,单位 FROM 读者;
  WHERE 借书证号 IN;
  (SELECT 借书证号 FROM 借阅;
  GROUP BY 借书证号 HAVING COUNT(*)>=2)

B)SELECT 姓名,单位 FROM 读者;
  WHERE 借书证号 EXISTS;
  (SELECT 借书证号 FROM 借阅;
  GROUP BY 借书证号 HAVING COUNT(*)>=2)

C)SELECT 姓名,单位 FROM 读者;
  WHERE 借书证号 EXISTS;
  (SELECT 借书证号 FROM 借阅;
  GROUP BY 借书证号 WHERE COUNT(*)>=2)

D)SELECT 姓名,单位 FROM 读者;
  WHERE 借书证号 IN;
  (SELECT 借书证号 FROM 借阅;
  GROUP BY 借书证号 WHERE COUNT(*)>=2)

(33)查询没有借阅图书的读者的姓名和借书证号,应使用 SQL 语句

A)SELECT 姓名 FROM 读者 WHERE NOT EXISTS;
  (SELECT 借书证号 FROM 借阅 WHERE 借阅.借书证号=读者.借书证号)

B)SELECT 姓名,借书证号 FROM 读者 WHERE
  (SELECT * FROM 借阅 WHERE 借阅.借书证号=读者.借书证号)

C)SELECT 姓名,借书证号 FROM 读者 WHERE NOT EXISTS;
  (SELECT * FROM 借阅 WHERE 借阅.借书证号=读者.借书证号)

D)SELECT 姓名,借书证号 FROM 读者 WHERE 借阅=NULL
  (SELECT * FROM 借阅 WHERE 借阅.借书证号=读者.借书证号)

(34)打开数据库 abc 的正确命令是

A)OPEN DATABASE abc　　B)USE abc

C)USE DATABASE abc　　D)OPEN abc

(35)在 SQL 语句中,与表达式“工资 BETWEEN 1000 AND 1500”功能相同的表达式是

A)工资 <=1000 AND 工资 >=1500　　B)工资 <=1500 AND 工资 >=1000

C)工资 <=1000 OR 工资 >=1500　　D)工资 <=1500 OR 工资 >=10000

二、填空题(每空 2 分,共 30 分)

请将每空的正确答案写在答题卡【1】~【15】序号的横线上,答在试卷上不得分。

(1)软件定义时期主要包括 __【1】__ 和需求分析两个阶段。

(2)为了便于对照检查,测试用例应由输入数据和预期的 __【2】__ 两部分组成。

(3)数据的逻辑结构有线性结构和 __【3】__ 两大类。

(4)某二叉树中度为2的结点有18个,则该二叉树中有 __【4】__ 个叶子结点。

(5)在E-R图中,矩形表示 __【5】__。

(6)在SQL语句中空值用 __【6】__ 表示。

(7)查询所藏图书中,有两种及两种以上图书的出版社所出版图书的最高单价,使用SQL语句:

SELECT 出版单位,所藏图书 FROM GROUP BY 出版社 HAVING __【7】__

(8)要求按成绩降序排序,输出"文学系"学生选修了"计算机"课程的学生姓名和成绩。请将下面的SQL语句填写完整。

```
SELECT 姓名,成绩 FROM 学生表,选课表;
    WHERE 院系="文学系" AND 课程名="计算机" AND 学生表.学号=选课表.学号;
     ORDER BY 【8】
```

(9)将学表STUDENT中的学生年龄(字段名是AGE)增加1岁,应该使用的SQL命令是UPDATE STUDENT __【9】__。

(10)在文本框中, __【10】__ 属性指定在一个文本框中如何输入和显示数据,利用PasswordChar属性指定文本框内显示占位符。

(11)在查询去向中,能够直接查看到查询结果的是 __【11】__ 和屏幕。

(12)已知表单文件名myform.scx,表单备注文件名my form.sct。运行这个表单的命令是 __【12】__。

(13)在表单设计器中可以通过 __【13】__ 工具栏中的工具快速对齐表单中的控件。

(14)如果要为控件设置焦点,则该控件的 __【14】__ 和Enabled属性值为真。

(15)将数据库表"职工"中的"工资"字段改为"基本工资",应使用命令

ALTER TABLE 职工 __【15】__ COLUMN 工资 TO 基本工资

参考答案

笔试全真模拟试卷(1)

一、选择题

(1) B)	(2) C)	(3) B)	(4) D)	(5) A)
(6) B)	(7) B)	(8) A)	(9) D)	(10) C)
(11) D)	(12) D)	(13) D)	(14) C)	(15) C)
(16) B)	(17) B)	(18) C)	(19) C)	(20) D)
(21) A)	(22) C)	(23) B)	(24) B)	(25) B)
(26) B)	(27) A)	(28) B)	(29) D)	(30) C)
(31) C)	(32) C)	(33) C)	(34) C)	(35) A)

二、填空题

(1)【1】调试	(2)【2】前件
(3)【3】上溢	(4)【4】一对多(或1:N)
(5)【5】操作系统 或 OS	(6)【6】逻辑独立性
(7)【7】DISTINCT	(8)【8】IN
(9)【9】数据库管理系统	(10)【10】删除规则
(11)【11】PRIMARY KEY	(12)【12】GO 70 (或 GOTO 70)
(13)【13】DO	(14)【14】M.学号(或M->学号)
(15)【15】DELETE FROM	

笔试全真模拟试卷(2)

一、选择题

(1) C)	(2) D)	(3) C)	(4) D)	(5) C)
(6) D)	(7) B)	(8) B)	(9) A)	(10) D)
(11) C)	(12) D)	(13) A)	(14) A)	(15) C)
(16) D)	(17) D)	(18) A)	(19) A)	(20) C)
(21) C)	(22) C)	(23) C)	(24) C)	(25) D)
(26) D)	(27) C)	(28) A)	(29) C)	(30) C)
(31) D)	(32) D)	(33) A)	(34) A)	(35) C)

二、填空题

(1)【1】输出
(2)【2】19
(3)【3】存储结构
(4)【4】关系
(5)【5】概念设计阶段
(6)【6】8
(7)【7】GROUP BY
(8)【8】GROUP BY
(9)【9】数据库管理系统
(10)【10】唯一性
(11)【11】LIKE
(12)【12】LOCATE
(13)【13】.mnx
(14)【14】局部变量(局域变量)
(15)【15】ZAP

笔试全真模拟试卷(3)

一、选择题

(1) D)	(2) D)	(3) C)	(4) A)	(5) A)
(6) C)	(7) B)	(8) C)	(9) C)	(10) C)
(11) D)	(12) A)	(13) D)	(14) A)	(15) B)
(16) D)	(17) D)	(18) D)	(19) C)	(20) C)
(21) A)	(22) C)	(23) B)	(24) D)	(25) C)
(26) B)	(27) C)	(28) A)	(29) D)	(30) B)
(31) A)	(32) C)	(33) B)	(34) D)	(35) B)

二、填空题

(1)【1】需求规格说明书
(2)【2】完善性
(3)【3】存储结构
(4)【4】n+1
(5)【5】数据模型
(6)【6】IN
(7)【7】COUNT(*) >1
(8)【8】IN
(9)【9】ALTER
(10)【10】标题
(11)【11】GO 70 (或 GOTO 70)
(12)【12】DO FORM T1(或 DO FORM T1.SCX)
(13)【13】ColumnCount
(14)【14】Visible
(15)【15】HAVING

笔试全真模拟试卷(4)

一、选择题

(1) D)	(2) A)	(3) D)	(4) D)	(5) B)
(6) C)	(7) D)	(8) C)	(9) B)	(10) B)
(11) C)	(12) A)	(13) B)	(14) D)	(15) A)
(16) D)	(17) D)	(18) D)	(19) D)	(20) C)
(21) C)	(22) A)	(23) A)	(24) B)	(25) D)
(26) D)	(27) B)	(28) C)	(29) D)	(30) A)
(31) C)	(32) A)	(33) C)	(34) A)	(35) B)

二、填空题

(1)【1】可行性研究

(2)【2】输出结果

(3)【3】非线性结构

(4)【4】19

(5)【5】实体

(6)【6】NULL(或.NULL)

(7)【7】MAX (单价),COUNT(*)>=2

(8)【8】成绩 DESC(或成绩 /D)

(9)【9】SET AGE = AGE+1(或 SET AGE=1+AGE)

(10)【10】InputMask

(11)【11】浏览

(12)【12】Do Form myform

(13)【13】布局

(14)【14】Visible

(15)【15】RENAME

第15章 上机考试指导

考试简介

- 操作系统：Windows 2000
- 上机环境：Visual FoxPro 6.0
- 考试时间：90分钟
- 分值：满分100分
- 题型：基本操作题、简单应用题、综合应用题

上机考试流程

- 候考：考生开考前30分钟进入候考室，交验两证，抽签确定机器号。
- 登录：在考试系统中输入准考证号，核对身份。
- 抽题：随机抽题，如遇机器死机、无法抽题等异常情况，应迅速通知监考老师。
- 答题：务必将做题结果保存在考生文件夹下，否则做题无效，无考试成绩。
- 交卷：单击“考试界面”上方的考试信息窗口中的“交卷”按钮。注意：一旦交卷就无法更改。
- 评分：由计算机自动评分。

15.1 上机考试环境及流程

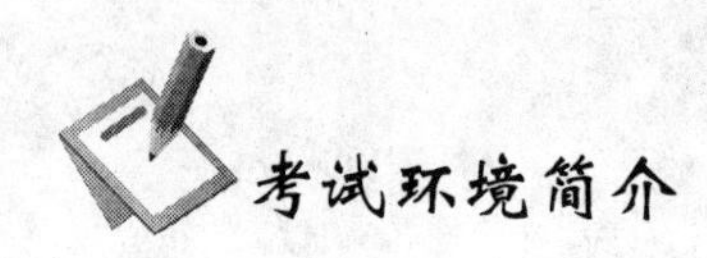

1. 硬件环境

上机考试系统所需要的硬件环境见表15.1。

表15.1 硬件环境

主 机	PⅢ1GHz相当或以上
内 存	128MB以上（含128MB）
显 卡	SVGA彩显
硬盘空间	500MB以上可供考试使用的空间（含500MB）

2. 软件环境

上机考试系统所需要的软件环境见表15.2。

表15.2 软件环境

操作系统	中文版Windows 2000
应用软件	中文版Microsoft Visual FoxPro 6.0和MSDN 6.0

3. 题型及分值

全国计算机等级考试二级Visual FoxPro上机考试满分为100分，共有3种考查题型，即基本操作题（4小题，第1、2题各7分，第3、4题各8分，共30分）、简单应用题（2小题，每题20分，共40分）和综合应用题（1小题，30分）。

4. 考试时间

全国计算机等级考试二级 Visual FoxPro 上机考试时间为 90 分钟,考试时间由上机考试系统自动计时,考试结束前 5 分钟系统自动报警,以提醒考生及时存盘,考试时间结束后,上机考试系统自动将计算机锁定,考生不能继续进行考试。

上机考试流程演示

考生的考试过程分为登录、答题、交卷等阶段。

1. 登录

在实际答题之前,需要进行考试系统的登录。一方面,这是考生姓名的记录凭据,系统要验证考生的"合法"身份;另一方面,考试系统也需要为每一位考生随机抽题,生成一份二级 Visual FoxPro 上机考试的试题。

(1) 启动考试系统。双击桌面上的"考试系统"快捷方式,或从"开始"菜单的"程序"中选择"第?(?为考次号)次 NCRE"命令,启动"考试系统",出现"登录界面"窗口,如图 15.1 所示。

(2) 输入准考证号。单击图 15.1 中的"开始登录"按钮或按回车键进入"身份验证"窗口,如图 15.2 所示。

图 15.1　登录界面

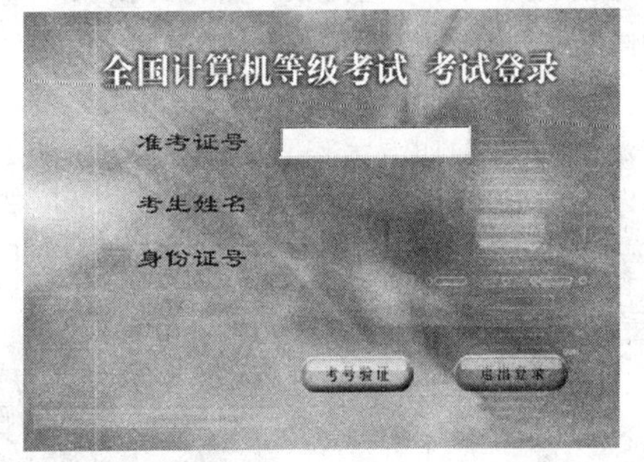

图 15.2　身份验证

(3) 考号验证。考生输入准考证号,单击图 15.2 中的"考号验证"按钮或按回车键后,可能会出现两种情况的提示信息。

- 如果输入的准考证号存在,将弹出"验证信息"窗口,要求考生对准考证号、姓名及身份证号进行验证,如图 15.3 所示。如果准考证号错误,单击"否(N)"按钮重新输入;如果准考证号正确,单击"是(Y)"按钮继续。

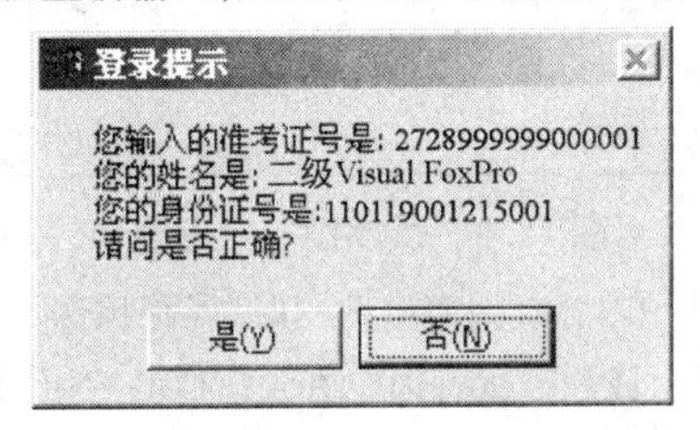

图 15.3　验证信息

- 如果输入的准考证号不存在,考试系统会显示相应的提示信息并要求考生重新输入准考证号,直到输入正确或单击"是(Y)"按钮退出考试系统为止,如图 15.4 所示。

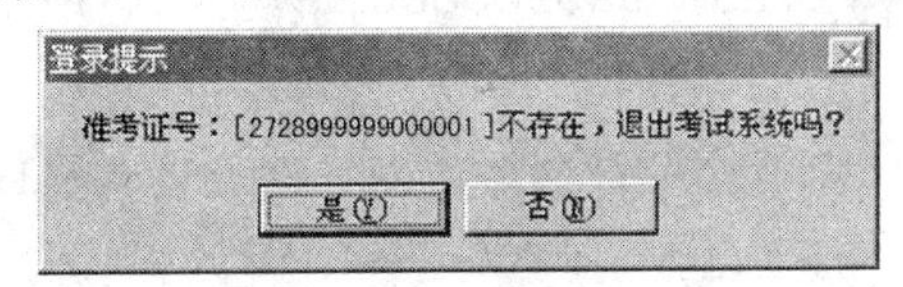

图 15.4　错误提示

(4) 登录成功。当上机考试系统抽取试题成功后,屏幕上会显示二级 Visual FoxPro 的上机考试须知,考生单击"开始考试并计时"按钮开始考试并计时,如图 15.5 所示。

图 15.5 考试须知

2. 答题

（1）试题内容查阅窗口。登录成功后，考试系统将自动在屏幕中间生成试题内容查阅窗口，至此，系统已为考生抽取一套完整的试题，如图 15.6 所示，单击其中的“基本操作题”、“简单应用题”和“综合应用题”按钮，可以分别查看各题型题目要求。

当试题内容查阅窗口中显示上下或左右滚动条时，表示该窗口中的试题尚未完全显示，因此，考生可用鼠标操作显示余下的试题内容，防止因漏做试题而影响考试成绩。

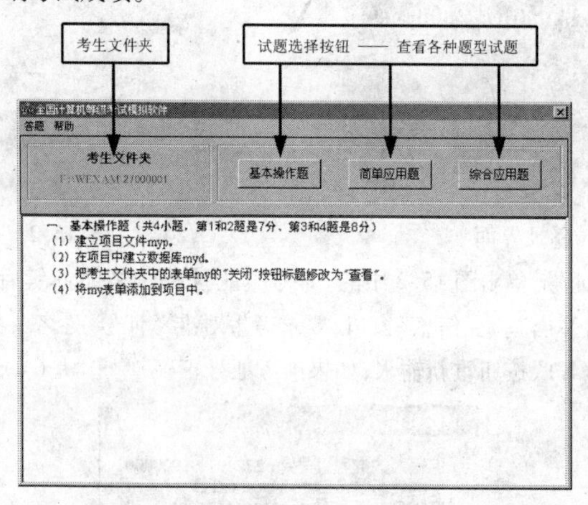

图 15.6 试题内容查阅窗口

（2）考试状态信息条。屏幕中间出现试题内容查阅窗口的同时，屏幕顶部显示考试状态信息条，其中包括：① 考生的准考证号、姓名、考试剩余时间；② 可以随时显示或隐藏试题内容查阅窗口的按钮；③ 退出考试系统进行交卷的按钮。“隐藏窗口”字符表示屏幕中间的考试窗口正在显示着，当用鼠标单击“隐藏窗口”字符时，屏幕中间的考试窗口就被隐藏，且“隐藏窗口”字符串变成“显示窗口”，如图 15.7 所示。

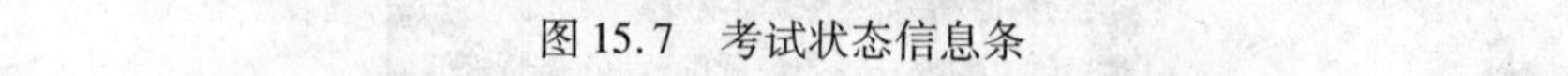

显示窗口 2728999999000001黄过 72:7 交卷

图 15.7 考试状态信息条

（3）启动考试环境。在试题内容查阅窗口中，选择“答题”菜单下的“启动 Visual FoxPro 6.0”菜单命令，即可启动 Visual FoxPro 的上机考试环境，考生可以在此环境下答题。

3. 考生文件夹

考生文件夹是考生存放答题结果的唯一位置。考生在考试过程中所操作的文件和文件夹绝对不能脱离考生文件夹，同时绝对不能随意删除此文件夹中的任何与考试要求无关的文件及文件夹，否则会影响考试成绩。考生文件夹的命名是系统默认的，一般为准考证号的前 2 位和后 6 位。假设某考生登录的准考证号为“2728999999000001”，则考生文件夹为“K:\考试机机号\27000001”。

4. 交卷

在考试过程中,系统会为考生计算剩余考试时间。在剩余 5 分钟时,系统会显示提示信息,如图 15.8 所示。考试时间用完后,系统会锁住计算机并提示输入“延时”密码。这时考试系统并没有自行结束运行,它需要输入延时密码才能解锁计算机并恢复考试界面,考试系统会自动再运行 5 分钟,在此期间可以单击“交卷”按钮进行交卷处理。如果没有进行交卷处理,考试系统运行到 5 分钟时,又会锁住计算机并提示输入“延时”密码,这时还可以使用延时密码。只要不进行“交卷”处理,可以“延时”多次。

图 15.8　信息提示

如果考生要提前结束考试并交卷,则在屏幕顶部显示的窗口中单击“交卷”按钮,上机考试系统将弹出如图 15.9 所示的信息提示。此时,考生如果单击“确认”按钮,则退出上机考试系统进行交卷处理,单击“取消”按钮则返回考试界面,继续进行考试。

图 15.9　交卷确认

如果进行交卷处理,系统首先锁住屏幕,并显示“系统正在进行交卷处理,请稍候!”,当系统完成了交卷处理后,在屏幕上显示“交卷正常,请输入结束密码:”,这时只要输入正确的结束密码就可结束考试。

交卷过程不删除考生文件夹中的任何考试数据。

15.2　Visual FoxPro 6.0 使用简介

Visual FoxPro 的主界面

1. 菜单操作

菜单系统是在交互方式下实现人机对话的工具。Visual FoxPro 6.0 主界面顶端的菜单栏实际上是各种操作命令的分类组合,其中包括 8 个下拉式菜单项:文件(F)、编辑(E)、显示(V)、工具(T)、程序(P)、项目(Q)、窗口(W)、帮助(H)。

选择菜单项目可以采用以下 3 种方法之一:

① 鼠标操作。单击菜单项,在屏幕上弹出下拉子菜单;单击所选择的项目,则激活与之相关的操作。

② 键盘操作。所有菜单项的名字中都有一个带下画线的字母,该字母是菜单的“热键”、对主菜单栏,按住“Alt”键的同时按下所选菜单的“热键”将激活子菜单项。如按“Alt + F”组合键则是下拉“文件”菜单。在菜单中,按住“Ctrl”键的同时按下相应的“热键”则执行菜单项的功能。

③ 光标操作。在选择子菜单时,按光标键将光带移动到所需菜单选项上,然后按“Enter”键即可激活相关操作。

在 Visual FoxPro 6.0 的菜单系统中,菜单栏里的各个选项不是一成不变的。也就是说,当前运行的程序不同,所显示的横向主菜单和下拉菜单的选项也不尽相同。这种情况称为上下文敏感。例如,浏览一个数据表时,系统在主菜单上将不出现“格式”菜单,而自动添加“表”菜单,供用户对此数据表进行追加记录、编辑数据等操作选用;打开一个报表时,主菜单上就会自动添加“报表”项,可以通过“报表”菜单的选项进行修改该报表内容等操作。

2. 命令操作

如图 15.10 所示,命令窗口是桌面上的一个重要部件,在该窗口中,可以直接输入 Visual FoxPro 6.0 的各条命令,按回车键之后便立即执行该命令。尽管从菜单中可以实现大多数命令，熟悉一些命令对于提高操作速度和今后编写程序是很有帮助的。例如，在命令窗口输入命令 DIR 之后按回车键，则在主屏幕上显示当前目录下表的信息；输入 CLEAR 命令之后按回车键，则清除主屏幕；输入 QUIT 命令则可以直接退出 Visual FoxPro 系统。

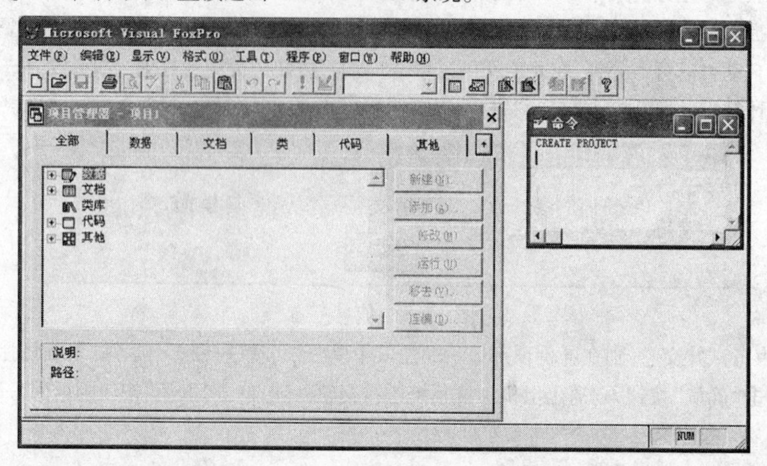

图 15.10 Visual FoxPro 6.0 的主界面

有 3 种方法可以显示与隐藏命令窗口：

① 单击命令窗口右上角的关闭按钮可关闭它，通过“窗口”菜单下的“命令窗口”选项可以重新打开。

② 单击“常用”工具栏上的“命令窗口”按钮。按下则显示，弹起则隐藏命令窗口。

③ 按“Ctrl + F4”组合键隐藏命令窗口；按“Ctrl + F2”组合键显示命令窗口。

3. 项目管理器窗口

项目管理器是 Visual FoxPro 中各种数据和对象的主要组织工具。由于 Visual FoxPro 中有很多文件类型，如 PRG 命令文件、DBF 表文件、DBC 数据库文件、CDX 索引文件以及菜单、表单、报表、图像等文件。

一个项目是文件、数据、文档和对象的集合，项目文件以扩展名 PJX 及 PJT 保存。项目管理器中有 6 个选项卡，分别是：全部、数据、文档、类、代码和其他，如图 15.11 所示。

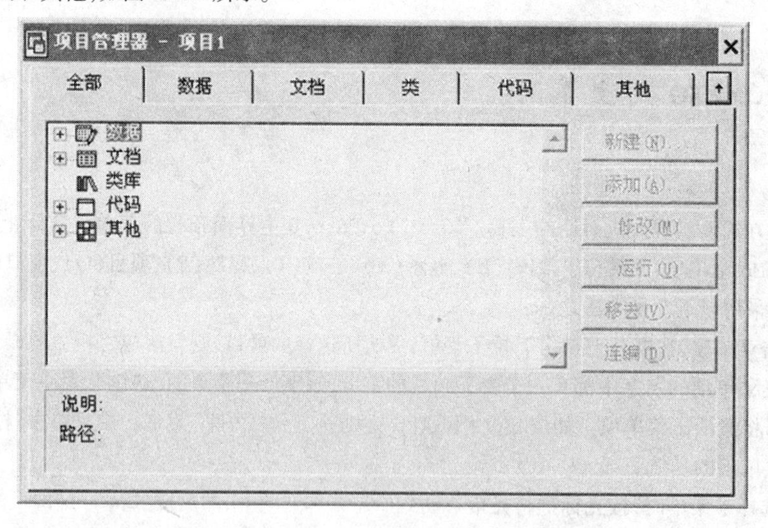

图 15.11 项目管理器

工具栏的使用

利用各种工具栏调用比通过菜单调用要方便快捷得多，其默认界面包括“常用”工具栏和“表单设计器”工具栏，显示在菜单栏下面，用户可以将其拖放到主窗口的任意位置。

所有的工具栏按钮都有文本提示功能，当把鼠标指针停留在某个图标按钮上时，系统用文字的形式显示它的功能。除了

“常用”工具栏外，Visual FoxPro 还提供了 10 个其他工具栏，见表 15.3。

表 15.3 工具栏

工具栏名称	工具栏名称
报表控件	查询设计器
报表设计器	打印预览
表单控件	调色板
表单设计器	视图设计器
布局	数据库设计器

1. 显示或隐藏工具栏

要想显示或隐藏工具栏，可以单击“显示”菜单，从下拉菜单中选择“工具栏”，弹出“工具栏”对话框，如图 15.12(a) 所示。单击鼠标选择或清除相应的工具栏，然后单击“确定”按钮，便可以显示或隐藏指定的工具栏。也可以用鼠标右键在任何一个工具栏的空白处单击，打开工具栏的快捷菜单，从中选择要打开或关闭的工具栏，或者打开工具栏对话框，如图 15.12(b) 所示。

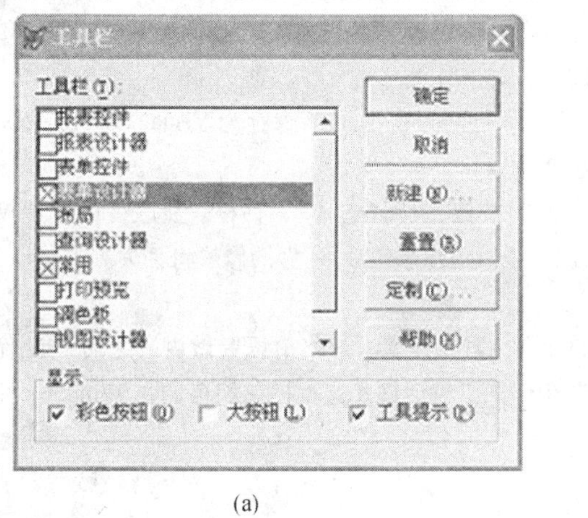

(a)

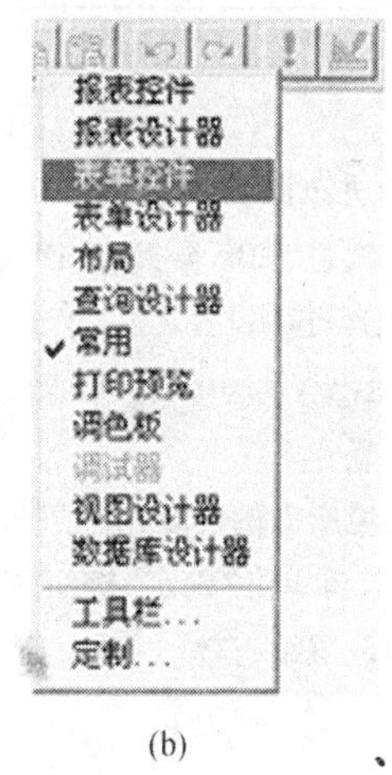

(b)

图 15.12 “工具栏”对话框和“工具栏”快捷菜单

2. 修改现有工具栏

首先显示出要修改的工具栏。单击“显示”菜单，从下拉菜单中选择“工具栏”，弹出“工具栏”对话框。

(1) 在“工具栏”对话框上单击“定制”按钮，弹出“定制工具栏”对话框。

(2) 向要修改的工具栏上拖放新的图标按钮可以增加新的工具。

(3) 从工具栏上用鼠标直接将按钮托动到工具栏之外可以删除该工具。

(4) 修改完毕，单击“定制工具栏”对话框上的“关闭”按钮即可。

在“工具栏”对话框中，当选中系统定义的工具栏时，右侧有“重置”按钮。单击该按钮则可以将用户定制过的工具栏恢复到系统默认构成。当选用户创建的工具栏时，右侧出现“删除”按钮。单击该按钮并确认，可以删除用户创建的工具栏。

Visual FoxPro 的配置

Visual FoxPro 可以使用“选项”对话框或 SET 命令进行附加的配置设定，还可以通过配置文件进行设置。在此仅介绍使用“选项”对话框进行设置的方法。

1. 使用“选项”对话框中

单击“工具”菜单下的“选项”，打开“选项”对话框。在“选项”对话框中包括有一系列不同类别环境选项的选项卡(共 12 个)。表 15.4 列出了各个选项卡的设置功能。

表 15.4 “选项”对话框中的选项卡及其功能

选 项 卡	设置功能
显示	显示轮机选项,例如是否显示状态、时钟、命令结果或系统信息
常规	数据输入与编程选项,如设置警告音,是否记录编译错误或自动填充新记录,使用的定位键,调色板使用的颜色,改写文件之前是否警告等
数据	字符串比较设定、表,如是否 Rushmore 优化、是否使用索引强制唯一性、备注块大小、查找的记录计数器间隔及使用什么锁定选项
远程数据	远程数据访问选项,如连接超时限定值,一次拾取记录数目及如何使用 SQL 更新
文件位置	Visual FoxPro 默认目录位置,帮助文件及辅助文件存储在何处
表单	表单设计器选项,如网格面积,所用的刻度单位,最大设计区域及使用何种模板类
项目	项目管理器选项,如是否提示使用向导,双击时运行或修改文件及源代码管理选项
控件	“表单控件”工具栏中的“查看类”按钮所提供的可视类库和 ActiveX 控件选项
区域	日期、时间、货币及数字的格式
调试	调试器显示及跟踪选项,例如使用什么字体与颜色
语法着色	区分程序元素所用的字体及颜色,如注释与关键字
字段映像	从数据环境设计器、数据库设计器或项目管理器缶表单拖放表或字段时创建何种控件

2. 保存设置

把在“选项”对话框中所做设置保存为在本次系统运行期间有效,或者保存为 Visual FoxPro 默认设置,即永久设置。

(1)将设置保存为仅在本次系统运行期间有效

在“选项”对话框中选择各项设置之后,单击“确定”按钮,关闭“选项”对话框。所改变的设置仅在本次系统运行期间有效,它们一直起作用直到退出 Visual FoxPro,或再次选项。退出系统后,所做的修改将丢失。

(2)保存为默认设置

要永久保存对系统环境所做的更改,应把它们保存为默认设置。对当前设置做更改之后,“设置为默认值”按钮被激活,单击“设置为默认值”按钮,再单击“确定”按钮,关闭“选项”对话框。这将把它们存储在 Windows 注册表中。以后每次启动 Visual FoxPro 时所做的更改继续有效。

项目管理器

1. 项目的创建

创建一个新项目有两种途径,一是仅创建一个项目文件,用来分类管理其他文件;二是使用应用向导生成一个项目和一个 Visual FoxPro 应用程序框架。

① 从“文件”菜单中选择“新建”命令,或者单击“常用”工具栏上的“新建”按钮,系统打开“新建”对话框,如图 15.13(a) 所示。

② 在“文件类型”区域选择“项目”单选项,然后单击“新建文件”图标按钮,系统打开“创建”对话框,如图 15.13(b) 所示。

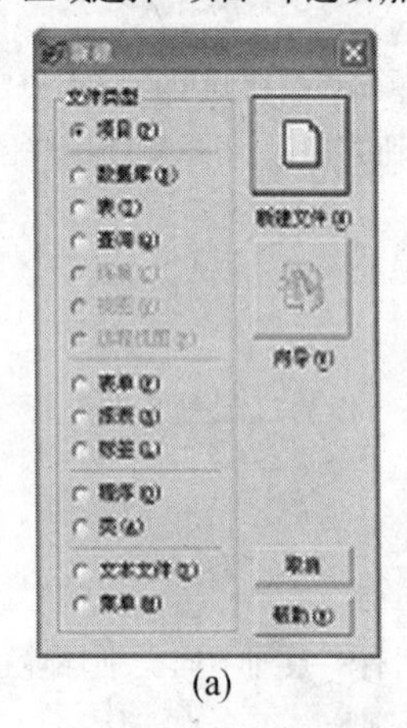

(a)

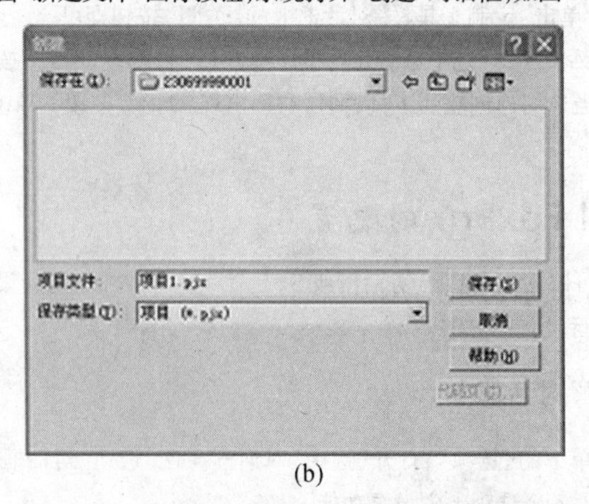

(b)

图 15.13 新建项目

③ 在“创建”对话框的“项目文件”文本框中输入项目名称，如“人事管理. pjx”，然后在“保存在”组合框中选择保存该项目的文件夹。

④ 单击“保存”按钮，Visual FoxPro 就在指定目录位置建立一个“人事管理. pjx”的项目文件。

2. 各类文件选项卡

项目管理器中包括 6 个选项卡，各选项卡的功能描述如下。

- “数据”选项卡：包含了一个项目中的所有数据——数据库、自由表、查询和视图。
- “文档”选项卡：包含了处理数据时所用的 3 类文件，输入和查看数据所用的表单、打印表和查询结果所用的报表及标签。
- “类”选项卡：使用 Visual FoxPro 的基类就可以创建一个可靠的面向对象的事件驱动程序。如果自己创建了实现先烈功能的类，可以在项目管理器中修改。只需选择要修改的类，然后单击“修改”按钮，将打开“类设计器”。
- “代码”选项卡：包括 3 大类程序，扩展名为. prg 的程序文件、函数库 APILıbraries 和应用程序. app 文件。
- “其他”选项卡：包括文本文件、菜单文件和其他文件，如位图文件. bmp、图标文件. ico 等。
- “全部”选项卡：以上各类文件的集中显示窗口。

Visual FoxPro 的向导

1. 启动向导

用项目管理器或“文件”菜单创建某种新的文件时，可以利用向导来完成这项工作。启动向导有以下 4 种途径。

- 在项目管理器中选定要创建文件的类型，然后选择“新建”。
- 从“文件”菜单中选择“新建”，或者单击工具栏上的“新建”按钮，打开“新建”对话框，选择待创建文件的类型。然后单击相应的向导按钮就可以启动相应的向导了。
- 在“工具”菜单中选择“向导”子菜单，也可以直接访问大多数的向导。
- 单击工具栏上的“向导”图标按钮可以直接启动相应的向导。

2. 使用向导

在启动向导后，需要依次回答每一屏幕上所提出的问题。在准备好进行下一个屏幕的时，可单击“下一步”按钮。如果操作中出现错误，或者原来的想法发生了变化，可单击“上一步”按钮，返回前一屏幕的内容，以便进行修改。选择“取消”将退出向导而不会产生任何结果。如果在使用过程中遇到困难，可按“F1”键取得帮助。

3. 修改用向导创建的项

使用向导创建好表、表单、查询或报表之后，可以用相应的设计工具将其打开，并做进一步的修改。不能用向导重新打开一个用向导建立的文件，但是可以在退出向导之前，预览向导的结果并做适当的修改。

Visual FoxPro 的设计器

1. 各种设计器

表 15.5 列出了为完成不同的任务所使用的设计器。

表 15.5 Visual FoxPro 的设计器

设计器名称	功　能
表设计器	创建并修改数据库表、自由表、字段和索引。可以实现如有效性检查和默认值等高级功能
数据库设计器	管理数据库中包含的全部表、视图和关系。当该窗口活动时，显示“数据库”菜单和“数据设计器”工具栏
报表设计器	创建和修改打印数据的报表，当该设计器窗口活动时，显示“报表”菜单和“报表控件”工具栏
查询设计器	创建和自发在本地表中运行的查询。当该设计器窗口活动时，显示“查询”菜单和“查询设计器”工具栏
视图设计器	在远程数据源上运行查询；创建可更新的查询，即视图。当该设计器窗口活动时，显示“视图设计器”工具栏
表单设计器	创建并修改表单和表单集，当该窗口活动时，显示“表单”菜单、“表单控件”工具栏、“表单设计器”工具栏和“属性”窗口
菜单设计器	创建菜单栏或弹出式子菜单
数据环境设计器	数据环境定义了表单或报表使用的数据源，包括表、视图和关系，可以用数据环境设计器来修改
连接设计器	为远程视图创建并修改命名连接，因为连接 是作为数据库的一部分存储的，所以仅在有打开的数据库时才能使用“连接设计器”

2. 打开设计器

除了使用命令方式以外，可以使用下面 3 种方法之一调用设计器：

(1)在项目管理器环境下调用。

(2)菜单方式调用。

(3)从“显示”菜单中打开。

Visual FoxPro 的生成器

表 15.6 列出了为完成不同的任务所使用的设计器。

表 15.6 Visual FoxPro 的生成器

设计器名称	功　能
表单生成器	方便向表单中添加字段，这里的字段用做新的控件。可以在该生成器中选择选项，来添加控件和指定样式
表格生成器	方便为表格控件设置属性。表格控件允许在表单或页面中显示和操作数据的行与列。在该生成器对话框中进行选项可以设置表格属性
编辑框生成器	方便为编辑框控件设置属性。编辑框一般用来显示长的字符型字段或者备注型字段，并允许用户编辑文本，也可以显示一个文本文件或剪贴板的文本。可以在该生成器对话框中选择选项来设置控件的属性
列表框生成器	方便为列表框控件设置属性。列表框给用户提供一个可滚动的列表，包含多项信息或选项。可在该生成器对话框格式中选择选项设置属性
文本框生成器	方便为文本框控件设置属性。文本框是一个基本控件，允许用户添加或编辑数据，存储在表中“字符型”、“数值型”或“日期”型的字段里。可在该生成器对话框格式中选择选项来设置属性
组合框生成器	方便为组合框控件设置属性。在该生成器对话框中，可以选择选项来设置属性
命令按钮组生成器	方便为命令按钮组控件设置属性。可在该生成器对话框中选择选项来设置属性
选项按钮组生成器	方便为选项按钮组控件设置属性。选项按钮允许用户在彼此之间独立的几个选项中选择一个。可在该生成器对话框格式中选择选项来设置属性
自动格式生成器	对选中的相同类型的控件应用一组样式，例如，选择表单上的两个或多个文本框控件，并使用该生成器赋予他们相同的样式；或指定是否将样式用于所有控件的边框、颜色、字体、布局或三维效果，或者用于其中一部分
参照完整性生成器	帮助设置触发器，用来控制如何在相关表中插入、更新或者删除记录，确保参照完整性
应用程序生成器	如果选择创建一个完整的应用程序，可在应用程序中包含创建了的数据库和表单或报表，也可使用数据库模板从零开始创建新的应用程序。如果选择创建一个框架 ，则可稍后向框架中添加组件

15.3　上机考试题型剖析

Visual FoxPro 上机考试究竟考什么、怎么考,对于考生来说是至关重要的问题。本部分内容就是通过对题库中试题的仔细分析,总结出上机考试的重点、难点。

基本操作题

基本操作题包括 4 小题,分值依次为 7 分、7 分、8 分、8 分,共 30 分。其中所考查的内容基本上都是 Visual FoxPro 中最基础的知识,大多属于送分题。基本操作题中所考查的知识点主要包括以下几个方面。

1. 项目管理器的基本操作

①项目的新建。例如,在考生文件夹下新建一个名为“my”的项目文件,操作步骤如图 15.14 所示。

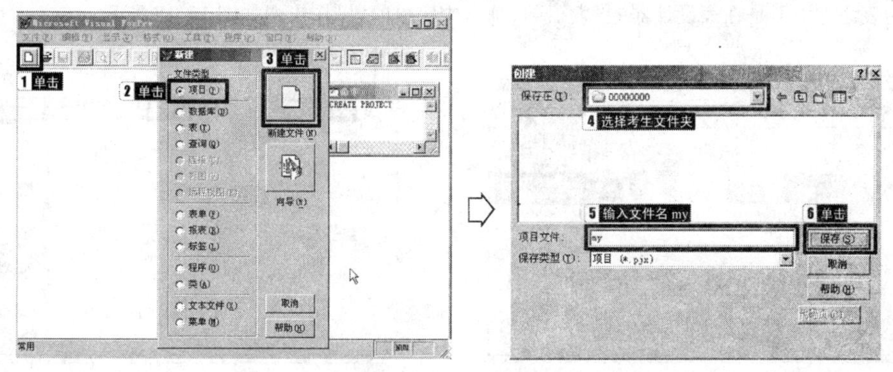

图 15.14　项目的新建

②通过项目管理器新建文件。例如,在项目管理器中新建一个名为“stsc”的数据库文件,并保存在考生文件夹下,操作步骤如图 15.15 所示。

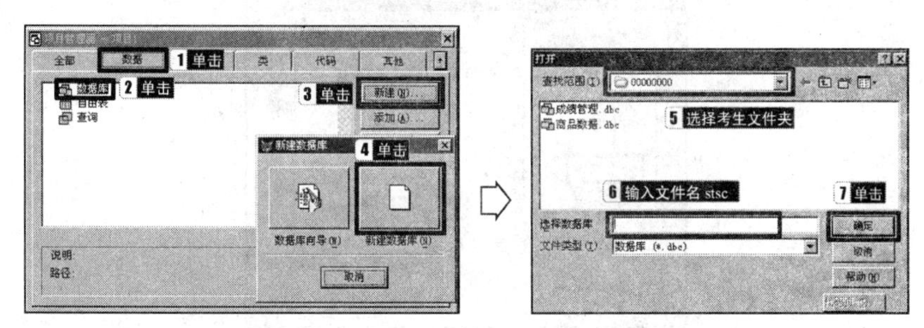

图 15.15　在项目管理器中新建数据库

③向项目中添加文件。例如,将考生文件夹下的“图书”数据库添加到项目中,操作步骤如图 15.16 所示。

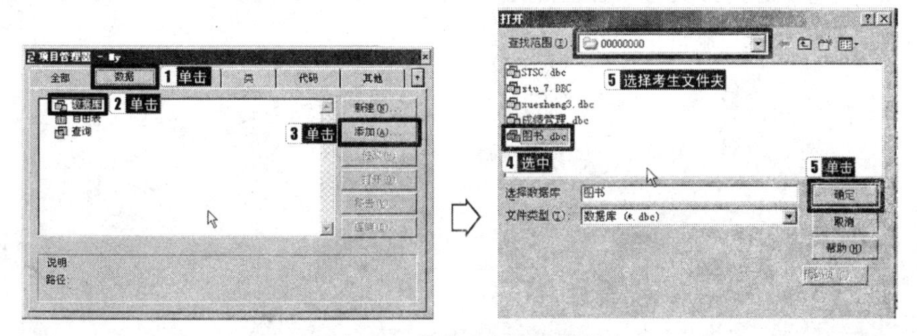

图 15.16　向项目中添加数据库

2. 数据库和表的基本操作

① 向数据库中添加表。例如，将自由表“pub”添加到“图书”数据库中，操作步骤如图 15.17 所示。

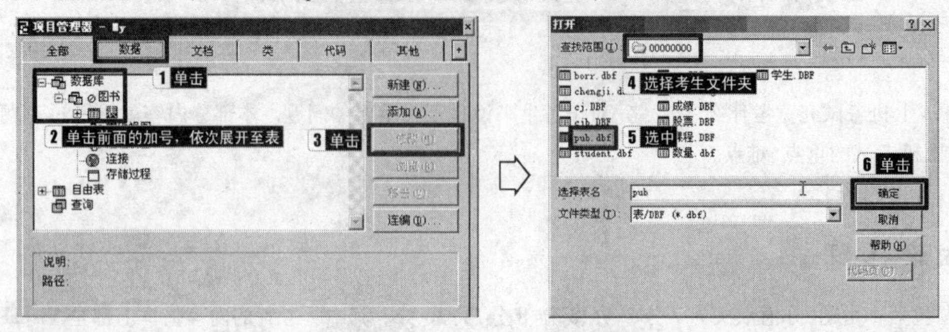

图 15.17　向项目中添加数据库

② 从数据库中移出或删除表。在项目管理器中，依次展开至需要移出的表，并选中该表，最后单击右侧的“移出”按钮，在弹出的对话框中选择“移出”或“删除”即可。

③ 新建数据表，并为表添加索引。新建数据表可以通过“新建”菜单打开表设计器来实现，也可以通过 Create 命令打开表设计器来实现。为表添加索引是在表设计器的“索引”选项卡中完成的，操作步骤如图 15.18 所示。

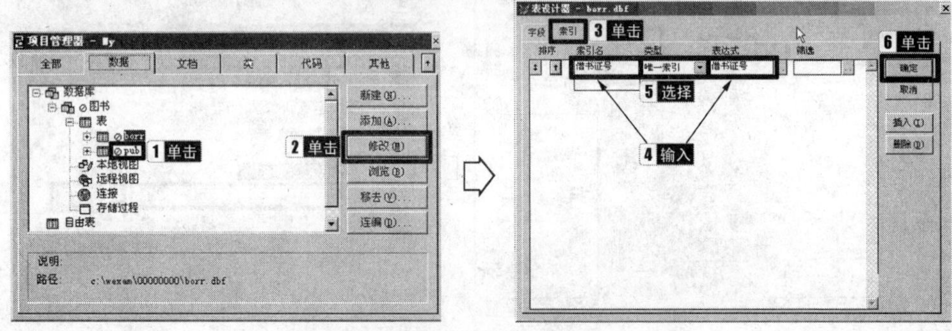

图 15.18　向项目中添加数据库

④ 建立表间联系。为两个表建立永久性联系前，需为两个表添加索引，索引添加后，即可按图 15.19 所示完成。

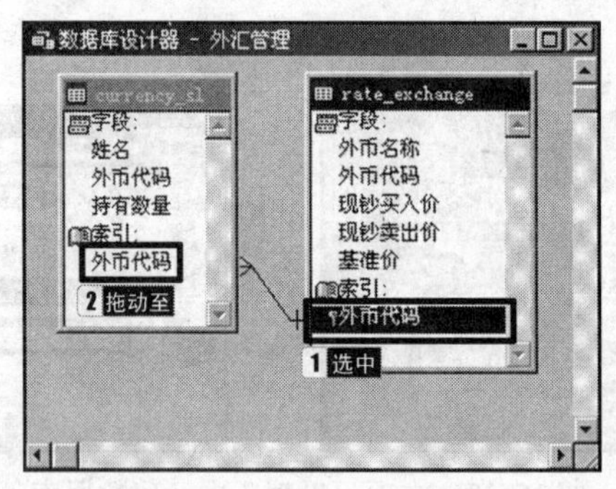

图 15.19　建立表间联系

⑤ 设置字段有效性规则。例如，为“学生”表的“性别”字段定义字段有效性规则，操作步骤如图 15.20 所示。

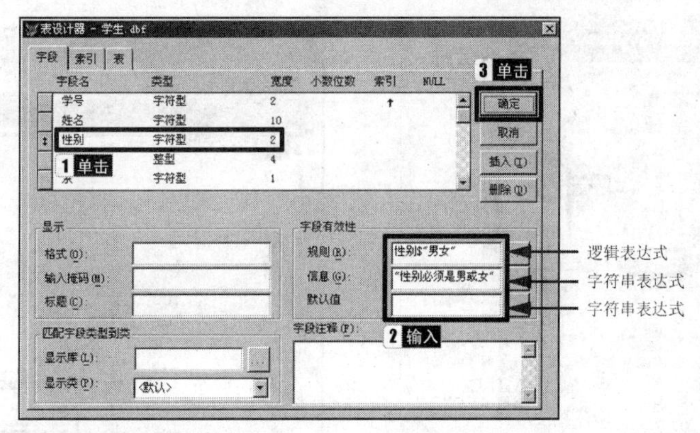

图 15.20 设置字段有效性规则

⑥ 设置参照完整性规则。设置参照完整性之前需要为数据库中的表建立联系，并且先要执行“数据库”菜单下的“清理数据库”命令，否则系统会提示错误。参照完整性的设置过程如图 15.21 所示。

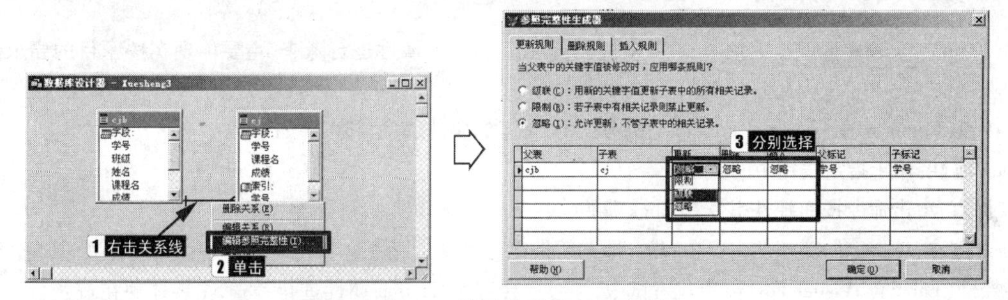

图 15.21 设置字段有效性规则

⑦ 其他操作。除了上述考核几率很高的知识点外，本大题还涉及表单及控件的基本设置，各种向导和设计器的使用，SQL 语句中的查询、删除、插入和更新等操作。

简单应用题

简单应用题的难度比基本操作题略有增加，它包括 2 小题，每小题 20 分，共 40 分，并且每小题一般会同时考查几个知识点。简单应用题中所考查的知识点主要包括以下几个方面。

1. 查询和视图的建立

查询和视图文件的建立最常用的方法是通过相应的设计器来完成，并且两种设计器的操作几乎相同（视图设计器比查询设计多一个“更新条件”选项卡）。需要提醒考生注意的是，在建立视图前要打开存放视图文件的数据库文件。查询设计器和视图设计器中常考的知识点包括“字段”选项卡、“排序依据”选项卡和“查询去向”工具按钮。

2. 向导的使用

启动向导最常用的方法有两种：一是执行“文件”→“新建”菜单命令；二是单击常用工具栏中的“新建”按钮。不同向导的操作方法基本相同，下面我们就以表单为例介绍向导的调用过程，如图 15.22 所示。

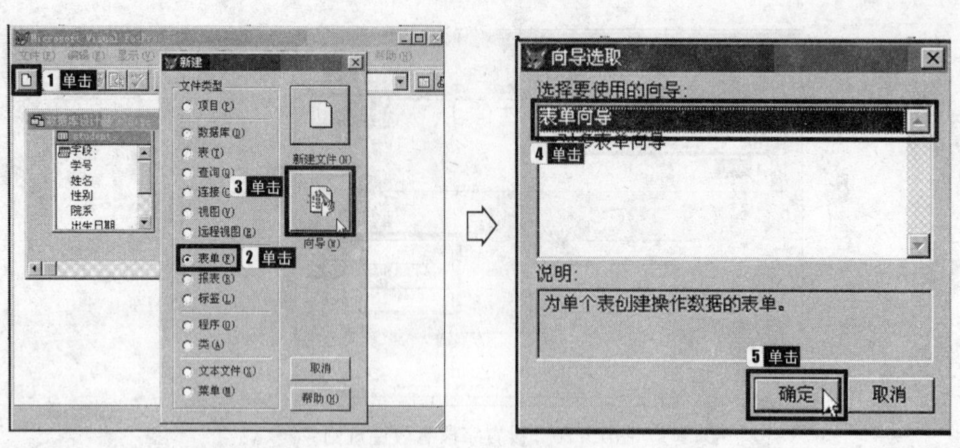

图 15.22 向导的启动

3. 表单常用控件及其属性、事件和方法

① 表单(Form)。Visual FoxPro 上机考试中,一般只会对其 Caption 属性进行考查,主要体现在按题目的要求修改标题处的文字。

② 命令按钮(CommanD)。Visual FoxPro 上机考试中,常考的属性、方法和事件如下。

- Caption 属性:用于指定按钮中的文字。
- Click 件事:单击命令按钮控件引发其 Click 事件。
- Release 方法:将指定的对象从内存中释放,即关闭指定的对象。请考生牢记命令语句:THISFORM. RELEASE。

③ 标签控件(Label)。Visual FoxPro 上机考试中,一般只会对其 Caption 属性进行考查,主要体现在按题目的要求修改标签控件处的文字。

④ 表格控件(Text)。Visual FoxPro 上机考试中,常考的属性、方法和事件如下。

- RecordSourceType 属性:用于指定与表格建立联系的数据源如何打开。
- 通过右键快捷菜单中的"生成器"命令指定与表格有联系的数据源。

⑤ 选项组控件(OptionGroup)。Visual FoxPro 上机考试中,常考的属性、方法和事件如下。

- ButtonCount 属性:用于指定选项组中选项按钮的数目。
- 每个选项按钮的 Caption 属性:用于指定选项组中每个选项按钮的标题名称。

⑥ 文本框控件(TextBox)。

⑦ 组合框控件(ComboBox)。

⑧ 页框控件(PageFrame)。

⑨ 微调框控件(Spinner)。

⑩ 时间控件(Timer)。

综合应用题

综合应用题一般是对众多知识点的综合考核,难度较大,它包括 1 小题,计 40 分,并且每小题一般会同时考查几个知识点。综合应用题中所考查的知识点主要包括以下几个方面。

① 菜单文件的建立。菜单的设计是在菜单设计器中完成的,Visual FoxPro 上机考试中主要考查系统菜单的设计。

② 返回系统菜单。请考生牢记命令语句:SET SYSMENU TO DEFAULT,因为凡是考查下拉菜单设计的题,本语句基本上是必考的。

③ 表单文件的建立。表单的建立是在表单设计器中完成的。

④ 简单的程序设计。程序设计最常考核的是 SQL 连接查询语句和分组计算查询。如果考生不太熟悉 SQL 语句,则可以借助查询设计器完成查询的设计,然后从查询设计器中将 SQL 命令语句复制到菜单文件中,最后保存即可。

附　录

附录1　最新大纲专家解读

二级公共基础知识考试大纲

基本要求

(1)掌握算法的基本概念。

(2)掌握基本数据结构及其操作。

(3)掌握基本排序和查找算法。

(4)掌握逐步求精的结构化程序设计方法。

(5)掌握软件工程的基本方法,具有初步应用相关技术进行软件开发的能力。

(6)掌握数据库的基本知识,了解关系数据库的设计。

考试内容

1. 基本数据结构与算法

大纲要求	专家解读
(1)算法的基本概念:算法复杂度的概念和意义(时间复杂度与空间复杂度)	本部分内容在最近几次考试中,平均分数大概占公共基础知识分数的35%左右。 其中(1)、(4)、(6)是常考的内容,需要熟练掌握,多出现在选择题5~8题、填空题1~3题。其余考查内容在最近几次考试所占比重较小
(2)数据结构的定义;数据的逻辑结构与存储结构;数据结构的图形表示;线性结构与非线性结构的概念	
(3)线性表的定义;线性表的顺序存储结构及其插入与删除运算	
(4)栈和队列的定义;栈和队列的顺序存储结构及其基本运算	
(5)线性单链表、双向链表与循环链表的结构及其基本运算	
(6)树的基本概念;二叉树的定义及其存储结构;二叉树的前序、中序和后序遍历	
(7)顺序查找与二分法查找算法;基本排序算法(交换类排序,选择类排序,插入类排序)	

2. 程序设计基础

大纲要求	专家解读
(1)程序设计方法与风格	本部分内容在最近几次考试中所占分值比重较小,大约为公共基础知识分数的15%左右。(2)、(3)是本部分考核的重点。多出现在选择题1~2题。填空题最近几年没有出现
(2)结构化程序设计	
(3)面向对象的程序设计方法,对象,方法,属性及继承与多态性	

3. 软件工程基础

大纲要求	专家解读
(1)软件工程基本概念,软件生命周期概念,软件工具与软件开发环境	本部分内容在最近几次考试中所占分值比重较小,大约为公共基础知识分数的20%左右。(3)、(4)、(5)是本部分的考核重点。多出现在选择题2~4题。填空题多出现在2~3题
(2)结构化分析方法,数据流图,数据字典,软件需求规格说明书	
(3)结构化设计方法,总体设计与详细设计	
(4)软件测试的方法,白盒测试与黑盒测试,测试用例设计,软件测试的实施,单元测试、集成测试和系统测试	
(5)程序的调试,静态调试与动态调试	

4. 数据库设计基础

大纲要求	专家解读
(1)数据库的基本概念:数据库,数据库管理系统,数据库系统	本部分内容在最近几次考试中所占分值比重较大,大约为公共基础知识分数的30%左右。(2)、(3)、(4)是本部分考核的重点。多出现在选择题6~10题。填空题多出现在3~5题。其中关系模型和数据库关系系统更是重中之重。考生要熟练掌握
(2)数据模型:实体联系模型及E-R图,从E-R图导出关系数据模型	
(3)关系代数运算:包括集合运算及选择、投影、连接运算,数据库规范化理论	
(4)数据库设计方法和步骤:需求分析、概念设计、逻辑设计和物理设计的相关策略	

考试方式

(1)公共基础知识的考试方式为笔试,与C语言程序设计(C++语言程序设计、Java语言程序设计、Visual Basic语言程序设计、Visual FoxPro数据库程序设计、Access数据库程序设计或Delphi语言程序设计)的笔试部分合为一张试卷。公共基础知识部分占全卷的30分。

(2)公共基础知识有10道选择题和5道填空题。

二级 Visual FoxPro 数据库程序设计考试大纲

基本要求

(1)具有数据库系统的基本知识。

(2)基本了解面向对象的概念。

(3)掌握关系数据库的基本原理。

(4)掌握数据库程序设计方法。

(5)能够使用Visual FoxPro建立一个小型数据库应用系统。

考试内容

1. Visual FoxPro 基础知识

大纲要求		专家解读
1)基本概念:数据库、数据模型、数据库管理系统、类和对象、事件、方法		基本上以笔试形式考核,考查概念的记忆。多出现在选择题第11~15题。约占总分的3%
2)关系数据库	(1)关系数据库:关系模型、关系模式、关系、元组、属性、域、主关键字和外部关键字	以笔试形式考核,多出现在选择题第11~15题,填空题第6、7题,约占总分的5%。其中,域完整性和参照完整性也会在上机题中出现,上机试题的抽中几率约为10%
	(2)关系运算:选择、投影、连接	
	(3)数据的一致性和完整性:实体完整性、域完整性、参照完整性	

续表

<table>
<tr><th colspan="2">大纲要求</th><th>专家解读</th></tr>
<tr><td rowspan="4">3)VF系统特点与工作方式</td><td>(1)Windows 版本数据库的特点</td><td rowspan="4">以笔试和上机两种形式考核。在笔试中常考查(1)、(2)和(4)。上机中常考查(3)的应用。重点是(2)、(3)和(4),约占总分的3%</td></tr>
<tr><td>(2)数据类型和主要文件类型</td></tr>
<tr><td>(3)各种设计器和向导</td></tr>
<tr><td>(4)工作方式:交互方式(命令方式,可视化操作)和程序运行方式</td></tr>
<tr><td rowspan="2">4)VF的基本数据元素</td><td>(1)常量、变量、表达式</td><td rowspan="2">多出现在笔试试卷的选择题中,主要分布在选择题第11~22题。约占总分的4%</td></tr>
<tr><td>(2)常用函数:字符处理函数、数值计算函数、日期时间函数、数据类型转换函数、测试函数</td></tr>
</table>

2. Visual FoxPro 数据库的基本操作

<table>
<tr><th colspan="2">大纲要求</th><th>专家解读</th></tr>
<tr><td rowspan="5">1)数据库和表的建立、修改与有效性检验</td><td>(1)表结构的建立与修改</td><td rowspan="5">以笔试和上机两种形式考核。在笔试中,多出现在选择题第15~28题,填空题第8、9题;上机中,多出现在基本操作题。约占笔试试卷的4%,上机试题的抽中几率约为15%</td></tr>
<tr><td>(2)表记录的浏览、增加、删除与修改</td></tr>
<tr><td>(3)创建数据库,向数据库添加或移出表</td></tr>
<tr><td>(4)设定字段级规则和记录级规则</td></tr>
<tr><td>(5)表的索引:主索引,候选索引,普通索引,唯一索引</td></tr>
<tr><td rowspan="4">2)多表操作</td><td>(1)选择工作区</td><td rowspan="4">以笔试和上机两种形式考核。在笔试中,多出现在选择题第15~28题,上机中,多出现在基本操作题。约占笔试分值的3%,上机试题的抽中几率约为15%</td></tr>
<tr><td>(2)建立表之间的关联,一对一的关联、一对多的关联、多对多的关联</td></tr>
<tr><td>(3)设置参照完整性</td></tr>
<tr><td>(4)建立表间临时关联</td></tr>
<tr><td rowspan="4">3)建立视图与数据查询</td><td>(1)查询文件的建立、执行与修改</td><td rowspan="4">以笔试和上机两种形式考核。在笔试中,多出现在选择题第23~28题,上机中,多出现在简单应用题。约占笔试分值的2%,上机试题的抽中几率约为20%</td></tr>
<tr><td>(2)视图文件的建立、查看与修改</td></tr>
<tr><td>(3)建立多表查询</td></tr>
<tr><td>(4)建立多表视图</td></tr>
</table>

3. 关系数据库标准语言 SQL

<table>
<tr><th colspan="2">大纲要求</th><th>专家解读</th></tr>
<tr><td rowspan="2">1)SQL的数据定义功能</td><td>(1)CREATE TABLE - SQL</td><td rowspan="10">以笔试和上机两种形式考核。在笔试中,多出现在选择题第29~35题,填空题第8~15题,主要考查SQL的数据查询功能。在上机中,多出现在简单应用题。约占笔试分值的30%,上机试题的抽中几率约为39%</td></tr>
<tr><td>(2)ALTER TABLE - SQL</td></tr>
<tr><td rowspan="3">2)SQL的数据修改功能</td><td>(1)DELETE - SQL</td></tr>
<tr><td>(2)INSERT - SQL</td></tr>
<tr><td>(3)UPDATE - SQL</td></tr>
<tr><td rowspan="3">3)SQL的数据查询功能</td><td>(1)简单查询</td></tr>
<tr><td>(2)嵌套查询</td></tr>
<tr><td>(3)连接查询:内连接、外连接(左连接,右连接,完全连接)</td></tr>
<tr><td colspan="2">4)分组与计算查询</td></tr>
<tr><td colspan="2">5)集合的并运算</td></tr>
</table>

4. 项目管理器、设计器和向导的使用

大纲要求		专家解读
1)使用项目管理器	(1)使用“数据”选项卡 (2)使用“文档”选项卡	以笔试形式考核,多出现在选择题第19~21题,填空题第6、7题,约占5%
2)使用表单设计器	(1)在表单中加入和修改控件对象 (2)设定数据环境	以笔试和上机两种形式考核,在笔试中,多出现在选择题第27~29题;在上机中,多在综合应用题中出现。约占笔试的2%,上机试题的抽中几率约为20%
3)使用菜单设计器	(1)建立主选项 (2)设计子菜单 (3)设定菜单选项程序代码	以笔试和上机两种形式考核,在笔试中,多出现在选择题第27~29题;在上机中,多在综合应用题中出现。约占笔试的2%,上机试题的抽中几率约为20%
4)使用报表设计器:	(1)生成快速报表 (2)修改报表布局 (3)设计分组报表 (4)设计多栏报表	以笔试和上机两种形式考核,在笔试中,多出现在选择题第27~29题;在上机中,多在综合应用题中出现。约占笔试的2%,上机试题的抽中几率约为20%
5)使用应用程序向导		以上机形式考核,抽中几率约为5%
6)应用程序生成器与连编应用程序		多以上机形式考核,抽中几率约为3%

5. Visual FoxPro 程序设计

大纲要求		专家解读
1)命令文件的建立与运行	(1)程序文件的建立 (2)简单的交互式输入、输出命令 (3)应用程序的调试与执行	以笔试形式考核,多出现在选择题第19~21题,填空题第6、7题,约占5%
2)结构化程序设计	(1)顺序结构程序设计 (2)选择结构程序设计 (3)循环结构程序设计	以笔试和上机两种形式考核,在笔试中,多出现在选择题第27~29题;在上机中,多在综合应用题中出现。约占笔试的2%,上机试题的抽中几率约为20%
3)过程与过程调用	(1)子程序设计与调用 (2)过程与过程文件 (3)局部变量和全局变量,过程调用中的参数传递	以笔试和上机两种形式考核,在笔试中,多出现在选择题第27~29题;在上机中,多在综合应用题中出现。约占笔试的2%,上机试题的抽中几率约为20%
4)用户定义对话框(MESSAGEBOX)的使用		以上机形式考核,抽中几率约为2%

考试方式

(1)笔试:90分钟,满分100分,其中含公共基础知识部分的30分。

(2)上机操作:90分钟,满分100分。

① 基本操作。30分	项目管理器的基本操作是项目的新建,通过项目管理器新建文件,向项目中添加文件等;数据库和表的基本操作是向数据库中添加表,从数据库中移出或删除表,新建数据表,建立表间联系,设置字段有效性规则,设置参照完整性规则,SQL语句相关操作等
② 简单应用。30分	查询和视图的建立,向导的使用,表单常用控件及其属性、事件和方法等
③ 综合应用。40分	下拉菜单的设计,返回系统菜单,简单的程序设计

附录 2　Visual FoxPro 常用命令

命　令	功　能
&&	标明命令行尾注释的开始
*	标明程序中注释行的开始
:: 操作符	在子类方法程序中运行父类的方法程序
? |??	计算表达式的值，并输出计算结果
ACCEPT	从显示屏接受字符串，现用 TextBox 控件代替
ALTER TABLE - SQL	以编程方式修改表结构
APPEND	在表的末尾添加一个或者多个记录
APPEND FROM	将其他文件中的记录添加到当前表的末尾
AVERAGE	计算数值型表达式或者字段的算术平均值
BROWSE	打开浏览窗口
CANCEL	终止当前运行的 Visual FoxPro 程序文件
CHANGE	显示要编辑的字段
CLEAR	清除屏幕，或从内存中释放指定项
CLOSE	关闭各种类型的文件
CONTINUE	继续执行前面的 LOCATE 命令
COPY FILE	复制任意类型的文件
COPY STRUCTURE	创建一个同当前表具有相同数据结构的空表
COPY TO	将当前表中的数据拷贝到指定的新文件中
COPY TO ARRAY	将当前表中的数据拷贝到数组中
COUNT	计算表记录数目
CREATE	创建一个新的 Visual FoxPro 表
CREATE DATABASE	创建并打开数据库
CREATE FORM	打开表单设计器
DECLARE	创建一维或二维数组
DELETE	给要删除的记录作标记
DELETE FILE	从磁盘上删除一个文件
DELETE VIEW	从当前数据库中删除一个 SQL 视图
DIMENSION	创建一维或二维的内存变量数组
DISPLAY	在窗口中显示当前表的信息
DISPLAY MEMORY	显示内存或者数组的当前内容
DISPLAY STRUCTURE	显示表的结构
DO	执行一个 Visual FoxPro 程序或者过程
DO CASE…ENDCASE	执行第一组条件表达式计算为“真”(.T.)的命令
DO FORM	运行已编译的表单或者表单集
DO WHILE…ENDDO	在条件循环中运行一组命令
DROP TABLE	把表从数据库中移出，并从磁盘中删除
DROP VIEW	从当前数据库中删除视图
EDIT	显示要编辑的字段
EXIT	退出 DO WHILE、FOR 或 SCAN 循环
FIND	现用 SEEK 命令来代替
FOR…ENDFOR	按指定的次数执行一系列命令
FUNCTION	定义一个用户自定义函数

续表

命 令	功 能
GATHER	将选定表中当前记录的数据替换为某个数组、内存变量组或对象中的数据
GO｜GOTO	移动记录指针，使它指向指定的记录
IF…ENDIF	根据逻辑表达式，有条件地执行一系列命令
INDEX	创建成一个索引文件
INPUT	从键盘输入数据，送入一个内存变量或数组元素
INSERT	在当前表中插入新记录
INSERT INTO - SQL	在表尾追加一个包含指定字段值的记录
JOIN	连接两个已有的表来创建新表
LIST	显示表或者环境信息
LIST MEMORY	显示变量信息
LOCATE	按顺序查找满足指定逻辑表达式的第一个记录
MENU	创建菜单系统
MENU TO	激活菜单栏
MODIFY COMMAND	打开编辑窗口，以便修改或创建程序文件
MODIFY DATABASE	打开数据库设计器，允许交互地修改当前数据库
MODIFY FORM	打开表单设计器，允许修改或创建表单
MODIFY MENU	打开菜单设计器，以便修改或创建菜单系统
MODIFY PROJECT	打开项目管理器，以便修改或创建项目文件
MODIFY QUERY	打开查询设计器，以便修改或创建查询
MODIFY REPORT	打开报表设计器，以便修改或创建报表
MODIFY STRUCTURE	显示“表结构”对话框，允许在对话框中修改表的结构
MODIFY VIEW	显示视图设计器，允许修改已有的 SQL 视图
OPEN DATABASE	打开数据库
PACK	对当前表中具有删除标记的所有记录做永久删除
PARAMETERS	把调用程序传递过来的数据赋给私有内存变量或数组
PRIVATE	在当前程序文件中指定隐藏调用程序中定义的内存变量和数组
PROCEDURE	标出一个过程的开始
PUBLIC	定义全局内存变量或数组
QUIT	结束当前运行的 Visual FoxPro，返回操作系统
RECALL	在选定表中，去掉指定记录的删除标记
RELEASE	从内存中删除内存变量或数组
REPLACE	更新表记录
RETURN	返回调用程序
SAVE TO	把当前内存变量或数组存储到内存变量文件或备注字段中
SCAN…ENDSCAN	记录指针遍历当前所选表，并对所有满足指定条件的记录执行一组命令
SCATTER	把当前记录的数据复制到一组变量或数组中
SEEK	在当前表中查找首次出现的、索引关键字与通用表达式匹配的记录
SELECT	激活指定的工作区
SELECT - SQL	从表中查询数据
SET DATE	指定日期表达式（日期时间表达式）的显示格式
SET DEFAULT	指定默认驱动器、目录和文件夹
SET INDEX	打开索引文件
SET ORDER	为表指定一个控制索文件或索引标识
SET RELATION	建立两个或多个已打开的表之间的关系
SET TALK	确定是否显示命令执行结果
SKIP	使记录指针在表中向前或向后移动

续表

命 令	功 能
SORT	对当前表排序,并将排序后的记录输出到一个新表中
STORE	把数据存储到内存变量、数组或数组元素中
SUM	对当前表的指定数值字段或全部数值字段进行求和
TOTAL	计算当前表中数值字段的总和
TYPE	显示文件的内容
UPDATE - SQL	以新值更新表中的记录
UPDATE	用其他表中的数据更新当前选定工作区中打开的表
USE	打开表及其相关索引文件,或打开一个 SQL 视图;关闭表
WAIT	显示信息并暂停 Visual FoxPro 的执行
ZAP	从表中删除所有记录,只留下表的结构

附录 3 Visual FoxPro 常用函数

函 数 名	功 能
&<字符型内存变量>[.<字符表达式>]	用于代换一个字符型变量的内容
ABS(<数组值表达式>])	求绝对值
ALIAS([<工作区号或别名>])	返回当前或者指定工作区中打开的数据表文件名的别名
ALLTRIM(<字符表达式>)	删除字符串左侧和右侧的空格
ASC(<字符表达式>)	返回字符表达式中最左边一个字符的 ASCII 码的十进制数
AT(<子字符串>,<主字符串>[,<数字>])	找出子字符串在主字符串中的起始位置
BOF([工作区号或别名])	测试当前或指定工作区中数据表的记录指针是否位于首记录之前
CHR(<数值表达式>)	将数值表达式的值作为 ASCII 码的十进制数,给出对应的字符
CTOD(<字符表达式>)	将日期形式的字符中转换为日期型数据
DATE()	返回当前系统日期
DAY(<日期型表达式>/<日期时间型表达式>)	返回日期中的日的数值
DTOC(<日期型表达式>/<日期时间型表达式>[,1])	将日期型数据转换成字符型数据
EOF([<工作区号或别名>])	测试当前或指定工作区中数据表中的记录指针是否位于末记录之后
FOUND([<工作区号或别名>])	测试查询结果,即是否找到
INT(<数值表达式>)	对<数值表达式>的结果取整
LEN(<字符表达式>)	计算字符串中的字符个数
LOWER(<字符表达式>)	将字符表达式中的大写字母转换成小写字母
LTRIM(<字符表达式>)	删除字符串左侧的空格
MAX(<数值表达式 1>,<数值表达式 2>)	返回两个数值表达式中最大的值
MIN(<数值表达式 1>,<数值表达式 2>)	返回两个数值表达式中最小的值
MOD(<数值表达式 1>,<数值表达式 2>)	求模
MONTH(<日期型表达式>/<日期时间型表达式>)	返回日期中的月的数值
RIGHT(<字符表达式>,<数值表达式>)	从指定的字符表达式的右边截取指定个数的字符
ROUND(<数值表达式 1>,<数值表达式 2>)	对<数值表达式 1>的结果进行四舍五入运算
SELECT([0/1 别名])	返回当前工作区号或者未使用的工作区的最大编号

续表

函 数 名	功 能
SPACE(<数值表达式>)	产生由数值型表达式指定数目的空格
SQRT(<数值表达式>)	求算术平方根
STR(<数值表达式 1>,[<数值表达式 2>,[数值表达式 3]])	将数值型表达式的值转换成字符型数据
SUBSTR(<字符表达式>,<数值表达式 2>,<数值表达式 2>)	在给定的字符表达式中,截取一个子字符串
TIME([<数值表达式>])	返回当前系统时间
TRIM(<字符表达式>)	删除字符串尾部空格
TYPE("<表达式>")	判断<表达式>值的数据类型
UPPER(<字符表达式>)	将字符表达式中的小写字母转换成大写字母
VAL(<字符表达式>)	将数字形式的字符表达式的值转换为数值型数据
YEAR(<日期型表达式>/<日期时间型表达式>)	返回日期中的年份的数值

附录 4 Visual FoxPro 常用对象

Visual FoxPro 中对象的属性列

属 性	说 明	应 用 于
Alignment	指定与控制相关联的文本对齐方式	标签、文本框、列表框、组合列表框等
AutoSize	指定是否自动调整控件大小以容纳其内容	标签、命令按钮、选项按钮组等
BackColor	指定对象内部的背景色	表单、标签、文本框、列表框等
BackStyle	指定对象背景透明否(透明则背景着色无效)	表单、文本框、图像等
BorderColor	指定对象的边框颜色	线条
BorderStyle	指定边框样式为无边框、单线框等	表单、标签、文本框等
BorderStyle	指定对象边框的宽度	线条
BorderWidth	指定对象的边框宽度	线条
ButtonCount	指定命令按钮组或选项按钮组中的按钮个数	任何对象
Caption	指定对象的标题(显示时标识对象的文本)	表单、标签、命令按钮等
Enabled	指定表单或控件能否由用户引发的事件	任何对象
FontBold	指定文字是否为粗体	任何对象
FontName	指定用于显示文本的字体名	任何对象
FontSize	指定对象文本的字号大小	任何对象
ForeColor	指定对象中的前景色(文本和图形的颜色)	表单、标签、文本框、命令按钮等
Height	指定屏幕上一个对象的高度	任何对象
InputMask	指定在一个控件中如何输入和显示数据	文本框
Interval	指定调用计时器事件的间隔,以毫秒为单位	计时器
KeyboardHighValue	指定微调控件中允许输入的最大值	微调控件
KeyboardLowValue	指定微调控件中允许输入的最小值	微调控件
Left	指定对象距其父对象的左边距	任何对象
MaxButton	是否最大化按钮	表单
MinButton	是否最小化按钮	表单
Name	指定对象的名字(用于在代码中引用对象)	任何对象
PageCount	指定页框对象所含的页数目	页框

续表

属 性	说 明	应 用 于
Parent	引用一个对象的容器控制	任何对象
PasswordChar	指定文本框控件内是否显示用户输入的字符还是显示占位符	文本框
Picture	指定显示在控件上的图形文件或字段	图像
ReadOnly	指定控件是否为只读而不能编辑	文本框、列表框
TabIndex	指定控件的 Tab 键次序	表单、表单集、页对象
Top	指定对象距其父对象的上边距	任何对象
Value	指定控件的当前取值、状态	文本框、列表框、命令按钮组、选项按钮组、复选按钮等
Visible	指定对象是可见还是隐藏	任何对象

Visual FoxPro 中对象的事件列

事 件	触发时机
Activate	对象激活时
Click	单击鼠标左键时
DblClick	双击鼠标左键时
Destroy	对象释放时
Error	对象发生错误时
Init	创建对象时
KeyPress	按下并释放某键盘键时
Load	创建对象前
MouseDown	按下鼠标键时
MouseMove	移动鼠标键时
MouseUp	释放鼠标键时
RightClick	单击鼠标右键时
Unload	释放对象时

附录 5 Visual FoxPro 文件类型

扩 展 名	文件类型	扩 展 名	文件类型
DBC	数据库	MPR	生成的菜单程序
DBC	数据库	MPX	编译后的菜单程序
DCX	数据库索引	PJT	项目备注
DBF	表	MNX	菜单
DLL	Windows 动态链接库	PJX	项目
EXE	可执行程序	PRG	程序
FMT	格式文件	QPR	生成的查询程序
FPT	表备注	QPX	编译后的查询程序
FRT	报表备注	SCT	表单备注
FRX	报表	SCX	表单
FXP	编译后的程序	TBK	备注备份
IDX	索引,压缩索引	TXT	文本
MEM	内存变量保存	VCT	可视类库备注
MNT	菜单备注	VCX	可视类库

* 只适用于 FoxPro 以前的版本

附录6 2008年9月笔试试卷

（考试时间90分钟，满分100分）

一、选择题（每小题2分，共70分）

下列各题A）、B）、C）、D）四个选项中，只有一个选项是正确的，请将正确选项涂写在答题卡相应位置上，答在试卷上不得分。

（1）一个栈的初始状态为空。现将元素1、2、3、4、5、A、B、C、D、E依次入栈，然后再依次出栈，则元素出栈的顺序是

A）12345ABCDE　B）EDCBA54321　C）ABCDE12345　D）54321EDCBA

（2）下列叙述中正确的是

A）循环队列有队头和队尾两个指针，因此，循环队列是非线性结构

B）在循环队列中，只需要队头指针就能反映队列中元素的动态变化情况

C）在循环队列中，只需要队尾指针就能反映队列中元素的动态变化情况

D）循环队列中元素的个数是由队头指针和队尾指针共同决定的

（3）在长度为n的有序线性表中进行二分查找，最坏情况下需要比较的次数是

A）$O(n)$　B）$O(n^2)$　C）$O(\log_2 n)$　D）$O(n\log_2 n)$

（4）下列叙述中正确的是

A）顺序存储结构的存储一定是连续的，链式存储结构的存储空间不一定是连续的

B）顺序存储结构只针对线性结构，链式存储结构只针对非线性结构

C）顺序存储结构能存储有序表，链式存储结构不能存储有序表

D）链式存储结构比顺序存储结构节省存储空间

（5）数据流图中带有箭头的线段表示的是

A）控制流　B）事件驱动　C）模块调用　D）数据流

（6）在软件开发中，需求分析阶段可以使用的工具是

A）N－S图　B）DFD图　C）PAD图　D）程序流程图

（7）在面向对象方法中，不属于“对象”基本特点的是

A）一致性　B）分类性　C）多态性　D）标识唯一性

（8）一间宿舍可住多个学生，则实体宿舍和学生之间的联系是

A）一对一　B）一对多　C）多对一　D）多对多

（9）在数据管理技术发展的3个阶段中，数据共享最好的是

A）人工管理阶段　B）文件系统阶段　C）数据库系统阶段　D）3个阶段相同

（10）有3个关系R、S和T如下：

R

A	B
m	1
n	2

S

B	C
1	3
3	5

T

A	B	C
m	1	3

由关系R和S通过运算得到关系T，则所使用的运算为

A）笛卡尔积　B）交　C）并　D）自然连接

（11）设置表单标题的属性是

A）Title　B）Text　C）Biaoti　D）Caption

（12）释放和关闭表单的方法是

A）Release　B）Delete　C）LostFocus　D）Destory

(13) 从表中选择字段形成新关系的操作是

A) 选择　　B) 连接　　C) 投影　　D) 并

(14) ModifyCommand 命令建立的文件的默认扩展名是

A) prg　　B) app　　C) cmd　　D) exe

(15) 说明数组后,数组元素的初值是

A) 整数 0　　B) 不定值　　C) 逻辑真　　D) 逻辑假

(16) 扩展名为 mpr 的文件是

A) 菜单文件　　B) 菜单程序文件　　C) 菜单备注文件　　D) 菜单参数文件

(17) 下列程序段执行以后,内存变量 y 的值是

```
x = 76543
y = 0
DO WHILE x > 0
    y = x% 10 + y * 10
    x = int(x/10)
ENDDO
```

A) 3456　　B) 34567　　C) 7654　　D) 76543

(18) 在 SQL SELECT 查询中,为了使查询结果排序应该使用短语

A) ASC　　B) DESC　　C) GROUP BY　　D) ORDER BY

(19) 设 a = "计算机等级考试",结果为"考试"的表达式是

A) Left(a,4)　　B) Right(a,4)　　C) Left(a,2)　　D) Right(a,2)

(20) 关于视图和查询,以下叙述正确的是

A) 视图和查询都只能在数据库中建立　　B) 视图和查询都不能在数据库中建立

C) 视图只能在数据库中建立　　D) 查询只能在数据库中建立

(21) 在 SQL SELECT 语句中与 INTO TABLE 等价的短语是

A) INTO DBF　　B) TO TABLE　　C) INTO FORM　　D) INTO FILE

(22) CREATE DATABASE 命令用来建立

A) 数据库　　B) 关系　　C) 表　　D) 数据文件

(23) 欲执行程序 temp. prg,应该执行的命令是

A) DO PRG temp. prg　　B) DO temp. prg　　C) DO CMD temp. prg　　D) DO FORM tmep. prg

(24) 执行命令 MyForm = CreateObject("Form")可以建立一个表单,为了让该表单在屏幕上显示,应该执行命令

A) MyForm. List　　B) MyForm. Display　　C) MyForm. Show　　D) MyForm. ShowForm

(25) 假设有 student 表,可以正确添加字段"平均分数"的命令是

A) ALTER TABLE student ADD 平均分数 F(6,2)　　B) ALTER DBF student ADD 平均分数 F 6,2

C) CHANGE TABLE student ADD 平均分数 F(6,2)　　D) CHANGE TABLE student INSERT 平均分数 6,2

(26) 页框控件也称做选项卡控件,在一个页框中可以有多个页面,页面个数的属性是

A) Count　　B) Page　　C) Num　　D) PageCount

(27) 打开已经存在的表单文件的命令是

A) MODIFY FORM　　B) EDIT FORM　　C) OPEN FORM　　D) READ FORM

(28) 在菜单设计中,可以在定义菜单名称时为菜单项指定一个访问键。规定了菜单项的访问键为"x"的菜单名称定义是

A) 综合查询\<(x)　　B) 综合查询/<(x)　　C) 综合查询(\<x)　　D) 综合查询(/<x)

(29) 假定一个表单里有一个文本框 Text1 和一个命令按钮组 CommandGroup1。命令按钮组是一个容器对象,其中包含 Command1 和 Command2 两个命令按钮。如果要在 Command1 命令按钮的某个方法中访问文本框的 Value 属性值,正确的表达式是

A) This. ThisForm. TeXt1. Value　　B) This. Parent. Parent. Text1. Value

C) Parent. Parent. Text1. Value　　D) This. Parent. Text1. Value

(30) 下面关于数据环境和数据环境中两个表之间关联的陈述中，正确的是

A) 数据环境是对象，关系不是对象
B) 数据环境不是对象，关系是对象
C) 数据环境是对象，关系是数据环境中的对象
D) 数据环境和关系都不是对象

(31)～(35)使用如下关系：

客户(客户号，名称，联系人，邮政编码，电话号码)

产品(产品号，名称，规格说明，单价)

订购单(订单号，客户号，订购日期)

订购单名细(订单号，序号，产品号，数量)

(31) 查询单价在600元以上的主机板和硬盘的正确命令是

A) SELECT * FROM 产品 WHERE 单价 >600AND(名称 ='主机板'AND 名称 ='硬盘')
B) SELECT * FROM 产品 WHERE 单价 >600AND(名称 ='主机板'OR 名称 ='硬盘')
C) SELECT * FROM 产品 FOR 单价 >600AND(名称 ='主机板'AND 名称 ='硬盘')
D) SELECT * FROM 产品 FOR 单价 >600AND(名称 ='主机板'OR 名称 ='硬盘')

(32) 查询客户名称中有“网络”二字的客户信息的正确命令是

A) SELECT * FROM 客户 FOR 名称 LIKE"%网络%"
B) SELECT * FROM 客户 FOR 名称 ="%网络%"
C) SELECT * FROM 客户 WHERE 名称 ="%网络%"
D) SELECT * FROM 客户 WHERE 名称 LIKE"%网络%"

(33) 查询尚未最后确定订购单的有关信息的正确命令是

A) SELECT 名称，联系人，电话号码，订单号 FROM 客户，订购单
WHERE 客户.客户号 = 订购单.客户号 AND 订购日期 IS NULL
B) SELECT 名称，联系人，电话号码，订单号 FROM 客户，订购单
WHERE 客户.客户号 = 订购单.客户号 AND 订购日期 = NULL
C) SELECT 名称，联系人，电话号码，订单号 FROM 客户，订购单
FOR 客户.客户号 = 订购单.客户号 AND 订购日期 IS NULL
D) SELECT 名称，联系人，电话号码，订单号 FROM 客户，订购单
FOR 客户.客户号 = 订购单.客户号 AND 订购日期 = NULL

(34) 查询订购单的数量和所有订购单平均金额的正确命令是

A) SELECT COUNT(DISTINCT 订单号)，AVG(数量 * 单价)
FROM 产品 JOIN 订购单名细 ON 产品.产品号 = 订购单名细.产品号
B) SELECT COUNT(订单号)，AVG(数量 * 单价)
FROM 产品 JOIN 订购单名细 ON 产品.产品号 = 订购单名细.产品号
C) SELECT COUNT(DISTINCT 订单号)，AVG(数量 * 单价)
FROM 产品，订购单名细 ON 产品.产品号 = 订购单名细.产品号
D) SELECT COUNT(订单号)，AVG(数量 * 单价)
FROM 产品，订购单名细 ON 产品.产品号 = 订购单名细.产品号

(35) 假设客户表中有客户号(关键字)Cl～C10 共10条客户记录，订购单表有订单号(关键字)OR1～OR8 共8条订购单记录，并且订购单表参照客户表。如下命令可以正确执行的是

A) INSERT INTO 订购单 VALUES('OR5','C5',{^2008/10/10})
B) INSERT INTO 订购单 VALUES('OR5','C11',{^2008/10/10})
C) INSERT INTO 订购单 VALUES('OR9','C11',{^2008/10/10})
D) INSERT INTO 订购单 VALUES('OR9','C5',{^2008/10/10})

二、填空题(每空2分，共30分)

请将每一个空的正确答案写在答题卡【1】至【15】序号的横线上，答在试卷上不得分。注意：以命令关键字填空的必须拼写完整。

(1) 对下列二叉树进行中序遍历的结果是__【1】__。

(2) 按照软件测试的一般步骤，集成测试应在__【2】__测试之后进行。

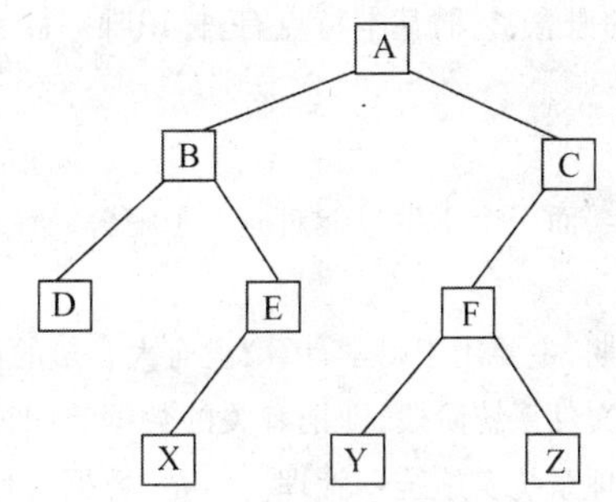

(3) 软件工程三要素包括方法、工具和过程,其中, 【3】 支持软件开发的各个环节的控制和管理。

(4) 数据库设计包括概念设计、 【4】 和物理设计。

(5) 在二维表中,元组的 【5】 不能再分成更小的数据项。

(6) SELECT * FROM student 【6】 FILE student 命令将查询结果存储在 student. txt 文本文件中。

(7) LEFT("12345. 6789",LEN("子串"))的计算结果是 【7】 。

(8) 不带条件的 SQL DELETE 命令将删除指定表的 【8】 记录。

(9) 在 SQL SELECT 语句中为了将查询结果存储到临时表中应该使用 【9】 短语。

(10) 每个数据库表可以建立多个索引,但是 【10】 索引只能建立 1 个。

(11) 在数据库中可以设计视图和查询,其中 【11】 不能独立存储为文件(存储在数据库中)。

(12) 在表单中设计一组复选框(CheckBox)控件是为了可以选择 【12】 个或 【13】 个选项。

(13) 为了在文本框输入时隐藏信息(如显示"*"),需要设置该控件的 【14】 属性。

(14) 将一个项目编译成一个应用程序时,如果应用程序中包含需要用户修改的文件,必须将该文件标为 【15】 。

参考答案及解析

一、选择题

(1)【解析】栈的特点是先进后出,所以全部入栈后再全部出栈所得的序列顺序必然与入栈序列的顺序相反。

【答案】B)

(2)【解析】循环队列是线性表的一种,所以选项 A)错误。循环队列的入队和出队需要队尾指针和队头指针完成,所以选项 B)和 C)错误。

【答案】D)

(3)【解析】二分查找法也称为折半查找法。它的基本思路是:将 n 个元素分成个数大致相同的两半,取 $a[n/2]$ 与欲查找的 x 作比较,如果 $x=a[n/2]$,则找到 x,算法终止;如果 $x<a[n/2]$,则只要在数组 a 的左半部继续搜索 x(这里假设数组元素呈升序排列);如果 $x>a[n/2]$,则只要在数组 a 的右半部继续搜索 x。每次余下 $n/(2^i)$ 个元素待比较,当最后剩下一个时,即 $n/(2^i)=1$。故,$n=2^i$; 所以 $i=\log_2 n$

【答案】C)

(4)【解析】顺序存储方式是把逻辑上相邻的结点存储在物理上相邻的存储单元里,结点之间的关系由存储单元的邻接关系来体现。其优点是占用最少的存储空间,所以选项 D)错误。顺序存储结构可以存储如二叉树这样的非线性结构,所以选项 B)错误。链式存储结构也可以存储线性表,所以选项 C)错误。

【答案】A)

(5)【解析】在数据流图中,矩形表示数据的外部实体,圆角的矩形表示变换数据的处理逻辑,双横线表示数据的存储,箭头表示数据流。

【答案】D)

(6)【解析】数据流图简称 DFD,是采用图形方式来表达系统的逻辑功能、数据在系统内部的逻辑流向和逻辑变换过程,是结构化系统分析方法的主要表达工具及用于表示软件模型的一种图示方法。所以 DFD 图可以用于需求分析阶段。

【答案】B)

(7)【解析】对象是面向对象方法中最基本的概念，它的基本特点有：标识唯一性、分类性、多态性、封装性和模块独立性。故本题答案为 A)。

【答案】A)

(8)【解析】一个实体宿舍可以对应多个学生，而一个学生只能对应一个宿舍，所以宿舍和学生之间是一对多关系。

【答案】B)

(9)【解析】人工管理阶段，计算机出现的初期，主要用于科学计算，没有大容量的存储设备。处理方式只能是批处理，数据不共享，不同程序不能交换数据。文件系统阶段，即把有关的数据组织成一种文件，这种数据文件可以脱离程序而独立存在，由一个专门的文件管理系统实施统一管理。但是，数据文件仍高度依赖于其对应的程序，不能被多个程序所通用。数据库系统阶段，即对所有的数据实行统一规划管理，形成一个数据中心，构成一个数据仓库，数据库中的数据能够满足所有用户的不同要求，供不同用户共享。数据共享性显著增强。故本题答案为 C)。

【答案】C)

(10)【解析】自然连接是一种特殊的等值连接。当关系 R 和 S 有相同的属性组，且该属性组的值相等时的连接称为自然连接。

【答案】D)

(11)【解析】Caption 修改表单的标题属性，Text 修改标题的文本框文本属性。Title 获取指定表单标题，b 属性不存在。

【答案】D)

(12)【解析】在 Visual FoxPro 中，ThisForm. Release 释放表单；Lostfocus 是失去焦点的方法；Delete 通常在删除表的时候作为命令，而不是方法程序。

【答案】A)

(13)【解析】从关系模式中指定若干个属性组成新的关系称为投影。

【答案】C)

(14)【解析】Modify Command 命令建立的是 prg 文件，app 和 exe 都是通过项目连编生存的，选项 C) 中的 Cmd 格式不存在。

【答案】A)

(15)【解析】当使用数组定义语句定义一个数组后，该数组中各元素的初始值为 .F.（或逻辑假）。

【答案】D)

(16)【解析】扩展名. mnx 表示菜单，. mnt 表示菜单备注，. mpr 表示生成的菜单程序，. mpx 表示编译后的菜单程序。

【答案】B)

(17)【解析】程序：

```
x = 76543 && 赋值 76543 给 x
y = 0&& 赋值 0 给 y
do while x > 0
y = x% 10 + y * 10&&% 求余数
x = int( x/10)
enddo
```

满足条件 x > 0

第 1 次结果：y = 3，x = 7654 满足 x > 0 继续执行

第 2 次结果：y = 34，x = 765 满足 x > 0 继续执行

第 3 次结果：y = 345，x = 76 满足 x > 0 继续执行

第 4 次结果：y = 3456，x = 7 满足 x > 0 继续执行

第 5 次结果：y = 34567，x = 0 不满足 x > 0 结束，所以最后 Y = 34567。

【答案】B)

(18)【解析】在 SQL Select 查询中，排序用到短语应该是 Order By，而 Group By 是分组的作用，ASC 和 DESC 只是用到短语 Order By 后面来控制采用升序或者降序排列。

【答案】D)

(19)【解析】既然 a =“计算机等级考试”，结果为“考试”的表达式可以是 Substr(a，11，4)，也可以是 Right(a，4)。需注意的

是,中文的一个字占两个字符。

【答案】B)

(20)【解析】视图必须存储在数据库中,而查询可以独立存储。

【答案】C)

(21)【解析】Into dbf 与 Into table 等价,而选项 D)中 Into file 的将记录存储到 txt 文件中,选项 B)和 C)语法错误。

【答案】A)

(22)【解析】Create DataBase 命令是建立数据库,命令 Create 单独使用或后面加上表名才是建立表。

【答案】A)

(23)【解析】选项 A)和 C)的命令都是错误的命令,选项 D)中 Do Form 是执行表单文件. scx,而不是程序文件,执行程序文件只需要用 Do。

【答案】B)

(24)【解析】通常显示表单是执行表单中的 Do Form 表单名. scx,也可以通过 Show 来显示表单。

【答案】C)

(25)【解析】对表添加字段的命令格式为:Alter Table 表名 Add 字段名 类型(长度,小数位数)。

【答案】A)

(26)【解析】页框控件中都无选项 A)、B)、C)中的属性,只有选项 D)中的属性在页框控件中才有,它是是控制页面数量的属性。

【答案】D)

(27)【解析】打开已经存在的表单命令:Modify Form;打开已经存在的数据库命令:Open DataBase。

【答案】A)

(28)【解析】无论是在菜单项还是在表单按钮控件中,指定到一个访问键的方式相同,都是\<X。

【答案】C)

(29)【解析】要访问某一个控件,要先弄清楚它所处的位置,Text1 在容器中时,如果位置不对,则访问的时候就会提示找不到 Text1 等错误。

【答案】B)

(30)【解析】数据环境是表单对象,关系是数据环境中的对象。

【答案】C)

(31)【解析】SQL Select 查询中的条件是 Where 而不是 For ,只有用 Locate 进行查询时才加条件 For,又由于查询条件是查询单价 600 以上的主机板和硬盘。故选项 B)为正确答案。

【答案】B)

(32)【解析】SQL Select 查询中的条件是 Where 而不是 For ,只有用 Locate 进行查询时才加条件 For,又由于查询条件是查询客户中含有"网络"的客户,则用到匹配函数 Like。

【答案】D)

(33)【解析】SQL Select 查询中的条件是 Where 而不是 For ,只有用 locate 进行查询时才加条件 for,又由于查询条件是查询没有订购日期为空的纪录。故选项 A)为正确答案。

【答案】A)

(34)【解析】这是一个连接查询,要用到 join on 语句,同时要用汇总函数和平均数函数。

【答案】A)

(35)【解析】在 Visual FoxPro 的表中,不允许插入重复的记录。由题意可知,"客户"表中包括关键字为 C1 ~ C10 的 10 条记录,"订购单"表中包括关键字为 OR1 ~ OR8 的 8 条记录。通过排除法可知,选项 A)中的"OR5"和"C5"都不能插入,选项 B)中的"OR5"不能插入,选项 D)中的"C5"不能插入。故本题答案为选项 C)。

【答案】C)

二、填空题

(1)【解析】二叉树中序遍历的顺序为先遍历左子树,然后访问根结点,最后遍历右子树。

【答案】【1】DBXEAYFZC

(2)【解析】软件测试过程按 4 个步骤进行,即:单元测试、集成测试、确认测试和系统测试。

【答案】【2】单元

(3)【解析】软件工程包括三个要素:方法、工具和过程。软件工程方法为软件开发提供了“如何做”的技术。工具支持软件的开发、管理、文档生成;过程支持软件件开发的各个环节的控制、管理。

【答案】【3】过程

(4)【解析】数据库的设计过程大致分为 3 个步骤:概念设计、逻辑设计和物理设计。

【答案】【4】逻辑设计

(5)【解析】一张二维表对应一个关系,代表一个实体集,表中的一行称为一个元组,一个元组又由许多个分量组成,每个元组分量是表框架中每个属性的投影值。

【答案】【5】分量

(6)【解析】SQL 命令查询将结果存储到别的文件有以下几种常见方式:① Select * from student to file student 结果存储到 student. txt 中;② Select * from student into table student 结果存储到表 student. dbf 中;③ Select * from student into cursor student 结果存储到临时表 student. dbf 中。

【答案】【6】TO

(7)【解析】本题考查了字符处理函数的运用,left("12345. 6789",len("字符"))表示从字符串“12345. 6789”中取左边的 len("字符")个字符,因为 len("字符")等于 4,所以 left("12345. 6789",len("字符"))就等价于 left("12345. 6789",4),那么 left("12345. 6789",len("字符"))计算的结果就是:1234。

【答案】【7】1234

(8)【解析】不带条件的 SQL Delete 将删除表的全部记录,比如 Select 表 Delete && 删除全部纪录(加条件的删除语句则是:Delete for (条件))Pack && 彻底删除纪录。

【答案】【8】全部

(9)【解析】将查询结果存放到文本文件中的语法结构是:Select * from 数据表 to file 文本文档。

【答案】【9】INTO CURSOR

(10)【解析】索引按功能可划分为:普通索引、唯一索引、候选索引和主索引。上述四种功能的索引在同一个数据表中,主索引只能够建立一个,其他索引可以建立多个。按索引文件分为:单索引文件(. idx)和复合索引文件(. cdx)。

【答案】【10】主

(11)【解析】视图存储在数据库中,也可以这样说,没有建立数据库,就无法建立视图,所以视图不能够独立存储,但是查询却是可以独立存储的。

【答案】【11】视图

(12)【解析】表单控件各有特点,复选框的作用是可以选择一个或多个选项。

【答案】【12】零 【13】多

(13)【解析】为了隐蔽我们输入的信息,使其显示为如“*”的例子,我们需要设置该控件的 PASSWORDCHAR 属性,通常都是在文本框控件中用到,比如设置密码登录的时候就需要用到这个属性。还有控制输入中的长度,我们需要设置该控件的 Maxlenght 属性。

【答案】【14】PASSWORDCHAR

(14)【解析】首先说一下如何把项目中的某个文件标为“包含”或“排除”,选中文件“右键”即可以标识了。在项目连编成应用程序的过程中,如果某个文件标为“包含”,那么连编成为 EXE 后,再修改那个文件,运行程序时将会无效,必须得重新连编一次才可以;如果我们在连编前就把这个文件标为“排除”,那么修改这个文件后,不需要再次连编,运行程序也会正常实现所需要的功能。

【答案】【15】排除